做研究是
有趣的

做研究是有趣的

给学术新人的科研入门笔记

刀熊 ——— 著

中国政法大学出版社

2022·北京

——献给每一个有志从事科研的学术有心人,
在你面前的是一条熠熠生辉的道路,
请用坚定、耐心、乐观和智慧,
推动人类认知自我与认知世界的车轮,
在寻找和创造意义的道路上,
不断向前;
请用精准、逻辑、理性和思辨,
让纷繁中展现出规整,
枯朽里生出百花。
世界也许是靠砖瓦搭起来的,
却是靠头脑变得辉煌。
研究者们,
请为自己的点滴贡献而骄傲!

与你同行（推荐序）

香港中文大学教授、《戏说统计》作者　李连江

这本书不是教材，是伴书（companion）。教材很多，伴书很少，诚恳友好的伴书寥若晨星，正如人间的益友。

本书的特点是真。刀熊博士总结自己从博士生到教授的一路成长，记述遭遇的困难迷惑，描绘挣扎的心路历程，介绍探索路径的曲折，自自然然，毫无雕琢。彷徨门外的烦恼无计，攻读博士的酸甜苦辣，寻找突破的焦虑欣喜，都真实具体地展现在书中。作者把铢积锱累的文章结集成书，为的是与同代学人结伴同行，不以过来人自居，更不端导师的架子。

作者是年轻学者，自然能真切感受到年轻学者的痛处，难得的是刀熊博士毫无保留地指明了明智有效的化解之道。作者讲研究方法，语言深入浅出，举例生动有趣，不端专家的架子，不用晦涩的行话，有独特的清新风格。

作者曾是留美学生，具有留学生的比较视角。刀熊博士在书中客观真实地介绍了海外社会科学研究的全面实况：从形成问题意识，到提出研究假设，再到实证检验；从激励博士生大胆创新，到支持年轻学者挑战权威，再到保障年轻学人的尊严

与权益。他山之石，可以攻玉。尚无机会出国学习的学者，在这本书中可以看到真实具体的山景。

刀熊博士这本书，是年轻学人的良伴。

李连江

2021 年 11 月 18 日

序一　为什么你应该做学术？

前一阵跟一个很优秀的朋友吃饭，聊起她最近有去读非营利方向博士和转去做学术的想法。于是桌上的几个人探讨起了到底为什么要做学术，它给我们带来最大的"快感"和"困扰"分别是什么，以及到底什么人、在什么情况下应该选择学术这条道路。

这个朋友作为一个金领一定不是为了收入上的提升而想转去做学术的。她的想法源于想做出一些真真正正的改变，在更大范围上的、看得见摸得着的、有益于个体或更多群体的有益改变。或者说，在我看来她是个有能力也有情怀的人，无论选什么路径总可以做得不错，现在的问题只不过是，这个路径该不该是"学术"。

于是我大言不惭地表达了些个人意见。我说你也许有两条路可以走，一条路是还做实践者（practitioner），从低往高了做，好处是你可能可以做一个非营利组织的创始人或管理人员，你和你的员工可以真真切切地接触到你想帮助的人，可以看到实质性的改变；局限性可能是你所接触到、帮助到的人数毕竟有限，就算你可以影响你的员工，他们影响他们的员工，员工和你齐力帮助所有你们能帮助的个体，想来数量也是可以计数的，你们的团体如果不在了，这种帮助可能就停止了。另一条路则是你走到知识链的顶端，在更大系统上找到问题的解决办法，你用知识和理念去影响更多人，增加更多人的知识力量，用研究过程和研究发现去改变更多人的想法和行为，用你的研究影响其他的研究者和教育者，然后这些人再进而影响更多的研究者和教育过程，自上而下地以更广泛但也更不可预测的方式扩散这种改变。当然遗憾的是，你可能不太容易看到你想帮助到的每一个个体的具体改变了。

这大概就是一个非营利组织从业者和非营利组织管理理论研究者的对比和选择。管理学作为一门实践性学科，在理想的情境下，从业人员和研究人员是互相支持的关系，谁缺了谁都不行。但有些时候，很多实践中的管理者可能并没有学过相关的理论或者受过专业的训练但也同样能把事情做好，这难免给人造成"科研无用论"的感觉，进而再看研究人员就觉得他们是在做脱离于现实的"纸上谈兵"，做研究和发文章仿佛只有提升职称这一个功用。

这些很多是我们见到的现实，但同时也许恰恰蕴藏着无限机遇和变化。

如果说美国的社会科学类研究发展预演着我们自己国家社会科学接下来的发展道路，那么我们也许可以去期盼一个"实践"和"学术"越发紧密结合的几十年，一个看到有越来越多实践者利用科研知识去指导实践的几十年，一个学术研究者越发能将自己的苦心研究应用于实践，并可以看到研究带来的切实变化的几十年。

我对此趋势也许有些盲目乐观，但在我看来，现在踏入社会科学研究领域这条河流正是好时候。

为什么你应该做学术？因为你将从人类知识链的顶端为你在乎的人和群体做出贡献，因为你将影响其他的研究者和教育者，而他们又将影响更多的研究者、教育者和实践者，最终影响到一个个的个体。这个影响的周期可能很长，长至三五年甚至十几二十年，这个影响的领域可能很窄，说不定只是某个管理设置上小小的改变，可是你知道只有你能把这个研究做成这个样子，这个贡献充满你的独特价值，印着你的独特烙印，它也许是这个世界上少数几样真正可以属于你的东西。

为什么你应该做学术？因为除了你没有更好的人选。你的脑力、毅力、工作能力、你感兴趣的、你关注的、你选择的研究路径——都不可能跟世界上另外一个人完全相同，它烙刻着你的过去经历、你的性格、你的关注点、你的做事方法和品格。做学术研究，是"你"成为"你"的过程，是你可以成为更好的自己的过程。

为什么你应该做学术？因为你可以享受思维的跳动和撞击带来的巨大快感。生活太无聊？也许是你可以动用头脑和智慧的机会太少了。思维火花带来的快感要强于完成任务本身，它可以帮你抵抗掉生活中很多的无趣、无奈和无助，像喝了一杯香醇的咖啡之后、听了一首尽兴的钢琴曲之后、看了一部观感和情节俱佳的电影之后的舒畅体验，又像坐上过山车，那冲上去又在空中不断飞腾的极端体验。一旦体验过思维激荡带来的乐趣，你也许就很难再随便将它放走，你就找到了抵抗生活无意义感的最好办法,并且取之不尽、用之不竭。

为什么你应该做学术?因为研究者这个职业能给你一个独特的身份去接触你本来无法接触的事,去访谈本来没有机会访谈的人,去用自身的观察和体验发现一个从没有人发现或靠近过的真相。如果你是社会科学类专业,你能够用研究者的身份去观察、体验、访谈这个社会上你感兴趣的个人或群体,从乡间种田者到企业高管,从需要关怀的特殊群体到影响很多人的公共决策部门。你的想法也许会在访谈和接触他们的过程中一次又一次地发生变化,你可能会在以为自己已经快接近事情全貌的时候不得不推倒重来,你会不断观察到事情的多个层面和慢慢展开的复杂性。你的世界观可能会随着你做的一个又一个的研究不断被颠覆、强化、扩展、重建,这便成为你跟这个世界相处和沟通的方式,成为你认识和理解这个世界的独特路径。

为什么你应该做学术?因为你能一次又一次地被比你更优秀、在为这个世界做更大贡献的人所震撼和带动,你能从他们身上学到无限的新知识、做好事情的方法、对待问题的严谨态度、埋头苦干的落地精神、帮助他人和启发后来者的风范,以及他们身上更大的视野、更大的目标和更大的社会责任感。你能跟这世界上最优秀、脑力最佳、续航能力最强的一批人一起工作和学习。你会从跟他们的接触中慢慢扩展和延伸自己生命的高度和深度。

如果我不得不找出适合做研究者的人身上必备的一个特点,那么我会说是"对未知事物的强烈好奇心",是想学习、想知道、想挖掘更深的真相、想明了更多未知、忍不住去发问、忍不住对既有知识存疑的动力。就像很多人喜欢看书是为了知道一个事情的答案,喜欢跟观点不同的人聊天是想知道事情的更多侧面,想走更多地方是因为想见识更广阔的世界——研究者不断发问、不断探索、不断推翻、不断怀疑、不断重塑的原动力必然是对未知事物的追问,很多时候是单纯的"想知道",是不甘心看不清全貌,是为了满足自己的好奇心也帮别人满足他们的好奇心。做研究的本质是"学习",而学习是人的本能。所以这样看来人人都具备做研究的最基础条件。

对于做学术中的"困扰"这个话题,可以留待"为什么你不应该做学术"这一篇(如果有的话)中讨论。然而我还是希望让更多有识之士看到你来到学术界的理由。而"困扰"这个东西,你懂得,想找的话,哪份工作都找得到呀。

序二　为什么要有社会科学研究方法？

这本书的焦点是如何做社会研究，那么就先让我们从为什么要有"社会研究方法"（social research methods）这个问题说起。

人类从来有很多疑问，我们每个人都不例外，大到"我是谁，我从哪里来，要到哪里去"这样的哲学问题，小到"我今天吃什么，跟谁吃，上哪儿吃"之类的生活问题——我们从小到大，从早到晚都在不停地发问。

就拿"今晚去哪个餐厅吃饭"这个问题来说，我们如果想回答这个问题，通常会随便采用以下其中的一种方法：

（1）问身边的人——"嘿，隔壁老王，你知道哪有好吃的湘菜馆没有？"老王可能说他家旁边有一个饭店不错，物美价廉，你就去了。

（2）利用网络——网上搜"湘菜""北京最好吃的湖南馆子"。

（3）或者我们干脆自己出去转转，走到哪儿看到哪儿，看见可心的餐厅就走进去吃。

其实上面三种方法都是对于"今晚去哪个餐厅吃饭"这件事做了一个非正式意义上的"研究"(research),这个"研究"的本质或者目的,无非就是去寻找一个问题的答案。

可是答案无法凭空浮现(除掉做梦也能想通元素周期表的这种特例姑且不论)。于是我们最常寻找答案的方法其实就是通过数据收集(data collection):问隔壁老王其实是访谈(interview),从而得到一手数据;上网找到的信息其实就是使用二手数据(secondary data)的一种方法;自己出去晃荡的这种方法接近田野工作(field work)中的观察(observation),通过实地观察从而收集到数据。这类基于数据收集最终得出结论的研究思路我们称之为"实证研究"(empirical study),与之相对的就是不基于数据收集的研究思路,就是"理念性研究"(conceptual study),或者"理论性研究"(theoretical study)。

考虑"去哪儿吃饭"当然不是学术问题,用找饭店这个例子无非是让大家看到社会科学的研究其实是离我们很近的一种事物。其实我们每天都在做"研究",每个人多多少少都需要有点"研究能力"才能生活,只不过我们日常研究的这些问题都不能算作"学术问题",寻找答案的方式也随意松散,这个答案找到了以后,除了对我们自己有意义以外,对外界的意义往往很小。这些就是"普通研究"跟"学术研究"的区别。

那什么才算是正式的"学术研究"(academic research)呢?学术研究是指"对知识的严谨探寻"(rigorous investigation of knowledge),它是更系统、更严格、更谨慎、更科学的设计,它既有系统的方法、步骤、格式,也有约定俗成的程序、语言。

比如,学术版的"我应该上哪儿吃"恐怕需要经过以下步骤：

（1）收集足够多的大量样本。

（2）细化研究问题（比如，今晚吃哪家湘菜馆？或者，我如果在北京的话应该上哪儿吃？）。

（3）设计数据收集的过程。

（4）用问卷、访谈、实地观察等方式收集数据。

（5）得到数据之后，通过相关性和回归性分析等定量（quantitative）分析或案例分析等定性（qualitative）分析最后得出初步结论。

这个结论得出来之后有多可信呢？这还要看你的样本有多大，你的分析结果的显著水平（significance），以及你所使用的问卷测量（measurement）的效度（validity）和信度（reliability）。显然，没人会这么大动干戈地回答"去哪儿吃饭"的问题，因为"去哪儿吃饭"这个问题并没有那么大的学术价值——这说明不是所有问题都是"研究问题"，不是所有问题都需要"学术研究"来给出答案。事实上，问出一个好的问题对社会科学研究来说是一件非常重要的事情，可以说几乎从根本上决定了一个研究到底有没有价值、如何操作、能否指导实践等方面。关于如何确定研究问题的内容，我们将在本书后边的部分专门讨论（详见本书第二部分"实证研究基本功"）。

然而这里我想说的是，社会科学研究其实并不神秘，也不遥远，它不是只属于社会科学家的专利，而是通过正规、完备的训练之后，可以为我们每个人所用的解决问题的工具和思考世界的方法。系统化地学习社会研究方法，不仅仅能帮我们思考科研项目，它还会从实质上改变一个人的思维方法。学习了社会研究方法之后，你会发现你对这个世界上的信息不再那么轻听轻信了，对新闻和数字的复杂性理解加深了，对简单标题背后的事情实质有了自己的思考和看法。你会发现你多了与庞杂世界抗争的武器，有了站稳自己思考方式的立场。于是你拿到了面对世界最有效的工具——系统思考社会问题的方法。

当然，能做出质量很高的社会研究是件不容易的事情，并不是上一堂课或看一本书就能立刻实现的，它需要经过长期的、系统性的培训、练习、反思、改进。美国高校的社会科学学者们常常会用2~3年的时间去设计、执行、分析一个研究问题，虽然可能同时有几个这样的项目在进行，但是因为周期都很长，平均下来一年能出一篇质量上等的期刊文章已经是不错的成绩，那么这样看来每年有四五篇高质量文章发表的学者所下的功夫真是令人敬佩。虽然费时费力，但好的社会研究会推动人类的认知，改变人类思考社会运行的方式，打破社会运转中面临的僵局，从根本上解决人类面临的种种困境。一个好的研究不仅会影响当下的研究者和同行科研的发展，更会影响未来几年、甚至几十年的学者和研究走向，这些研究又会影响后面的研究，这些研究又会不断指导和影响实践者的工作方式、思维方式、管理方式，成为实践者源源不断的行动指导的可靠来源，推动这个世界的社会系统朝越来越优化的方向一点点挺进。

本书内容汇聚了我过去近十年间在北卡州立大学、加州州立大学以及国内学术教学平台所教授的研究方法课程的精华和经验，融入了我从一名博士留学生到一名高校教师，在美国学习、教学、做科研过程中所积累的观察、反思、总结。这本书的目的是用尽量平实易懂、接近于朋友之间聊天的方式，把你引入社会科学类学术研究的门,让你看到做研究这份工作是有趣和有意义的,科研这份职业是值得骄傲和令人兴奋的,研究者的世界可以是丰富和有温度的。如果可以,我希望用这些文章帮你找到桃花源的大门,让你知道研究方法并不枯燥,社会科学研究无处不在无处不需。社会科学家(social scientist)是一份荣耀的职业,我们在做一件有意义的事,我们让这个世界变得更好,且力量绝不小于自然科学家们。我刚开始读博士的时候面对纷繁复杂的学术世界,很希望有一个人可以从过来人的亲身角度,细细地把自己入门科研世界的体会讲给我听。如今写这本书,我把希望自己十年前就知道的东西一点点用文字码出来,希望给学术新人们提供一些如何读文献、如何写论文、如何理解社会科学方法、如何做实证研究以及如何在看似困难的机会中持续成长的思路。

  本书共分为四大部分:第一部分以读文献为焦点,探讨如何有效阅读文献、做文献笔记、利用读文献训练辩证性思维、写好文献综述和反馈论文;第二部分以实证研究方法为焦点,探讨什么是实证研究、实证研究的底层思维、怎么做实证研究、如何选题、什么是变量、如何梳理变量、什么是好的研究假设、如何收集数据、如何在研究中用好理论、什么是效度和信度;第三部分以论文写作为核心,探讨学术写作的特点、好论文的标准、如何打造有条理的论文、怎样突出论文的学术贡献、如何在学术写作中做到正确引用、如何向国际期刊投稿、如何应对改稿和拒稿;第四部分以科研周边和研究者心法为主题,探讨国际学术会议的参会与报告、不想写论文的时候怎么办、如何提升自己论文的产出、美国社会科学类博士培养的体会、时间管理和治疗拖延症的一些方法，以及研究者可以受用终身的成长性思维方式。

这本书虽然在探讨学术方法和研究方法，但撰写的目的不是代替教科书，且在讲述研究方法的时候也无法替代严谨而系统的教科书。我试图用真诚而松弛的语言与你分享我的所得，试图帮你拉近你跟学术这件事的距离，拉近你跟许多教科书、学术词汇、学术理论、研究过程的距离，当你再接受系统性训练的时候会觉得它们亲切、有趣、有用。那这就算是我对国内社会科学研究尽的一点点微薄之力，也算是你和我之间的缘分。

那我们就开始吧。

目 录

与你同行(推荐序) 1

序一　为什么你应该做学术？ 3

序二　为什么要有社会科学研究方法？ 8

第一部分　一切从读文献开始　1

读文献是研究者需要终身从事的工作内容，也是学术新人最先要攻克的难关，然而学校的课程却很少专门教授如何高效阅读文献、如何通过阅读文献提升研究能力。这一部分我们详细地探讨学术新人应该如何读学术文献、为什么要读文献、如何做文献笔记、如何在阅读中训练自己的研究思维、如何根据文献写反馈论文，从而通过有效阅读文献来打造扎实的学术基本功。

1.1　读学术文献的三个进阶　1

1.2　文献阅读第一利器:文献笔记法　9

1.3 为什么说好的研究者都有做自己"假想敌"的能力？——借用律师辩护思维理解社科类论文构建思路 22

1.4 文献阅读提升必杀技：挑战式阅读法 30

1.5 写好文献综述的要点：沿袭与创新 39

1.6 学术写作训练利器：今天你写反馈论文了吗？ 46

1.7 关于文献的问答：你想知道的关于读文献的一切 54

第二部分 实证研究基本功 62

实证研究是当今世界社会科学研究中最重要的研究类型之一。理解实证科学的底层逻辑、基本要求、文章架构等方面的基础知识，对设计研究、执行研究、编写论文等环节都至关重要。在这一部分，我们将系统介绍什么是实证研究，实证研究的基本过程、重要概念、核心环节，并具体讲解"理论"在写一篇论文时起到的作用。

2.1 实证研究是什么？怎么做？为什么你一定要做一次？ 62

2.2 什么是实证研究的底层逻辑——从西蒙的一篇经典文章说起 74

2.3 如何选题——构建研究问题的思路与策略 83

2.4 关于"变量"你必须知道的那些事儿 96

2.5 自变量与因变量：如何在实证研究中用好变量梳理法 105

2.6 什么是好的"研究假设"？ 117

2.7 实证研究中的数据收集——你以为"数据"就只是"数据"吗？ 128

2.8 绕也绕不开的"理论"——聊聊如何理解社科研究中"理论"的作用 140

2.9 用得好"理论"，你才能成为实证文章写作高手 148

2.10 关于测量：如何看懂一篇学术文章的效度和信度 160

第三部分　深耕学术写作：从风格到结构 166

学术写作是学术产出的重要体现，也是新进学者通常最关心的一部分。与其他写作不同，学术写作有较为正式的写作风格和特定要求，常常给学术新人带来很多困惑。这一部分我们将讨论学术写作的突出特点、优质学术论文的基本标准、如何通过"金字塔原理"搭建有条理的论文、如何突出学术论文的贡献、如何正确引用以及如何投稿和改稿。

3.1 我们为什么不一样？——谈学术写作与一般写作的不同 166

3.2 学术论文的黄金标准及分步式写作法 175

3.3 如何借鉴"金字塔原理"构建有条理的学术论文 185

3.4 金字塔结构的使用：论述逻辑再讲解 192

3.5 打造清晰流畅的论文结构：学术写作中如何巧用"关键句"搭建文章筋骨 201

3.6 以终为始的写作法——你论文的"研究贡献"是什么？ 217

3.7 学术写作中关于如何正确引用的那些事儿 227

3.8 轻松读懂国际期刊投稿流程:从选刊到同辈审阅 238

3.9 高产学者的必修课:如何有效应对投稿后的
改稿和拒稿 246

第四部分 科研周边与研究者心法
——在做学术中见证个人成长 257

这一部分,我们聊一聊跟科研有关的那些事儿:如何参加学术会议、不想写论文怎么办、向高产的学者学习什么、如何持续产出等。科研方法和治学之道固然重要,但在追求学术目标的同时思索个人成长和人生收获也同样有价值,甚至有更长远而深刻的意义。

4.1 国际学术会议的正确打开方式——从如何高效听会到如何做学术报告 257

4.2 如何治疗"不想写论文症" 279

4.3 每天写15分钟真的能写完一篇论文吗? 288

4.4 那些高产的学者都是怎样工作的? 294

4.5 如何在写作上保持持续产出?
——读《文思泉涌》 300

4.6 美国大学如何培养社科类博士:亲历和反思 309

4.7 研究者的必备心法:成长性思维 322

彩蛋 学术以外的学者日常
——那些年学术会议中让我大开眼界的故事　332

致谢　343

参考文献　346

第一部分

一切从读文献开始

1.1 读学术文献的三个进阶

文献是学术进阶的基础，文献也是一个研究者每天打交道的老朋友。如果你在美国读了社科类或文科类的博士，你会发现很多博士生对文献的态度基本可以用"爱恨交加"四个字来概括：多亏有你，我才有基础做我的研究，然而要是没有你，我的生活该有多美好……

以我的观察，美国的社科类博士生平均每星期的阅读作业量在 500 页左右，其中主要包括教科书章节和期刊文章两种阅读材料。如果某一周作业里只有教科书章节，那么恭喜你，这一周可能会比较快地完成你的阅读作业，因为教科书的书写整体比较好读；如果作业里大部分是期刊文章，那么即使页数不是很多也有可能占用大量时间，尤其是对于学术新人来说。而大多数的情况下，一周要读的期刊文章作业打印出来，比一两本书还要厚。

每周让博士生们读这么多的文献，当然是因为读文献对培养研究者来说至关重要。简单来说，不读文献你就不知道某一学科是从哪里来的，要到哪里去；你也无法搭建自己的研究想法，更不可能写出好的论文，因为你无从知道好的论文是长什么样子的。文献是前人的遗产、巨人的肩膀、已建好的大厦，站在大厦和肩膀上，不必一切从零开始，登高望远，事半功倍。不读文献就好像在无边的热带雨林里迷了路——学海茫茫，哪里才是我应该着手研究的地方？我又怎么知道我感兴趣的某个问题是不是已经被别人挖掘过了？

  时常看见我的学生在初次写就的论文里对某个研究问题通篇大谈特谈自己的想法，却完全没有对领域内的任何文献进行丝毫的引用和讨论，我就特别想拍着他的肩膀说：亲爱的同学，你想以一己之力重造一整个世界吗？在英文里，这种情况叫"reinvent the wheel"——别人已经发明出车轮了你偏不用，非得要自己从头开始攒螺丝钉来发明一个新车轮。除非你的车轮能演变成风火轮，否则你为什么不考虑用别人的轮子来直接驾车上路呢？你至少可以以别人的轮子为基础改装出你的轮子。现有的文献就是前人为你探索过、试错过、验证过的各种轮子，有时候你需要从中汲取理论，有时你需要从中找到新方向，其他时候你需要从中借鉴具体的研究设计、测量方法或数据分析方法。前人的轮子见多了，你再想要造个风火轮，那估计别人也拦不住你。

  如果你打算以后从事科研工作，那么在入门学术工作初期对自己的文献阅读能力进行强化训练是非常明智的做法。美国的教授之所以给博士生们留大量的阅读作业，也是因为博士生在毕业后的科研工作中最大的一部分大概就是读文献、读文献、再读文献；而教授在学校里做的就是帮你把阅读文献的技能和速度从 Level 1 提升到 Level 10，让你以后在工作岗位上直接用 Level 10 的能力在文献界横刀立马。你读得越多、练得越早，你就越能更快升级、更好地解决研究问题。

这里我想强调的是，读文献其实跟许多其他习得性技能一样需要刻意练习、不断积累、熟能生巧。这句话的意思是：

（a）没有人是第一次读文献就能读得又快又好的，你也一样。

（b）哪怕现在你读英文（或中文）文献非常困难，只要你愿意下功夫练习，方法正确，不断积累，你可以期待在一两年之后变成读文献高手。

阅读学术文献从某种角度讲就好比学一门新语言，练一门新乐器，或者学开车——一门新技术总需要靠反复练习、花时间、再花时间以求不断提升。而这种技能一旦习得，将会受用终身。

接下来我们以阅读英文文献为例来谈一谈读文献能力的进阶过程。大体来讲，读文献能力的晋升可以分这么三个阶段：逐字阅读、目的性阅读、构造性阅读。

1.1.1 初阶：逐字阅读（word-by-word reading）

每字都读，一字不漏，这是新手最常见的读文献方法。我刚开始读英文文献的时候不仅字字都读，而且还大片大片地查字典、做标识，搞得看个文献像在做大型 GRE 阅读练习，场面极其感人。因为好多单词不认识,感觉不查一下对不起自己,于是读文献的速度可以跟电报解码员比肩。但其实,这对于学术新人来说是非常正常的一个阶段。

字字都读的主要原因是我们不知道阅读的重点是什么,不知道为什么要读这篇文章,不知道该关注什么,或者不知道自己以后如何能用得上。所以最开始我们大量读文献的时候大多是以完成老师布置的阅读作业为目的,觉得逐字阅读是唯一的方法,否则万一有没读到的地方考试考了呢?好像至少要让眼睛扫过文献里的每个字,才是认真完成了作业。

然而逐字阅读文献的最大问题是消耗大量时间以及低效能。什么都读、什么都去抠,最后可能什么也没记住。教授给你留那么多阅读作业的时候压根就没希望你是一个字一个字地读,而是让你去读最重要的部分——这也是我们每周都觉得文献阅读作业太多的原因。(然而教授心里也很苦:抱怨阅读作业太多的同学,谁让你非去挨个字地读了!)

这里的难点在于,什么才是最重要的部分?什么才是一篇文献的精髓?教授不会挨篇把重点讲给你,别人也没法告诉你,必须你自己去发现、判断和决定。所以在一开始读文献的时候,逐字阅读是不得已而为之的办法,读多了你才有对重点的判别能力。但是如果想缩短这个阶段,那也是有办法的,你可以尝试在读文献的过程中,不断问自己以下几个问题作为练习:

(a) 这篇文章到底什么部分才是最重要的?为什么?
(b) 这篇文章的主旨是什么?在哪里出现的?
(c) 这篇文章对你自己的研究兴趣可能有什么帮助?

（d）如果你只有 5 分钟时间来读这篇几十页的论文，你会怎么读？为什么？

（e）听完老师讲解之后你再重新看这篇文章，你有没有找到重点分别出现在文章的哪些部分？跟你自己最开始的理解有没有不同？

（f）重读文章是否能发现哪些部分其实可以略读？哪些部分属于虽然没读懂，但其实也并不影响对文章重点的把握？

（g）不从完成作业、应付考试的角度讲，这篇文章让你得到的最大收获是什么？

通过这样不断地提问和总结，你会发现读文献的速度在不知不觉中越来越快。慢慢的，这种练习里体现的对文章重点的把握就会成为你读文献的一部分。

1.1.2 中阶：目的性阅读（purposeful reading）

等文献读到一定数量，你会发现你不再需要字字都读、段段都读了，你逐渐会进入到有目的性地阅读文献。比如，你已经熟悉地了解到每篇文章中的研究问题（或研究目的）、实证研究中的研究假设、分析结果是必看的部分，你已经知道对研究的数据收集和样本描述一般出现在文章的什么位置，知道在哪里找文章对研究局限性和研究结论的讨论。此外，你头脑中形成了围绕某个话题的一些学术文章的知识架构，知道这篇文章有什么不同、有什么创新、为什么值得一看、重点该看哪里。有时候你看文章可能就是为了看它如何提出和定义了某个新概念,以及如何讨论它与以往概念的不同;有时候你看文章可能是为了学习它如何使用了某种新型的研究设计或数据分析方法;有时候你想借鉴一篇文章对某个变量的测量方式;有时候你可能是想找文章中对某个领域最新文献的总结和综述。当然还有一些时候,你会有目的性地通读全文,在文献的完整性当中理解各个部分之间的组合和关联。但你未必会按文章各个部分的前后顺序读,你可能先看了几眼引言找到了研究问题,就去看文章提出的研究假设,然后又回到文献综述部分找具体的逻辑依据,接着去看它给出的分析结果,接着又回来看数据收集的方法……

你会发现目的性阅读的优势体现在它始终以一个学者学习和了解某个方面的具体"目的"为导向,而不是"为了读而读"。这种以目的为导向的阅读方式就能够让学者更灵活、更能按照自己习惯地去读完一篇文献,而且更省时和有效地吸取其中自己所需的精华。

这个阶段对文献的阅读,应该更多地使用文献笔记法(详见1.2"文献阅读第一利器:文献笔记法")来对不同文献的信息进行总结和归纳,并且分门别类地建立起自己的文献笔记系统。学者在这个阶段的阅读中可能最常问自己的问题就是"这篇文章跟我的研究有什么关系?",具体来说:

(a) 这篇文章中提到的文献,有哪些应该作为我接下来的阅读吗?

(b) 这篇文章的研究问题,对我的研究方向有什么启示吗?

(c) 这篇文章的理论框架，我可以用来解释其他研究问题吗？

(d) 这篇文章的研究设计，对我自己的研究有什么启发吗？

(e) 这篇研究的分析结果，得出了与我自己的研究相似或相反的结论吗？

(f) 这篇文章的研究局限性，可以作为我产生一个新研究的理由吗？

(g) 这篇文章可以在我的文章的哪个地方被引用？

1.1.3　高阶：构造性阅读（constructive reading）

所谓读文献的高级阶段，我认为是一种融会贯通的状态，是把"输入"的过程和"输出"的过程密不可分地结合到一起的阅读过程，其把文章和文章在大脑回路中做联结形成系统地图。

到达高阶后你可能在读某一段内容时会想起某一篇其他的文章，读下一段内容时又想起了另一个人的一篇文章，无论是读到研究假设、数据、分析方法，还是结论，你都会不断地把这篇文章与其他你读过的同主题或同方法的文章做关联或对比，思考哪些地方相同和不同，谁和谁在哪个部分类似，而在哪个侧面又有区别。所以一篇文章读下来仿佛读了很多篇文章，头脑里有一张无形的文献地图，文章之间的关联以及每一篇的特色和各自的贡献都了然于心。每一篇文献对你来说都不是独立的，而是属于一个更庞大体系的一部分。你每读完一篇文献，你脑中的体系就更完备一些，知识地图就又点亮了一片区域，我把这种状态叫"构造性阅读"。

此外，高阶的文献阅读状态还是读和写融合的状态，读的时候随时会产生和记录自己的新思考、新想法，然后随时融汇到自己的某篇文章里，或者激发对下一篇文章的构思。这就好像你已经不再是面对一份单方面向你输出的文章，而是在跟它做有来有往的互动。它给你的东西不只是可以直接搬到其他文章里的文字引用，而更多的是能激发你新思想的观点。构造性阅读的体验好像给你提供了不断上升的螺旋梯，让你在输入的时候产生更多输出的新思路。

我之前的博士导师就是读文献大神，头脑中常年储备无以计数的文献，而且全都无线联网。我们在组会或者论文讨论中习惯性地听见她随时说，你要去看 X 在哪一年的文章，Y 在哪一年的实验，还有 Z 在哪一年的教科书章节……——那可不只是与某个话题相关的某几篇文章啊同学们，几年下来数不清的各种场合都不知道听她提过多少篇文章了。在学术会议上做报告被提问时，她也随时信手拈来——你可以去看 XX 在 1982 年的文章和 YY 在 2007 年关于 ZZ 的文章……常年下来对年份和人名的记忆准确得惊人。

有一次我实在忍不住了问她，你到底是如何把这么多人的名字和文章发表的年份都记得一清二楚的啊？她笑眯眯地看了我一眼，右手指了一下自己的脑袋说："Weird brain"（古怪的大脑）。

简直帅到爆。

作为学术新人，我想通过这本书让大家看到，文献阅读是一个需要从无到有、从 0 到 1、从低阶到高阶不断打磨提升的能力。多读、多练、多反思，也许是有效提升文献阅读能力的最好办法。

路漫漫其修远兮，我将读文献到地老天荒。不用怕，没读文献读哭过的人，不足以谈人生！

1.2　文献阅读第一利器：文献笔记法

我们知道阅读学术文献、管理学术文献、整理学术文献是我们跟文献打交道的必经三部曲。这里要介绍的这个工具厉害了，它能串起这三个与文献相关的全过程，让你无论是在读文献还是在使用文献的过程中都事半功倍、游刃有余。

不夸张地说，当我们逐渐读多了文献的时候就会慢慢发现，文献笔记几乎是文献阅读和文献管理最有效的途径，是一个学者从新手变为高手的必经之路。我有时甚至觉得，把所有学习的过程抽丝剥茧最后还原本质，可能不过就是阅读—做笔记—复习笔记—使用笔记的过程。

以下我们就以英文社科类文献为例，聊一聊文献笔记这个东西该怎么做。

1.2.1　为什么非要记文献笔记？

以下是最简单而又无法抗拒的三个记文献笔记的理由：

（1）我们读了文献之后会遗忘。再聪明的人，记忆力再好的人，也不可能记得两年之前读过的一篇学术文章的全部重要细节。记了笔记之后我们可以随时调出来查看文章的重要内容，而不需要回去把几十页的文章重新看一遍。

（2）记笔记能教会我们怎么读文章。如果你能清楚哪些东西应该记在笔记里、哪些可以不记，那么你也就逐渐知道了看文章的时候要重点看什么，略看什么，不用看什么。社科类学术文章通常有其独特的行文结构，通过多记笔记，你会大大提高自己读这类文章的效率——有如总结多了八股文的结构后自己也能写得一手好八股。

（3）需要引用文献的时候可以信手拈来。笔记记完了之后按主题分类和管理，可以大大方便我们在之后写文章时的引用效率——写作和构思中想到了哪篇文章观点、方法、结论就可以随时手到擒来。

我的博士导师是我见过最聪明和对文献最博闻强识的人，也是我见过文献笔记记得最多、文献管理做得最好的学者，她通过一门博士课程教会了我们几个博士生如何通过记笔记和管理笔记来大大提高自己读文献、用文献的效率，真可谓学在一时，受用终身。她说，任何一个成熟的学者都有一套自己的文献记录和管理系统，这个系统越早建立越好。而对于我来说，这个学习建立和管理文献笔记的过程远远超出了当时上课的那个学期，甚至直到两年之后，我才恍然大悟她当时为什么一定要求我们读完她课上讲的每一篇文献都记完整详细的笔记。这种记学术笔记的方法虽然在初期读文章的时候会耗去一些时间，然而放长远来看，有过这样一段强化训练的经历定会让一个学者受用无穷。

无论你是不满于自己现在的文献阅读速度，还是苦恼于文献读不懂，抑或是读了之后不知道怎么用——我都建议你从现在开始首先练习用有效的方法做文献笔记。所有的文献笔记都不白记，慢慢地你会发现最"笨"的办法才是最有效的办法。

1.2.2 文献笔记不是什么？

（1）**文献笔记不是机械地抄写**。我小时候做得最多的作业就是抄写（如"回家把每个生字抄写10遍……"），所以当我的导师告诉我们每周要把所有阅读任务都做出文献笔记的时候，我看着我美国同学痛苦的表情，心想这有什么难的呢？不就是把里面的一些章节段落节选出来抄写到一个名为文献笔记的表格里吗？然而按她的要求做起来才发现我是多么天真——她给我们的文献笔记打分时既关注我们是否涵盖了一篇文章的核心内容，又会看我们是不是记了太多不重要的内容（于是要分清什么是"重要"），此外，她还会看我们是否记录了自己阅读时的相关思考和评价，这些评价是否正中要害。比如，某个作者在某篇文章里面使用了因子分析，你同意使用这种方法吗？你觉得有更好的方法吗？作者的某个结论，让你想起了哪篇别的什么文章吗？这两篇文章得出了相同的结论吗？哪些文章的作者会反对这篇文章的观点呢？如果是你来做这个研究，你会把这个研究的方法设计得不同吗？——只有这样的记笔记方式才能锻炼我们的文献阅读能力。

（2）**文献笔记不是记给别人看的**。记文献笔记可能有时候是为了交作业，然而最终它是为了自己而记的，使用者和受益者都是你自己。所以记笔记的时候我们可以使用自己习惯的格式、缩写和语言，怎么好用怎么记，只要自己将来能看懂就行。

（3）**文献笔记不是文献综述**（literature review）。虽然说记笔记的时候要适当记录自己当时的想法，然而记笔记并不是让你花过多的时间去"综合"（synthesize），否则重点就不是在阅读上了，就变成了写一篇文献综述了。

1.2.3 文献笔记应该记什么？

在开始记笔记之前我们首先要分清手里的这篇学术文章是一篇理论性文章（theoretical paper）还是实证性文章（empirical paper），两者一般结构会很不同，记笔记的方法当然也不一样。

理论性文章没有数据，写文章的目的是提出一个概念性的观点或搭建理论框架，而不是去验证某个假设是否真实——换句话说，作者只是过来跟你讲个构想，至于是不是真的撒手不管，就交给其他做实证研究的学者了。这类文章我们在记笔记时一定不能错过的部分有：

- 文章主旨（primary thesis/purpose/aim/focus）——文章想说什么？如果不明显就自己去总结。
- 文章通过哪些重要的支持性组成部分来论述这个主旨？（critical components of the argument that support the thesis）
- 文章中理论框架由哪些基本要素组成？或是由哪些基本的命题假设组成的？（basic propositions/elements of the theory or framework）

不同于理论性文章，实证性文章则是通过数据去验证某个或某几个实证假设是否成立——文章的目的不是给出一个全景，不是给出所有问题的答案，不是构建完整的理论框架，而是只关注某一个具体研究问题，只对某几个假设进行实证验证（empirical testing），只关注某一个或某几个因变量（dependent variable）和自变量（independent variable）。对于实证性文章，我们记笔记的时候要重点记录：

● 文章的研究问题是什么？（research question）——通常好的实证研究都有非常具体的研究问题，我们要把它从文章中拎出来。

● 文章的研究假设是什么？（hypothesis）——一般会非常显眼地列在文章里：以"假设一、假设二、假设三……"这样的格式。（hypothesis 1, hypothesis 2, hypothesis 3…）

● 该实证研究用了什么方法收集数据、测量变量、分析数据？（data collection, measures, analytical approach used）

● 该研究发现了什么研究结果？哪些提出的研究假设得到了支持？哪些并没有成立？（key findings）

无论是理论性文章还是实证性文章，我们都应该在文献笔记中记录的是：

● 有哪些重要的观点你想要记住，或是将来可能会引用到（key citations）。

● 有哪些结论你将来可能用到。

● 有哪些方法你将来可能用到。

- 文章在研究设计上有哪些不足？有没有更好的改进方法？
- 文章让你想到了哪些观点类似或者完全不同的其他文章？
- 你对文章中观点、论述、方法、讨论等部分有什么想法和评论？

1.2.4　文献笔记该使用什么结构？

记文献笔记的软件工具有很多不同种类——Word 和 Excel 是常见的记笔记途径，也可以使用印象笔记（Evernote）或其他不同类型做笔记的软件，其实形式上万变不离其宗，你自己用着好才是真的好。只要这种工具能达到"格式简单、存储容易、搜索方便"的基本需求就可以。

文献笔记的结构也常常依研究者的偏好而异——是使用表格式还是段落式，大家可能各有所好。需要注意的是，格式是为了目的服务的，你可以尝试不同的格式从而摸索出你自己使用最方便、看起来最清晰有条理的格式。无论是哪种结构，一般一篇文章的文献笔记应控制在 3 页 Word 文稿内为宜。

以下是使用**段落式记文献笔记**的例子：

[Literature Notes –Classical Organizational Theory and Human Resource Theory]
Burns, T. & Stalker, G.M. (1961) Mechanistic and organic systems of management. Reprinted (1994) In *The Management of Innovation* rev ed. (pp. 96-125), Oxford: Oxford University Press.

The article distinguished between the mechanistic structure in which organizational roles were tightly defined by superiors who had the monopoly of organizational knowledge, and the organic structure in which organizational roles were loosely defined and arrived at by mutual discussion between employees, with knowledge being dispersed among the employees who possessed varieties of expertise germane to the organizational missions.

- The effective organization of industrial resources, even when considered in its rational aspects alone, does not approximate to one ideal type of management system, but alters in important respects in conformity with changes in extrinsic factors. These extrinsic factors are all, in our view, identifiable as different rates of technical or market change.
- There are other 'independent variables' which directly affect the form taken by any management system. Two such other dimensions: (i) the relative strength of individual commitments to political and status-gaining ends, and (ii) the relative capacity of the directors of a concern to "lead".

THE WORKING ORGANIZATION AND PRIVATE COMMITMENTS
- In every organized working community, individuals seek to realize other purposes than those they recognize as the organization's.

THE WORKING ORGANIZATION AND ITS DIRECTION
- Two Functions of Direction:
  - ✧ 1.leadership at the top, or 'direction', involves constant preoccupation with the technical and commercial parameters of the situation in which the concern has to operate, and with the adjustment of the internal system to that external situation. It is a different kind of activity from that required in subordinate positions in the management system.
  - ✧ 2. 'defines the work situation', displaying in his own actions and expecting in others' (a) the span of considerations, technical, commercial, humane, politic, sentimental, and so forth, which are admissible to decisions within the working organization; and (b) the demands of the working organization for commitment, effort, and self-involvement which the individual should regard as feasible, and should attempt to meet.
  - ✧ These two directive functions each correspond to one of the other two major variables: (i) the rate of change in the external situation, and (ii) the relative strength of the pursuit of self-interest by members of the concern as against their commitment to the working organization.

MODELS OF THE WORKING ORGANIZATION
- In discussing management systems, social scientists have usually followed one of two paths. They have either accepted the organization chart and manual conception as the 'formal organization'—an imposed system of control, information, and authority to which seniors try to get their subordinates to conform—or have harked back to Weber's ideal type of bureaucratic structure and proposed this as a rationalistic interpretation of the working organization of a concern.
  - ✧ The first case seems to entail the notion of a concern (informal and formal organizations) as two mutually opposed social systems.
  - ✧ The second view construes the bureaucratic structure as one of two possible 'models' of the working organization.
    - ➤ Waldo:
      - ✓ 1.The 'machine model' conceived in terms of efficient procedures;
      - ✓ 2.The 'business model' with activities interpreted in terms of their profitability ;

- ✓ 3.The 'organic model', which presents the relationships of the concern and its members
- 4.with the total environment;
- ✓ 5. The 'pure system' model, emphasizing the nature of any organization as a system with special systemic needs.
- ✓ All working organizations are analyzable in one or other set of terms, the choice depending not on the difference between working organizations but on the different standpoints of the writers.
- ❖ There have emerged some attempts at a synthetic appreciation of the concern which will accept the fact that <u>it is both a bureaucratic institution with a specific social purpose to fulfill</u> and <u>a community of people with distinct purposes and institutional forms.</u>
- ❖ The second attempt at a synthesis is associated, so far as sociology is concerned, with the name of H. A. Simon and with the development of organization theory.---- It is 'concerned with the conditions which make for maximum rational behavior, calculation, and performance within a given structural organizational setting, or, conversely, the extent to which various structures and organizational factors limit rational calculation and efficiency.

ORGANIZING FOR CHANGE
- Focal point of interest: to replace or supplement the static theoretical models of their textbooks with dynamic models.---economics, psychology, sociology, and conduct of people. ---led to a number of assaults on accepted theories.
    - ❖ E. R. Leach: " We must recognize that few, if any, of the societies which a modern field worker can study show any marked tendency towards stability ".

TYPES OP DECISION-MAKING SITUATION
- 'Seriable' and 'non-seriable' decision-making.'
    - ❖ 'Seriable' decisions are those which are very frequently repeated, with expectations relating quite specifically to past experience in similar circumstances. Seriable decisions involve virtually no uncertainty and the lowest potential surprise, and are next in order of uncertainty to decisions which are insurable against consequent losses.
    - ❖ Programmed decision-making is what it is because of the existence of an institutional framework around the individual. In non-programmed decisions 'the alternatives of choice are not given in advance, but must be discovered' by a rational process of searching.
    - ❖ In non-programmed decisions 'the alternatives of choice are not given in advance, but must be discovered' by a rational process of searching
- The sets of patterns of considerations taken into account in decision-making may therefore be regarded as aspects either of the individual person (biographically determined) or of the social context in which a decision is made

MECHANISTIC AND ORGANIC SYSTEMS
- The different forms assumed by a working organization do exist objectively and are not merely interpretations offered by observers of different schools. Both types represent a 'rational' form of organization, however, each exhibits characteristics which have been hitherto associated with different kinds of interpretation.
- <u>A mechanistic management system</u> is appropriate to stable conditions. It is characterized by:
    - ❖ Specialized differentiation of functional tasks into which the problems and tasks facing the concern as a whole are broken down;
    - ❖ the abstract nature of each individual task, which is pursued with techniques and purposes more or less distinct from those of the concern as a whole;

2

- the reconciliation, for each level in the hierarchy, of these distinct performances by the immediate superiors, who are also, in turn, responsible for seeing that each is relevant in his own special part of the main task.
- the precise definition of rights and obligations and technical methods attached to each functional role;
- the translation of rights and obligations and methods into the responsibilities of a functional position;
- hierarchic structure of control, authority and communication;
- a reinforcement of the hierarchic structure by the location of knowledge of actualities exclusively at the top of the hierarchy, where the final reconciliation of distinct tasks and assessment of relevance is made.
- a tendency for interaction between members of the concern to be vertical
- a tendency for operations and working behavior to be governed by the instructions and decisions issued by superiors;
- insistence on loyalty to the concern and obedience to superiors as a condition of membership;
- a greater importance and prestige attaching to internal (local) than to general (cosmopolitan) knowledge, experience, and skill

- The organic form is appropriate to changing conditions, which give rise constantly to fresh problems and unforeseen requirements for action which cannot be broken down or distributed automatically arising from the functional roles defined within a hierarchic structure. It is characterized by:
  - the contributive nature of special knowledge and experience to the common task of the concern;
  - the 'realistic' nature of the individual task, which is seen as set by the total situation of the concern;
  - the adjustment and continual re-definition of individual tasks through interaction with others;
  - the shedding of 'responsibility' as a limited field of rights, obligations and methods.
  - the spread of commitment to the concern beyond any technical definition;
  - a network structure of control; authority, and communication.
  - omniscience no longer imputed to the head of the concern;
  - a lateral rather than a vertical direction of communication through the organization, communication between people of different rank, also, resembling consultation rather than command;
  - a content of communication which consists of information and advice rather than instructions and decisions ;
  - commitment to the concern's tasks and to the 'technological ethos' of material progress and expansion is more highly valued than loyalty and obedience;
  - importance and prestige attach to affiliations and expertise valid in the industrial and technical and commercial milieux external to the firm.
- While organic systems are not hierarchic in the same sense as are mechanistic, they remain stratified.
- The area of commitment to the concern the extent to which the individual yields himself as a resource to be used by the working organization—is far more extensive in organic than in mechanistic systems.
- The emptying out of significance from the hierarchic command system, by which co-operation is ensured and which serves to monitor the working organization under a mechanistic system, is countered by the development of shared beliefs about the values and goals of the concern.
- The two forms of system represent a polarity, not a dichotomy; there are, as we have tried to show, intermediate stages between the extremities empirically known to us. Also, the relation of one form to the other is elastic, so that a concern oscillating between relative stability and relative change may also oscillate between the two forms.

以下是使用**表格式**记文献笔记的例子：

Literature Notes Example

Article	Key Notes	Thoughts/comments

Gresov, C. (1989)	• This paper proposes a multiple-contingencies theory of work-unit design and performance.
	  ✧ This model stems from the recognition that work units are organized to respond not simply to the content of their workflows (tasks) or to their position within workflows (horizontal dependence) but to these two contingencies in combination.
	  ✧ Unit design thus arises both from internal and external forces, and unit performance should therefore be associated with the fit or misfit of design with both of these contextual features.
	  ✧ The strength of a multiple-contingencies approach: its ability to address several questions that go unanswered using simpler approaches:
	    ➢ First, does the interaction of task and dependence create situations that shape design in unexpected ways?
	    ➢ Second, do these situations have a direct impact on unit performance or influence design in a way that affects performance?
	    ➢ Third, is the misfit or design deviation observed in research findings on task or dependence related in some way to these situations, a relation that goes undetected because the other contingency is not considered?
	    ➢ Finally, are there situations in which observing misfit is impossible because no optimal design, or fit, can be achieved?
	BACKGROUND
	• A fundamental aspect of the theory proposed here is that some misfit, or design deviation, occurs as a functional response to multiple contingencies that the work unit faces.
	• Studies show that both task uncertainty and dependence have a positive relation to more organic or looser structure:
		***This paper is written based on the realization that a unidimensional contingency approach is problematic.*

Fit and Misfit

Table 1

Contingencies and Design Patterns: A Summary of Fits and Misfits

Design dimension	Mechanistic pattern	Organic pattern
Standardization	High	Low
Supervisory discretion	High	Low
Employee discretion	Low	High
Personnel specialization	Low	High
Workflow interdependence	Low	High
Vertical communication	Low	High
Horizontal communication	Low	High
Task uncertainty		
Low	Fit	Misfit
High	Misfit	Fit
Horizontal dependence		
Low	Fit	Misfit
High	Misfit	Fit

***The problem might be: who define which contingencies to be included? Can we really specify all contingencies of organizational characteristics?*

- The problem of conflicting contingencies: This ideal picture is captured by Thompson's (1967) design prescriptions, Thompson's ideal, however, paradoxically neglects the reality of design in a complex organization an intermediate range in which mechanized units doing simple and routine tasks become dependent on other units for resources, and information, and units facing high task uncertainty be-come buffered or insulated from the rest of the organization.----task uncertainty and horizontal dependence have conflicting effects
  - ✧ Reasons: actors as environmental shifts, bureaucratic momentum, and inertia but such structures may persist because they have been institutionalized.
  - ✧ If the pattern is inconsistent and the design imperatives of two contingencies conflict, work-unit managers may not be able to find straightforward rules regarding which contingency to use as a guide for design or determine whether a compromise between design patterns is a feasible option.

THE MULTIPLE-CONTINGENCIES MODEL

Fit and Misfit

Figure 1. Patterns of context with two contingency factors.

	TASK UNCERTAINTY	
	Low	High
HORIZONTAL DEPENDENCE Low	Type 1 No conflicting contingencies Fit with both is possible Higher performance	Type 3 Some conflict in contingencies Greater design variation One misfit likely Lower performance
HORIZONTAL DEPENDENCE High	Type 2 Conflicting contingencies One misfit inevitable Lower performance Equifinality of design	Type 4 No conflicting contingencies Fit with both is possible Higher performance

****This is a nice model between task uncertainty and horizontal dependence...*

***Uncertainty is also a factor discussed in Resource Dependency Theory---apparently perceived to play a different role than structural contingency theory.*

Propositions: • **Proposition 1 (P1):** Units facing either high task uncertainty or high horizontal dependence will be more likely to adopt organic designs, than units facing either low task uncertainty or low horizontal dependence. • **Proposition 2 (P2):** Units facing unconflicted contexts will be more likely to adopt consistently mechanistic or consistently organic designs than units facing conflicted contexts. • **Proposition 3 (P3):** Units facing conflicted contexts will be less efficient, on average, than units facing unconflicted contexts. • **Proposition 4 (P4):** For units facing unconflicted contexts, deviation from the pattern of design appropriate to those contexts will be negatively related to unit efficiency. • **Proposition 5 (P5):** For units facing low task uncertainty and high horizontal dependence, no design is optimal; deviation from any pattern of design proposed to be ideal will be unrelated to unit efficiency. • **Proposition 6 (P6):** For units facing high task uncertainty and low horizontal dependence, the appropriate pattern of design is the same as for units facing high task uncertainty and high horizontal dependence; deviation from this pattern will be negatively related to unit efficiency, and the designs of units facing this context will be more likely to deviate. ■ Rival explanations: Dominant imperative, resolution by redesign, resolution without redesign, no conflict. • Support would be found for a conflicting-contingencies explanation if (1) both contingency factors affect design, (2) the interaction of these factors affects performance, and (3) the relationship between design deviation and performance is along the lines hypothesized in propositions 4, 5, and 6. **METHOD** Data to test these theories were obtained in 1975 by Van de Ven and associates from 529 work units in 60 employment-security offices located in California and Wisconsin. A work unit was defined as a supervisor and all personnel reporting to that supervisor. **RESULTS AND DISCUSSION** The results of this study point to three interrelated conclusions. • First, a multiple-contingencies approach provided additional information about patterns of design in work units, patterns that would have gone undetected in a unidimensional approach to context. The results obtained from these tests generally provided support for the model. Strong support was found for the context-design predictions (P1 and P2), the context-performance prediction (P3), and the context-fit predictions (P5 and P6); mixed support was provided for the fit-performance prediction (P4). • Second, this approach isolated instances in which equifinality could be observed. • Finally, the model provided further insight into both the phenomenon of misfit and the difficulties of observing it.	***To what extent current empirical studies have tested these propositions other than this paper??* **multiple-contingencies approach does appear to be more robust than a unidimensional approach; yet it is definitely not perfect.*

  随着文献阅读量不断增加，我们还需要把不同主题的文献笔记分门别类，把相同主题的文章放到一份笔记之中，以方便查找。以后写文章的时候想使用哪个主题的文章引用，就可以

直接把该文档调出来，然后搜索你要找的关键字即可。

此外，有的时候为了综述某一主题现有的诸多实证研究的结果，你也可以用下面这种结构来对比和归纳相关主题的不同研究使用了哪些不同的自变量（independent variable，IV）、因变量（dependent variable，DV），以及研究结果体现的关系类型（如正相关、负相关或无显著关系）。这种方法的好处是可以一目了然地对比不同实证研究的关注重点和研究结果。你的表格列完了，文献综述的核心工作也基本做完了。

	Article	IV	DV		
			Members' perceptions on Coalition impact		
		Organizational & Structural characteristics of coalitions:	System impact	Policy Change	Comprehensive Plan
1	Hays et al (2000)	Member diversity	+*	+*	
		Leadership Effectiveness	/	/	+
		Member participation	+*		
		Collaborative	/	-*	+*
		Number of Sectors represented	+*		+**
2	Wells et al. (2009)	Member Participation (+*)	Members' Perceived Coalition impact		
		Performance Strategies (+*)			
		Member knowledge and skills (no effect)			
			Perceived effectiveness	Coalition functioning	Readiness
3	Feinberg et al. (2004)	Readiness (correlation)	+*		
		Internal Functioning (correlation)	+**		+*
		External Linkages (Correlation)	Non-sig		Non-sig
4	Zakocs et al. (2006)	Formalization of rules/ procedures*	Coalition effectiveness		
		Leadership style*			
		Member participation*			
		Membership diversity*			
		Agency collaboration*			
		Group cohesion*			

关于文献笔记的记法其实要说的就这么多，更多的则在于行动、行动、行动。不行动则再光鲜的办法也没有意义，能坚持行动则法无定法。如果你还没有开始记文献笔记，那么现在就开始动手吧，认认真真地记几十篇文献笔记，你会发现自己已不是从前的自己，从阅读到写作能力都会有不小的飞跃。

读文献和记文献笔记是一个研究者的终身事业，我们永远都在路上。

1.3 为什么说好的研究者都有做自己"假想敌"的能力?
——借用律师辩护思维理解社科类论文构建思路

这一节是希望能帮助大家理解两个相关的话题:一是在我们自己写学术文章的时候如何构思文章的结构;二是在读文献的时候如何理解别人的文章结构。

我刚读博士的时候特别困扰的一件事就是每门课教授都会留没完没了的阅读任务。作为一个社会科学类专业的学生,我大概不是唯一一个如此惧怕看见每周作业列表的人。我每天的生活状态就是读论文、读论文、再读更多的论文,等到你终于没白天没黑夜地读完了一整周的任务,恭喜你,现在你可以去读下一周堆积如山的论文了……

阅读量出奇的大也就算了,我一度非常不服气的就是为什么学术文章非要写得这么晦涩难懂,就好像不写得结构复杂、用语深奥就不好意思称自己是正规的学术文章似的(有过相同困扰的同学请举手)。我曾暗自对此百般不服。印象很深的是刚开始做博士生的那个学期,有一门课的教授留了一篇他自己发表的论文作为某一周的一个阅读任务,我在去上课之前使出九牛二虎之力也没看明白这篇论文到底要讲什么——论文里面用了很多我不认识的高级单词这也就罢了,更多情况下每个词我都认识,放在一起却不能理解其含义和逻辑。后来到了该教授的课上,他就用聊天的方式像拉家常一样讲了他当时为什么要写这篇文章,从哪里收集的数据,以及这篇文章想说什么,用了不到十分钟,就让我茅塞顿开。我回家路上就气哼哼地想,明明用十分钟就可以解释得这么清楚，非要云里雾里、长篇累牍、繁琐晦涩地写成论文，为什么啊？这分明就是学者们在自己跟自己玩的游戏里为了多些乐趣而建立起来的毫无必要的规则。我也不能理解为什么学术文章都要用大同小异的结构和包含特定的组成部分，比如为什么非要用一些奇奇怪怪的方式提出假设、验证假设呢？为什么非要有一个部分叫"研究局限性"呢？为什么文献综述和数据收集非要分成两个部分，而不可以混在一起写呢？——相信很多刚从事科研工作的同学都跟我有过相似的困扰。

后来文献读得越来越多，终于意识到这些文章还真不是没话找话没事找事，其中有个故事值得一说。我读博士时候的导师比较年轻，我入学的时候她刚拿到教授终身制不久，她和另一个教授一起发表了一篇文章，在这篇文章里提出了与管理学相关的一个新概念，大意是说领域里以前只关注 A 这个构念（construct），然而 B 这个构念不应该跟 A 混在一起研究，因为它是另一个不同的构念，并提出了初步证据和理论框架。她们的这篇文章发表出来没多久，忽然有一篇新的文章发表了出来，来自一位该领域资格颇深的老教授，文章题目上就点名道姓地指出我导师的那篇文章有重大缺陷，认为构念 A 和构念 B 就应该是一个构念，整篇文章意指我导师那篇文章有大大小小的诸多错误和漏洞，驳斥文章的结论不正确、设计不规范。

可想而知，这种被领域内资深学者点名批评的情况会给一个青年学者带来多大的压力。据说这种情况在学术圈虽偶有发生但并不常见，即便学者间真有针锋相对的观点一般也会提前跟对方沟通一下，然后再发出批评性的文章来。我导师当时却在完全没有心理准备的情况下看见业内大牛发了一篇点名批评自己研究方法的文章,那种震惊和压力应该自不必细说。然而她并没有就此打住。她和合作者在仔细研究了那篇攻击的文章之后就开始了新一轮更大规模的数据收集,一年之后发表了新一轮数据分析的结果,详细回应了老教授那篇文章里提出的每一条质疑和批评,再次证明自己此前提出区分开这两个构念的论证是正确的。这场你来我往没有硝烟的战争持续了好几年,让我见识了领域内革新性观点的提出时常会带来多大的挑战,以及作为一个学者是多么需要严谨充分地设计和论证自己的研究,才能够经受得住这样的挑战。如果当时我导师的第一篇文章确实有那么多纰漏或错误,那么这种并不常见的来自成熟学者的学术挑战,应该会对一个青年学者造成不小的声誉和信心上的影响。然而交锋之后证明了她的研究过程和方法是没有问题的,这反倒提升了她在该领域的知名度。几年后,导师在一次闲聊时回忆起这段经历说,这就是为什么你在设计研究和写论文时,要对每一步都进行十足的确认。

于是这让我有点理解了为什么学术文章要严谨而完备,因为如果不严谨、不完备,你的文章可能被别人误读,可能对后来的研究者形成误导,也可能引起其他学者的攻击。另外最直接的结果,当然就是你的文章不会被高质量的学术期刊接收。美国主流的学术期刊都是采用"双盲同辈审阅"(double-blind peer review,详见本书3.8"轻松读懂国际期刊投稿流程:从选刊到同辈审阅")的方式来决定是否接收一篇文章,也就是几位匿名的领域内同行学者会对你的文章进行盲审,如果你的研究方法和论述方式不够详实准确,不能自圆其说,那么文章当然很难在同辈审阅中被通过并得到发表。比如,虽然你自己可能觉得数据充足论述完整,但审稿人可能会认为某个概念的使用过于模糊,某个方法的论述缺少准确的支撑,某一部分遗漏了重要的逻辑链条,某一个字句夸大了研究结果等。

这就联系到本节我想讲的一个主题:好的研究者有做自己"假想敌"的能力,他能够站在自己的对立面想象挑战者们会如何批评自己的研究设计和论述方法,可能对哪些数据收集的步骤产生怀疑,可能不认同哪个数据结果的解读方式,以及文中的哪句话说得不够全面,哪句话的语气过于极端,等等。好的研究者能够先于挑战者们想到这些"潜在的漏洞",从而避免这些问题出现,走别人的路让别人无路可走。这种成为自己假想敌的能力,其实也是让我们自己变得更强大的方法。敌人的招数我都提前猜到了,都努力在研究设计中避过去了,实在避不过去的我也在文章的"研究局限性"部分列出来了,这就充分展现了一个研究者的学术水准。而高质量的研究绝不是没有缺陷,而是研究者自己能够意识到自己的缺陷,并告诉其他学者如何在将来的研究中进一步弥补这一缺陷,完善这一领域。

这就是为什么要培养"批判性思维",也解释了为什么批判性的能力对于研究者来说至关重要。做学术不是讲故事、画大饼、自说自话,学术文章是观点上的交流、迭代,有时甚至是在互相撞击中一起推动某个领域向前拓展。研究者不仅要有能力面对审稿人的批评和建议,还要能面对学术会议和学术交流中各种听众大大小小的质疑、提问和意见。争论和刨根问底不是坏事,这种争论背后是对"真理"的尊重和追求,是相信真理越辩越明,是对学术问题不能"和稀泥"的共识。好的学术文章要能够迎接不同观点的挑战,好的研究者要能站在挑战者的角度想问题,并且利用"假想敌",不断地让自己越来越强大。

那说到底,这种做自己"假想敌"的能力应该如何培养呢?在这里我们结合一篇小短文("Making a Case for Writing Research Papers", by Stephen L. Broskoske, PhD),来谈谈如何通过把写学术论文的过程想象成律师辩护的过程,来找到从反方向想问题的感觉。

一个律师如果想证明他的委托人无罪,他不能假定法官和观众会默认他的委托人是无罪的,然后再听他辩护;相反,"辩护"(defend)这个动词体现的是准备好迎接对方的指控、挑战和反对,在预设了挑战者存在的前提下用周密的框架、详尽的证据、严谨的逻辑向对方证明委托人无罪或对方有罪。因此律师很需要拥有提前站在对方角度思考的能力,只有想好挑战者会从哪些点来攻击自己,才能更好地准备好自己的陈述。

比如,具体来说,如果一个律师想证明他的委托人无罪,他一般要做以下几个步骤:

(1)清晰地框定案件——律师不能假定法官和在场人都知道自己在为什么事情辩护,而需要具体地提出委托人的诉讼请求,框定哪些是关注的重点。

(2)提出观点——律师不能假定法官和在场人知道自己的观点是什么,而要在辩护中强有力地提出自己的主张,从各个角度向法官阐述为什么自己的委托人是无罪的。

(3)利用证据进行论述——律师不能假定法官和在场人相信自己的观点,而要通过充分展现所搜集到的证据的方式,从客观上证明委托人是无罪的,自己的主张是正确的;此外,律师还应该说服法官相信这些证据是准确可靠的。

(4)总结陈词——律师不能假定听众还记得自己的观点,而是要通过总结委托人的诉求、各方面论点、证据事实,来再次强调自己的观点是委托人无罪。

写学术文章的过程跟律师辩护的过程有很多相似之处。首先,在学术文章中开门见山地提出研究问题就类似于框定案件架构——你不能假定读者很容易地就理解了你要讨论什么;相反,你要假定他们不知道你想关注的重点,对你要讨论的东西没有知识背景。你不能假定对问题笼统的概述能够被对方理解;相反,你要把你的研究问题尽量细化,变成一个能够被"辩护"的问题。比如,"公共管理中的电子治理"就不是一个能够被清晰定义和被"辩护"的问题,但"公共管理中的电子治理是否有效"就是一个能够被"辩护"的问题。再如,"社区与居委会的关系"就不是一个清晰的可辩护问题,而"如何增强社区与居委会的关系"就清晰得多。

其次,写学术论文中提出论点的部分,类似于在法律辩护中的律师提出观点和主张——你不能假定读者知道你的论点是什么、论述逻辑是什么、研究假设是什么,而是要尽量具体、清晰、逻辑严密地论述出来给读者。你不能假定一个在你脑中已经无比顺畅的逻辑链在别人脑中也是水到渠成的,而是要想到如果别人有不同的思路和理解,那会是什么?如果对方想要反驳,哪些地方会成为薄弱的突破口?

再次,在写论文时通过对文献的引用、数据的分析来论述文章主旨,类似于法律辩护中律师通过提供证据来支撑自己的观点——你不能假定对方听了你的观点就会信服，你要假定对方不会信服、对方会挑战你的观点，那么哪些以前的文献做了类似的研究，提出了类似的观点？哪些现有理论提出了类似的逻辑框架？你的数据结果是否支撑了你研究假设中所体现出来的逻辑？你能否通过研究方法的介绍让读者信服你的数据是可靠的、收集过程是完备的、分析结果是客观全面的？如果对方质疑你的证据，你觉得哪里首先会被质疑？你又如何为自己辩护？

最后，写论文时的结论部分类似于法律辩护中的总结陈词——你不能假定读者读了二三十页的文字后还能清晰记得你的主要观点和逻辑，你不能假定读者自己能把文章的各部分串联起来形成一个完整的结论；相反，你要假定读者们没能把各部分串联起来，你要主动为读者把文章的主题、逻辑、证据回忆一遍，你要给出一个清晰的结论，让文章前后呼应、主题明确，让读者加深理解、记忆深刻。

图 1-1 列出了这个类比中四个部分的对应。

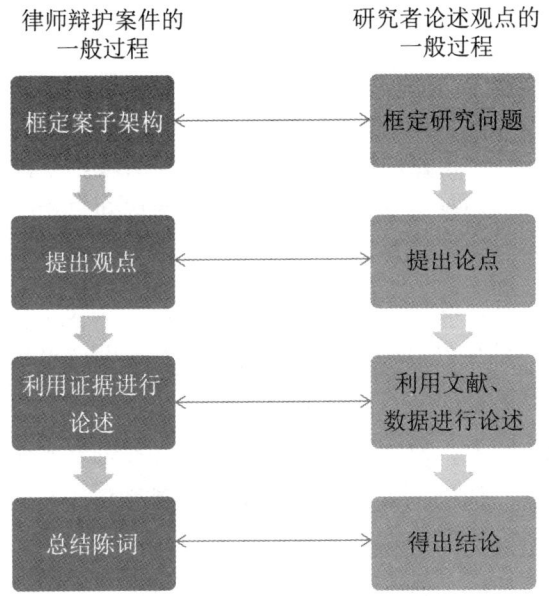

图 1-1 如何像律师辩护案件一样构建论文思路

　　这样的思考过程就是做自己"假想敌"的过程，刚入门的研究者通常需要刻意练习才能适应，但学术文章写多了就变成了一种意识不到的习惯，你也就由此变成了一个严谨成熟的写作者。而有了这种意识，你也就同时理解了为什么那么多学术论文都显得长篇累牍、论述繁琐——因为他们把能想到的薄弱环节都装满了防弹装置，层层保护、层层加固，一般攻击者的枪弹才不会轻易把它摧垮。为了写出高质量的论文，作者常常必须十分严谨精确，于是就不得不用看上去晦涩复杂的词汇，不得不加很多修饰限制的词语（比如"大多数情况下……""比较而言……""在……情境下""几乎……""常常……"等），因为只有这样才能做到尽可能准确地表达语义。越是顶尖

第一部分　一切从读文献开始　/　29

期刊上的文章,越是提出了新锐观点的文章,就越需要如此。

当然把一篇学术文章从厚读薄也是作为读者需要逐渐建立的一种能力。看多了学术文章以后,你会自动滤过一些用于"防弹"的句子或者词语,而直逼主题和实质。但很多事急不得,没有量的积累很难出现质的飞跃。阅读和写作学术文章尤其如此。

总结一下:最强大的研究者是猜透了"敌人"的招数而先于"敌人"武装好自己薄弱之处的人。为了设计出高质量的研究、写出高质量的文章,你必须逐渐建立起站在对立面上看自己的研究的能力,为此不妨把审稿人和读者想象成你需要说服和打动的人,他们也许挑剔而苛刻,你则尽量详实而准确,如此方能说服别人同意和接受你的观点。把写学术论文想象成律师辩护就是这样一种建立"假想敌"的方法。

希望"假想敌"的方法可以帮你在真的挑战出现之前,就已把自己武装得足够强大。

1.4　文献阅读提升必杀技:挑战式阅读法

本节想跟大家分享一个训练文献阅读的具体方法,尤其适用于入门级别的研究者们。在刚开始阅读文献的时候,我们很容易丈二和尚摸不着头脑,文章里的每一字都认识,可是全读下来几乎跟没看一样——这是所有行业入门者的特征,也就是所谓的"看山不是山,看水不是水"。

我刚读博士的时候因此苦恼了很久,苦恼的主要原因是要读的东西太多,量太大,而我疑惑的问题主要有三个:①为什么我要读这些东西；②你们为什么要写这些东西；③我读了又能怎么样？（so what?）

其实没搞懂这三个问题的话，恐怕读再多文献也没用。挣扎了一年有余，懵懵懂懂读了几百篇课上教授要求必读的文章，仿佛略有所感，然而领悟零零星星，成不了系统。一个偶然的机会，我选了一门心理学的研究方法课，教授是教了这门课几十年的研究方法专家，给我们每周留的作业多到要上天。半年训练下来居然却有种醍醐灌顶、恍然大悟的感觉：原来这些文献在那里是要我们去批判和进一步建设的！

该教授用了什么神奇的办法呢？简单来说，就是每周都在阅读的任务里放两三篇专门让我们批评其研究方法有什么漏洞以及应该如何进一步改进的期刊论文，要求我们每周提交一份反馈论文（response paper），叙述你对每篇文章的批判性看法，上课时再带着我们进一步讨论，听每个学生说自己都找出来哪些研究方法上的不足。这样一学期的训练下来，我发现自己有了新的领悟：①开始理解为什么论文的作者如此详细地叙述数据收集、变量测量、数据分析等方法；②能够用怀疑的眼光而不是全盘接受的眼光来读学术论文；③读文章觉得更有趣，跟自己更有关系，更能让大脑兴奋起来；④读文章研究方法部分的启发和对此的记忆都要更加深入。另外，这种训练也让我意识到，期刊上发表的论文原来不是不可仰望和完美无缺啊——一篇学术论文永远会有某方面的缺陷，这也让领域内持续不断的学术更新和建设变得有意义。

这样一种带着批判眼光、有针对性地阅读学术论文的方法之所以对学术新人有用，是因为它能够有效地训练学者必须具备的一种核心基本功——批判性思维。作为学者，理解能力、批判能力、创新能力都很重要。但对于学术新人来说，批判性能力尤其重要，因为它既能带动我们把文献理解得更深入，又能启发我们在有价值的方面产生创新的想法。

这种带着批判的眼光去阅读的方法，我把它总结为"挑战式阅读法"。简单来说，挑战是要求你在读文献的时候，不要把任何一篇文章当作权威、模板、经典、定论来读，哪怕它们确实是被行业内认为是经典。相反，你在读的时候，要带着点"挑事儿"的架势、挑毛病的眼光，每读一段都要想一想，你说的不一定对吧？如果要是我能找到反例呢？如果要是发生在另一种国情、另一种组织框架、另一个时间段、另一个地点、另一个个体的身上呢？我能不能找出你的破绽呢？你有没有把重要的地方忽略了呢？你的设计方法的每一步，都有哪些局限性呢？我有没有比你更好的办法呢？

这种"挑毛病"的视角当然不是要提倡大家整天对别的学者的作品没事找事——我相信大家都没那么闲。使用这种"挑战式"的视角，可以说是为了帮助我们在入门学术时找到读文献的感觉，而有意为之地"矫枉过正"。中国的孩子最不欠缺的是应试能力、记忆能力、接受能力。然而，在我们从小的训练当中缺乏的是"批判能力"——为什么这个理论未必对？为什么这段文字逻辑不通？为什么可能会有更好的方法？为什么我不同意你的观点？为什么权威的方法也可能进一步改进？——这种批判式、挑战式的能力。不全听全信，而通过自己理性思考做出有逻辑判断的能力，恰恰是做好学术研究最重要的硬功。使用"挑战式"阅读的训练方法既可以帮助我们在心态上逐渐养成不盲从于文献、经典、权威的思维模式，又能够有效达成我们想要的阅读效果。（此处建议阅读本书的1.3"为什么说好的研究者都有做自己'假想敌'的能力？——借用律师辩护思维理解社科类论文构建思路"。）

作为学术新人，我们要常常提醒自己，学术文章不是"圣贤书"，不是"教义"，不是"守则"，甚至不是"定论"——所有同时代的社科类学术文章，都是在对某一个具体的话题进行探讨。作者写文章的时候是为了更接近事情的真相，而不是让你把它的研究结果当作不可撼动的终极真相。而且，每个好的研究者都知道这世界上没有完美的研究，所以这些作者们在文章写出来的时候压根就是带着被挑战、被不同意、被指出各种弱点的心理准备和技术准备。好的读者绝不是那些逆来顺受、百依百顺、你说什么我就信什么的人，而一定是不断挑战、不断建设、不断站在巨人肩膀上创造更伟大作品的人。

对于在美国读博士的学生来说，其实这种对"挑战式"思维的培养早已经深深地融入教学的各个环节——比如每周对于阅读文章老师会留反馈论文（response paper）或综合性论文（synthesis paper），在论文里你光总结概括文章大意是不行的，更核心的是要明确指出自己的分析、反思、判断，比如指出文章间的异同、设计上的优劣、对领域的贡献、改进的方法等。再比如，在课堂上，老师会经常让你表达属于你自己的观点，教授看你不吱声还可能主动问你——"你对这篇文章的看法是什么？""你喜欢这篇文章吗？""这篇论文你觉得它有什么问题？""这周留的文章里哪一篇你最喜欢或最不喜欢，为什么？""如果换你来做这个研究，你会做得有什么不一样吗？""如果让你改进这篇文章变量测量的效度,你会用什么方法?"……这些问题其实都可以作为我们训练自己批判性思维的好工具。

以下我们再来说说具体使用挑战式阅读的训练方法:

第一,打印出来一篇学术文章,准备好一支笔。(在电脑上阅读的话,需使用能够标志笔记、划重点的 PDF 阅读器)。

第二,开始阅读第一遍,10~15 分钟,把文章从头到尾扫一遍,读完之后开始用几句话总结一下作者为什么要写这篇文章?你觉得这篇文章写得怎么样?整体而言写得易懂还是艰涩?你,而不是别人,喜不喜欢这篇文章?为什么?——第一遍读的时候要把文章里重要的、反映文章主题及核心观点的句子划下来,以方便后面再次查找,比如这样的句子:

(a) 这篇研究的目的是……(The purpose of the study is to...)

(b) 引导我们研究的研究问题是……(The research question that guides our study is...)

(c) 这篇论文的关注点是……(The focus of the paper is...)

(d) 我们的目的是……(Our goal is to...)

(e) 这篇研究的主要贡献是……(The main contribution of the study is...)

第三,第二遍阅读:50~90 分钟(具体时间不一而足,因人而异),细读,记笔记,挑战具体观点和段落。第二遍的目的是一边继续划重点一边记笔记——记笔记就是要记你读到某处的想法、疑问、困惑、联想、对比、挑战。这时候可以考虑结合文献笔记法（此处建议阅读本书的1.2"文献阅读第一利器：文献笔记法"）。挑战的方面有很多，我们要记得，一开始要带着"事事看不顺眼"的态度即"矫枉过正"的态度去刻意练习才能逐渐把这种能力训练出来，所以哪怕是你看着写得很好的段落也多停留一下，多问问自己能不能找到可以进一步改进的地方。这些可以"挑战"的方面具体包括：

（1）**文章把研究问题说清楚了没？**——文章明确讲出了自己要解决的研究问题吗？研究问题阐述得具体而清晰吗？研究问题跟后文所解决的问题一致吗？有没有更好的阐述同一个研究问题的方式？

（2）**文章把重要的文献都讨论充足、讨论正确了没？**——文章的文献综述部分有没有涵盖最重要的一些文献和最新发表的研究？文章里提到的文献有没有涵盖可能在同一问题上得出不同研究结果的文章？文章里对所转述的其他研究的理解准确吗？读完文献综述部分，读者是否能感到对这一相关领域有了更深入的理解？哪些文章应该被加到文献的讨论中？哪些文章可以拿掉？

（3）**文章把研究假设描述清楚了吗？**——研究假设的描述是否具体而明确？是否明确阐述出了核心变量，以及他们之间的关系？有没有更好的阐述研究假设的方法？

（4）**文章里体现的研究设计从整体来看合理吗？**——研究设计是否能够成功验证文章提出的假设？这个研究设计的局限性是什么？有没有更好的研究设计？比如，如果某一个研究用了问卷调研（questionnaire）的方式，它能有效解释变量间的因果关系吗？再比如，如果论文里描述了准实验研究（quasi-experiment），研究者设置对照组的方法合理吗？是否应该使用纵向研究的思路？是否应该使用面板数据（panel data）？

（5）**文章里使用的数据和样本能有效地用于验证所提出的研究问题吗？**——研究里的样本量（sample size）够大吗？抽样的过程（sampling process）清晰吗？找到的受访人合适回答相关问题吗？问卷反馈率（response rate）足够高吗？研究结果的可推论性（generalizability）足够大吗？

（6）**文章里对变量的测量方法合理、准确吗？**——变量测量是否体现出足够的信度（reliability）和效度（validity）？文章是否合理地引用、参考、借用了其他文章中测量同样变量的方法？这些测量的信度和效度有没有经过测试（pilot）？作者如果自己重新构建了某个变量的测量方法，这种方法比以前的测量方式更优吗？

（7）**文章对数据收集部分描述得清晰全面吗？**——文章有没有具体而清晰地阐明具体的数据来源？如果是一手数据，这些数据收集的时间、地点、过程是怎样的？使用的是问卷、访谈、实验、田野观察还是其他的方法？如果是二手数据，那么数据的来源可靠吗？数据的质量可信吗？数据的局限性在哪？

（8）**文章对数据的分析方式合理吗？**——文章使用的什么分析工具？定性还是定量？这种方法的局限性是什么？一般想要使用的话需要满足哪些假设条件（assumption）？在这份研究中这些条件是否具备？这些分析方法足以回答作者提出的研究问题吗？

（9）**文章的解读和讨论（interpretation or discussion）合理吗？**——数据分析的结果能够得出解读部分的结论吗？文章有

没有在表述的语言上夸张了研究的结果或者其含义（implications）？文章有没有清晰地总结哪些假设得到了验证，哪些假设并不成立？

（10）**文章有没有列出其研究局限性（limitation）和该领域进一步的研究方向（future direction）？**——这些局限性的讨论完整而准确吗？文章有没有遗漏研究中重要的设计或执行局限？比如，因果关系不明，样本量过小，数据效度过低，缺失数据过多等。

总之，训练的时候我们要提醒自己暂时进入一种时时从反方向思考的状态，仿佛身后总有个老师在不断地问你，这篇文章说的真的都对吗？这个研究有哪些大大小小的局限？同样的研究问题你应该如何改进？经过大概半年的训练，就会发现我们不需要刻意挑战了，看文章知道关注什么方面了，也慢慢理解作者为什么要长篇累牍地讨论一个初看并不重要的小细节了，也明白高质量的文章该是什么结构、什么特点、什么设计了。这个时候，我们自己再写文章和设计研究的时候就站在了巨人的肩膀上。

以下有几点注意事项：

（1）首先，为了训练这种能力，建议先使用实证研究（此处建议阅读本书的第二部分"实证研究基本功"）来做练习，如果能用英文文献就更好。高质量的文章看多了，你才知道怎么批判其他文章。

（2）再次强调，我们不是为了"挑战"而"挑战"，不是为了让大家没事就去挑别人毛病——而是为了集中强化训练自己的阅读能力。最核心的目的只有一个：打造属于我们自己的批判性思维能力，帮助我们在自己做研究的时候搭建出强大、合理、缜密的研究构架来。

（3）训练的时候不宜用于有紧急任务期限的情况。在练习上保证足够的时间才能有足够的思考和推进。从"看什么都对"到"看什么都可以提升"的进化绝对是需要下功夫死磕才能训练出来的成果。假如你每周都有很多阅读任务要做，建议你每周只用这种方法去读一到两篇文章就好了，否则会花太多的时间。

（4）"刻意的挑战"应该是阶段性的，练习做够了以后就会转为"潜移默化的挑战"，转为读文献时自然而然地批判性、辩证性思考。

最后，其实聪明的你大概已经意识到，要想做好对文献的"挑战"，我们自己脑中必须首先有一个什么是好的研究的框架。所以，我要说（敲黑板）——其实大部分我们读不懂文献的时候，只有一个原因，就是我们对研究方法的知识储量不够、理解不深入、知识结构不成体系、具体该如何使用的知识不扎实。说一千道一万，如果我们光去研究如何能读明白文献我们就永远都读不明白文献——我们要先去搞明白研究方法每一个重要部分里都是些什么、都应该如何设计［例如，如何写研究假设、什么是分析单位（unit of analysis）、效度和信度有什么区别、什么是相关性分析（correlational analysis）、因子分析（factor analysis）在什么情况下使用、每一种分析结果如何解读，等等］。

不断挑战别人的武功会促进我们去学好自己的武功，学好自己的武功我们才能更好地挑战别人的武功——恭喜你，从此可以进入良性成长循环。

1.5 写好文献综述的要点：沿袭与创新

一次看一位作家在视频里谈如何写出好文字，那是一位上了年纪的很优雅的女士，面对着镜头不慌不忙地说：写好文章的诀窍就是，"first, read; and second, write"（第一步，读；第二步，写），说完之后自己对着镜头咯咯乐。

我想她其实指出了所有写作的一个共通的要点：没有大量阅读作为基础很难写出好东西，无论你写的是什么。所以我们已经用了好几篇文章来讲如何阅读文献——我们很多学术新人可能还没有意识到，文献这个东西，阅读这个动作，是我们作为研究者会一直一直、一辈子都要做的事情，无论你的学术成就高到什么水平。就像踢球三天不练手忙脚乱，就像弹琴几天不练自己知道，如果不能长期坚持阅读文献就真的很难写出好的文章。输入决定输出，中文写作、英文写作、母语写作、第二语言写作，都是如此。

本节我们以文献综述为突破口，来谈一谈文献综述在学术文章里的作用，以及如何使用"综合"（synthesize）这个做文献综述的必备技巧。

1.5.1 什么是"文献综述"？

我们通常说到"文献综述"可能有两种意思：第一种意思是指某一类学术文章，本身就是一篇文献综述的文章（literature review article）——这类文章的目的就是要把某个领域目前为止的各种研究进行一个集合，把大家排排队、分分类，理出一个清晰的框架来，让此后的读者省去很多读文献的时间，方便读者用一种高屋建瓴的大视角、大框架来理解某个领域的文献。

第二种意思是指一篇学术文章中的一个部分（literature review），一般出现在一篇学术文章的导入（introduction）靠后的部分，或者单独作为一个章节，或者和研究假设结合到一起。英文文献中只要是实证文章（empirical article）（详见本书第二部分"实证研究基本功"），就一定要有对其他文献的介绍、评价、分析，一定要有对其他文献的借鉴，不可能有哪篇文章是完完全全开创了一个新宇宙而独立于任何其他星系的。

这里我们讲到的"文献综述"，主要指第二种。

1.5.2　文献综述到底是用来干什么的？

我们举一个开脑洞的例子。

假设你被派到了外太空去研究一种地球上从来没有的植物。这种植物长在距离地球几亿光年的一颗刚被发现的星球上，你的任务是去研究这植物跟地球上的植物有什么不同，能不能移植到地球上来养。你到了外太空，看到了这种奇怪的植物，发现它跟地球上的树有着一样的树干、树皮和树叶，然而它成熟的时候不会结一般的果子，而会长出一颗金字塔形状的金子来。

回到地球你需要出一份研究报告，你需要对比出这棵树和地球上其他树的异同，你会怎样写呢？你大概会说，这棵树之所以被称为"树"，是因为它有着地球上被称为"树"的东西的特点；然而它又不是地球人所说的"树"，因为它的果实是金属，而不是果子或者种子。

其实在你写报告的这个过程中,就无意之间做了一次对以前知识的参考和利用——因为任何新知识的创立,都不可能脱离对已经存在的知识的依赖,依赖的方式或者是信息性的,或者是范式性和视角性的。哪怕是对"外太空植物"这样一个完全新鲜的领域,哪怕是这种极端的脱离我们认知的事物,我们在开始研究它的那个起点总还是会需要利用我们现有的知识、现有的认知结构、现有的知识体系、现有的思维范式去处理这些信息。而研究者有责任让读者看到你做了怎样的路径依赖:你的研究基于哪些现有的知识、哪些过去的发现、哪些理论的启发、哪些范式的影响。

所以文献综述的本质其实就是以一个研究者的身份,为读者清楚地列举和勾勒出至今为止某个领域的重要研究、思维范式、理论体系、总体现状,指出我们目前知道什么、又不知道什么,指出目前的文献中有哪些"缺口"(gap)是没有研究但十分需要的,从而能够接下来顺理成章地开始解释自己的研究的构建逻辑、理论支撑、贡献所在、存在意义。

所以具体来说,好的文献综述应该帮助一篇论文实现以下目的:

(1)指出在你的研究之前,学者在某问题上的主要研究发现和思路是什么。

(2)用一定的逻辑将这些文献串联起来(比如,对比、归类、总结、评析……),以方便读者看到一个全景,而不只是你的研究。

(3)具体指出现有文献的"缺口"是什么——哪些方面还没研究到,为什么"缺口"应该被补上,为什么这对于该领域的发展是重要的。

（4）指出你的研究会弥补上文献中的某个"缺口"。

（5）让你的文章"融入更大的学术对话中去"（fit in the big conversation）。

关于"融入更大的学术对话中去"这一点其实尤其重要——换句话说，你要记得，你的文章要融入当下这个领域正在发生的"更广大的讨论"中去，而不能完全把自己的研究从当下的核心讨论中跳脱出来，不能跟别的研究没有任何交集、关联、和对话。你应该熟知这个领域所使用的语言、词汇和表达方式，你应该知道学者们关注的焦点和难点是什么，你应该引用和借鉴相关研究的思考方式、研究设计、理论基础，你应该向其他学者展示出你正在为这个领域整体知识体系的向前推进添砖加瓦——你的研究正在为某一个领域做着贡献。

为什么这一点这么重要呢？举个例子，这就好像某个领域的资深学者们已经在一个会议室里面高谈阔论了很久各自的学术观点，你作为一个新人忽然跑进屋子想让大家都听你说话，那么你最好的方式不是一进门就大声嚷出你的新观点，而是先听听其他人正在讨论什么、用什么语言、关注点是什么、逻辑思路是怎样的，然后你尽量用他们听得懂的语言和逻辑，接着他们正在争论的焦点，在总结别人的主要观点的基础上，不乏新意地阐述出自己的新观点。你的发言要能跟其他人说的话有关联，你的发言方式要让其他人听得懂，你的观点要对现在的讨论有贡献。相反，如果你不能把自己的研究融入更大的对话中去，其他学者就不能理解你的语言、思考路径和对该领域的贡献，无法认可你的研究的价值。

所以说，为了把自己的游戏玩好，要先学会跟别人一起玩。

1.5.3　写好文献综述的必备技能："综合"（synthesize）

理解了文献综述的核心目的是"融入更大的学术对话中去"之后，我们在具体写文献综述的时候还要用什么技能才能写出好的文献综述？我认为最大的要点，莫过于要采用"综合"（synthesize），而不只是"总结"（summarize）的写法。

所谓"综合"或"合成"，是指把多个内容整合到一起，并产生出新内容的过程。"综合"之所以和"总结"是两个不同的动作，是因为前者需要你以一定的逻辑框架顺序去把不同文献进行联结、对比、分析、讨论，从而给出具有你自己观点的、创新性的评价；而后者只是较为机械性地罗列、概括、总结不同的文献。两者都是文献综述中不可或缺的技能，但前者比后者难度更大，更强调新观点的输出，对新知识的贡献，因此也更加重要。

我们举例来说明两者的区别。假如，你看了十篇关于什么样的公司领导更容易受到职员爱戴的文章，然后你概括和罗列出了每一篇文章的发现："第一篇文章发现有人格魅力的领导容易受员工喜爱，第二篇文章发现能明确给出指令的管理者更受爱戴，第三篇文章发现经常奖励员工的领导受爱戴，第四篇文章发现颜值高的领导受爱戴……"——这种论述的方式虽然也有其意义，也能帮读者快速了解到某个问题上的研究现状，但它因为缺少了基于一定逻辑构架的整合、对比、分析、归类，缺少了作者对自己观点的陈述和对现有研究的评价，而不能算是一个好的综述。对比而言，在相同问题上使用了"综述"技巧进行论述的文献综述可能是这样的："在研究什么样的领导更容易受到员工爱戴的现有文献中,我们注意到学者使用了不同理论框架去进行研究。比如,A 作者和 B 作者基于个性理论的文章发现,是否具有人格魅力是影响爱戴度的主要因素;而 C 作者和 D 作者基于组织行为理论中奖励惩罚机制的研究,发现奖励制度会大大影响员工对管理者的评价。值得注意的是,E 作者的研究也使用了组织行为理论的基本逻辑,然而却在大样本的数据验证中并未发现奖励惩罚机制的显著作用。目前现有的研究中,我们看到基于非理性模型来理解管理者爱戴度的研究非常少。仅有的研究发现,员工可能会因为管理者的外貌特征而增加对管理者的好感(见 F 作者的研究)。该领域内现有的共识是,对非理性模型的使用,会推动管理者与员工之间关系的理解和认识……"(此段中的举例是为了展示论述的结构,举例中的内容为虚构。——作者注)

那么如果我们想更多地在文献综述中使用"综合",我们到底应该怎么做呢?其实,综合并不是一个可以一蹴而就的工夫,我们要做的首先是在读文献的时候多去观察其他学者的文献综述中哪些部分是使用了"综合",哪些地方使用的是"总结",从而建立对"综合"技巧的敏感度和认识。其次,在我们自己具体写文献综述的时候,可以具体从以下几点入手:

(1)避免以"文章"为单位来组织文献综述,而可以以"研究问题""研究视角""研究方法""理论框架"等方面为单位来组织文献综述。例如,不要简单罗列"文章一、文章二、文章三……"各自的观点,而是总结"研究问题一"相关的文章得出了哪些结论,"研究问题二"相关的文章得出了哪些结论;或者"使用理论一"的文章都有哪些发现,"使用理论二"的研究都有哪些发现;抑或是使用了电子问卷的研究有什么特点,而使用了实验方法的研究都有什么缺陷,等等。

(2) 在文献综述中多使用对比(comparison)和关联(linking)。讨论不同文章有什么相同和不同的研究视角、相同或不同的样本、相同或不同的结论等。通过对比和关联,向读者呈现出一个领域内整体的特征、现状、趋势和缺口。

(3) 在文献综述中注意添加自己的评价和讨论。讨论现有文献有什么优缺点,哪些文章做出了比较大的贡献、为什么,哪方面的研究还亟待增加,等等。这些都是出自你自己的独立思考、判断、评价,因此更能体现你文献综述的价值。

总结一下,这节我们从什么是文献综述以及文献综述应达到的目的讲起,具体介绍了写好文献综述的两大要点:一是要把文献综述融入更大的学术讨论中;二是要注意在文献综述中用好"综合"的技能。

"融入更大的学术对话中去"是为了让文献综述跟领域内现有的其他研究发生连带;而使用好"综合"则是让文献综述具有创新性的观点和新的价值。一个强调"沿袭",一个强调"创新",这两个动作基本上诠释出了文献综述的最重要功用:体现出你的文章地基完备于其他研究,拓宽了现有知识的边界。

如果你真正理解了文献综述的目的,并且练就了纯熟的"综合"技能,相信高质量的文献综述已离你不远。

1.6 学术写作训练利器：
今天你写反馈论文了吗？

如果你有在美国读社科类硕士或博士的经历，相信"反馈论文"（reaction paper）这个东西对你来说一定不陌生。不同老师可能对它的称呼不同，有的称"response paper"，有的称"synthesis paper"，然而大体上是同一个东西，它所要求的就是你在阅读完一周里老师留的所有学术文章之后写一篇综合评论各个文章的小论文，有点像我们小时候写的"读后感"，但需要以完全学术化的格式和语言来写作。

先上两个我读博期间不同教授对反馈论文的要求，大家感觉一下：

> Reaction paper (30% of grade): Students are required to complete 6 reaction papers. In these papers (3 pages each), the author critically reacts to at least three of the readings assigned for a given week. The paper should briefly review some of the key ideas explored in the reading, connect them to ideas offered in other course readings, and present a critique of the ideas. Proper citation of others' work and complete references must be included in the paper...

上面这门课要求一学期里写6篇反馈论文，每一篇长度在3页纸左右，在每一篇论文里至少要评论该周阅读中的3篇论文，并讨论论文中最核心的主题，与其他课程的知识点相连结，并给出你自己的批判和评论。这是博士第一年的第一门课,所以老师手下留情,一学期只留了 6 篇。

> Synthesis/Reaction papers:each week, your literature notes should be accompanied by a one page reaction paper which synthesizes the basic premises of that week's theory (or theories) including the primary phenomenon the theory seeks to explain, identifies variation in different authors' interpretationor application of the theory, and offers your reactions to the theory. For example, what are your thoughts on the usefulness and limitations of the theory in helping to guide or inform research in public administration? To what extent is the phenomenon the theory seeks to explain relevant to the study of public management and policy? To your own research interests?...

上面这门课是博士二年级的课程,老师要求每一周都要针对该周阅读的每一篇文献做文献笔记(参见本书 1.2 "文献阅读第一利器:文献笔记法"),并每周要配合该周的文献写一篇反馈论文,长度大约是单倍行距的一页纸。

说起来,反馈论文这个东西一度真是把我愁死了。首先是心理上有障碍,刚到美国读书时总觉得既然是英文写作,那么无论自己怎么写都不可能跟母语是英语的美国同学们相比啊,自己写的东西简直是没脸见老师的;其次是不知道写什么,脑中无物。反馈论文最大的挑战是,它要求你一定要针对该周阅读作业中的文献来写,你没办法瞎编,没办法凭空乱扯,还必须使用学术语言和结构来评价。更可怕的是,即便你文章读懂了，把该周的文献也都涵盖在论文里了，教授还是可能会不满意，因为教授明确说了，要看到你的评论、你的批判、你的观点，而不允许你只是概括这几篇文章都说了什么。换句话说，教授要看到你使用了"综合"的能力，而不只是"总结"的能力（两者具体的区别请参见本书1.5"写好文献综述的要点：沿袭与创新"），而这种"综合"的能力往往是最不容易一蹴而就的。

所以这份看上去只有区区一两页纸的作业，在博士学习的前两年里简直成了我每周最大的噩梦。由于博士课程里除了研究方法课之外的所有教授几乎都要求写反馈论文，这就意味着每一周每一门课都要先花大力气读懂那5~8篇必须读懂的文献，想清楚这一周的主题如何串在一起，然后绞尽脑汁思考如何写得有批判性、有学术性、有逻辑性、有创新性。我记得很多个清晨和深夜，我一个人坐在电脑前面毫无写作思路，久坐之后默默祈祷神龙赶紧现身，帮我把这个叫"反馈论文"的东西从地球上叼走……

教授们为什么"折磨"我们呢？如今回头看，反馈论文其实是训练学术写作基本功和学术思维最有效的工具。你如果正在被要求写很多反馈论文，那么作为过来人我要恭喜你，你有很多机会可以让自己的学术写作能力快速、稳步的进步。如果你没有被要求写很多反馈论文，那么从今天开始你可以主动开始使用这个能有效锻炼你阅读和写作能力的利器。

如今我自己做了老师，也开始让自己的学生写反馈论文，才发现它能多么迅速地提升一个人的思维、阅读、写作能力。所以现在每当被问起如何提高学术写作能力，我都会先问：亲爱的同学,今天你写反馈论文了吗?

1.6.1　我们为什么需要写反馈论文?

以下是我总结的学术新人一定要写反馈论文的理由:

(1)反馈论文是少有的能同时训练你阅读能力、批判性思维和学术写作能力的工具之一,而这三个能力对学者的重要性毋庸赘言。

(2)反馈论文会迫使你持续地阅读新文献,接触大量的高质量文章,学习到别人正在关注哪些题目、怎样设计研究、如何驾驭语言。

(3)反馈论文能帮助你在读文献的时候进入挑战式阅读的模式(参见本书1.4"文献阅读提升必杀技:挑战式阅读法"),训练你读文章和设计文章的思维。

(4)反馈论文让你理解"读文献"和"写论文"之间的关系——你读文献是为了将其融合到自己的论文中去,你写论文必须依托在现有的文献之上。反馈论文教你习惯于将两者紧密联结在一起。

(5)反馈论文让你习惯于每周都要读文献、写论文的高强度工作节奏——你要是将来以学术为生,那么你将来的工作内容就是现在写反馈论文的放大版,每周都要读文献、写论文、读文献、写论文。现在写反馈论文只不过提前帮你从小剂量的工作任务开始适应。

1.6.2　反馈论文里到底该写些什么?

最开始写反馈论文,往往最大的困扰就是不知道该写什么——该读的文章我都读了啊，我甚至只字不落地读了，可是坐在电脑面前就是不知道从何起笔。而且有时候更奇怪的是我们在这一周里读过的论文数量越多越不知道该写什么，这简直是没有天理。

这里分享一下我被反馈论文折磨多年之后总结的一套方法：自我设问法。简单来说，反馈论文之所以难写其实往往是因为它没有给你非常具体的框架和问题让你来回答。而如果你能针对一周之内阅读的文献提出几个具体的问题来启发和引导你的思路，那么你也就很快知道具体该写些什么了。

你问自己的问题可以分为"灵感启发"和"综述引导"两类：

第一类，灵感启发型问题——读完本周文献之后，在动笔写反馈论文之前，你可以先问自己以下几个问题，从大方向上给自己一些思路和灵感：

（1）读完这一周的文献，如果要你用一句话来向你的一个朋友概括这些文章的共同主题，你如何概括？

（2）这一周的文献里面，你读过之后觉得印象最深或者最有趣的是哪篇文章？为什么印象深刻？

（3）这些作者为什么要写这些文献？他们不写不行吗？在这个领域缺了他们这些文章会怎么样？

（4）这些文献的贡献到底是什么？放在它们写作的历史时期或时间段里来看，它们在本领域内是怎样的地位和价值？其他人有引用和评价他们的文章吗？如何评论的？

（5）细看每一篇文章，它们各自在其关注的问题、解答问题的方式、研究方法的设计、论文写作的风格等方面，分别有什么具体的特色?

第二类,综述引导型问题——以下这几个问题的答案可以在稍做整理之后直接写进你的反馈论文里,这也是教授希望看到你写出来的一些东西:

(1) 这几篇文章给你的最大收获是什么?有哪些是你以前不知道或不理解,而读了文章之后受到了启发和理解的东西?

(2) 这几篇文章的共同点和不同点是什么?(从各自的理论视角、研究重点、研究方法、得出的结论、论文的风格等方面思考。)如果研究相同题目的论文却得出了不同的结论,原因是什么?如果所有文章都得到了类似的结论,会不会是因为这些文章都忽略了一些重要的变量、思路或方法?

(3) 这几篇文章分别有什么缺点和漏洞?研究的设计上有没有可以改进的地方?比如样本大小、收集数据的方法、分析数据的工具等各个方面。

(4) 这些文章中提出了哪些你尤其同意或者不同意的观点?为什么?这篇文章有没有让你联想到以前几周读到的文章?有没有让你想到其他课上读到的文章?这些文章的观点和思路是否一致?为什么会有异同?

(5) 这些文章可以怎样被应用在新的理论构建或者实践应用中去?比如管理理论如何应用到非营利组织的管理?教育学理论如何应用到教师的课堂?能给从业者什么启发?

1.6.3 反馈论文的行文结构

反馈论文的结构其实不必太复杂,因为文章不长,一般使用最基本的"总—分—总"结构即可:

总述段：清晰概括出贯穿这一周文献的主题。你可以分别简要概括每一篇文章的主题，也可以指出这一周的文章中最重要的一些概念、理论、观点、结论，或这些文章跟其他周的文章相比有什么整体上的特点。

分述段：这里你要展示"综合"的能力了，把上面你对综述引导型问题 1~5 的答案以一定的逻辑写出来：文章之间的相同和不同、联系到了此前学过的哪些知识、你同意或不同意哪些观点、你觉得哪些文章可以在研究设计上如何改进、这些理论和发现可以如何应用到进一步的理论构建和实践之中去。

总结段：总结和重申这些文章的主题，指出这些文章作为一个整体在本领域的价值和贡献，指出下一步研究可能的发展方向，做出你的总体评价。

1.6.4　反馈论文里教授最想看到你体现出什么能力？

概括来说，通过反馈论文，教授其实最想帮你提升以下三种能力：

（1）概括能力（summarize）：你能否找到本周所有文献的主题？能否深入地理解文献的重点？能否把文献的主旨准确、精炼地概括出来？

（2）综合能力（synthesize）：你能否融会贯通地把不同的文章比较起来读、联系起来读、批判性地读？你能否看到文章里的局限性、找到领域内需要的研究、提出自己的观点？

（3）应用能力（apply）：你读完这些文章之后能不能知道怎么用？你能否知道如何把这些文章应用到你将来的论文中？他们在理论、方法、研究视角上对你有哪些启发？如果你是实践者（practitioner），你能否把它用到你的工作中？如何利用它们改进现有的工作？

1.6.5　此外，写反馈论文还要注意什么？

本节的最后，我们来说几点注意事项。

首先，在学术写作中，内容（content）和书写的清晰度（clarity）应该作为我们提升写作质量的两个首要目标。先不必担心语法（英文写作），也不必琢磨句式，有话要说是第一步，把话说明白是第二步。初写反馈论文的时候我们很容易把太多时间都放在语法上、用词上、句式上，典型的英语考试后遗症。而反馈论文最核心考察的是你有没有读懂文章、你的观点是什么、你有没有思辨能力、你有没有批判能力以及你能不能把这些观点说清楚。华丽的句式和用词都必须建立在有优秀的内容和清晰的表达之上，而我们应该先尽力做好第一步。

其次，你其实根本不需要教授或课程的外部压力也可以自助使用反馈论文来提升自己的写作能力。找一份国外课程的教学大纲（syllabus），找出自己领域内必须读的经典文章，给自己订制一份私人教学大纲，每周必须读完 5~8 篇学术论文，每周写一篇有针对性的反馈论文，有条件的话可以给老师看一下，也可以跟几个同学形成互助小组，交换论文来读。只要你坚持写下去，你就会逐渐适应学者的工作节奏，就会发现自己的写作能力在不知不觉中已经"嗖嗖嗖的"今非昔比了。

最后，我们要记住最"笨"的方法往往是最快的方法。这世界上真的没有所谓的捷径。就算我们学再多模板和套路，要想真正提高写作水平都必须自己动笔一篇一篇地练习、磨练、积累。反馈论文是提升学术写作基本功最有效的练习，就好像学太极拳要先练站桩，学小提琴要先练长音，学素描要先练线条。当你写过了上百篇针对不同文章的反馈论文后，写一篇要发表的论文又如何能难得倒你？而你在下慢功夫的过程中所练就的基本功将永远跟着你，谁也拿不走。

祝大家能用好反馈论文这个工具，让它带动你读文献，在写作中找到新思路，在思辨中重新理解文献。

1.7 关于文献的问答：
你想知道的关于读文献的一切

读文献就跟这个世界上许多其他重要的技能一样，核心的心法其实就那么几条，可是操作起来似乎又会遇见各种困难。这一篇我把近五年跟读者互动的一些常见问题集中起来，再对读文献的各个角度做一个补充。

- **请问老师，我读英文文献非常慢，怎么办？**

其实我想说并没有什么捷径妙招，就是多读，多读，再多读。我只能拿我自己的经历来鼓励你。我刚开始读博士时，曾经历过非常艰难的一段时间，读文献、写论文都慢得离奇。我同届的博士生中只有我一个外国人，刚开始的两个学期，我每周所花的阅读时间大概是我同学的五倍还不止。当时曾一度觉得自己永远都没有进步，一辈子要像一只树懒一样从事学者工作了，只能欣赏其他人健步如飞地阅读和写作。

然而第三个学期我忽然感觉自己"咔"的一下开窍了，我忽然能听懂老师在讲什么了，也能知道文章哪些部分应该略过、哪些部分不需要读了，我还能在课堂上跟同学讨论几句。我并没有觉得自己做了什么特别的训练，我猜，这大概就是传说中的"量变到质变"。

如果你下决心要把读英文文献的能力提上来，只要读得多了，你一定可以做到。如果你有英语的语言环境当然是一个大利好，但如果你没有在国外读书，你依然可以通过大量阅读让自己成为英文文献阅读高手。更多时候，大部分人在积累到某一个量之前就放弃了，却归结于自己的方法有问题，又去寻找新的方法。其实不是你方法不对，只是你挖井挖得不够深，动作不够勤快，弯腰弯得不够久。

想一想美国的社科类博士一般都是 4~6 年毕业，前两年都在大量阅读和上课，每周的平均阅读量在几百页。有这样高强度的阅读积累，毕业的时候怎么可能读文献不快，是不是？

我们大部分都是普通人，我们都只能依靠可信赖、最朴实和最符合规律的方法来训练自己。速成的方法可能会适用于极少数人，姑且不论其可持续性，至少是不适合用在学术上的。

人生道路漫长，要长长久久地拼搏并有效产出，在读博士和做学者的早期投入大量时间和精力来训练基本功，是再合理不过的事情。

回到你的问题，我建议规律性地、持续性地读下去，精读和略读的方法相结合，使用文献笔记法学会找到重点，过一段时间你就会发现你对专业内常见的词汇、语言、理论、方法都熟悉了，对学术英文的讲述方式也熟悉了，你的英文阅读速度一定会提上来。

- 请问老师，我应该读哪些文章呢？能不能推荐一些好文章？

如果你还没有确立一个具体的研究方向，那你应该从你们领域里最权威、最被认可的学术文章开始读起。你应该接触最高水平的研究论文，反复品味文章为什么好、好在哪里。我建议你首选英文文献来读（尤其如果你是社会科学专业），因为目前最前沿和高质量的研究大部分还是出现在英文期刊上。具体来说，影响因子更高的期刊上发表的文章、引用率更高的文章、最近十年的文章，应该作为你的阅读重点。

因为我不知道你是什么专业，而且大概率上我们不是一个专业，我即便给你推荐我们领域内的好文章大概也只适合你在入门的时候比较宽泛地找找阅读学术文章的感觉。因为不同学科对论文的要求的区别还是比较大的，你要通过看自己专业内的文章来熟悉你们体系内的语言和逻辑。所以最好的选择就是跟你研究方向尽量接近的、发表在高质量学术期刊上的近期的文章。

如何找这些文章呢？这里我给你提供三个思路，你可以按顺序逐一实践：

第一个思路，把你现在的导师以及你们系里教授所发表过的文章找出来读，尤其是那些引用率高的文章。这个方法的好处是，因为你认识这些文章的作者，你看的时候会觉得跟自己有关系，你有不明白之处也有地方去提问题（老师可能还会更加看重你）。

第二个思路，把在你们领域内国际上最好的 2~5 种期刊找出来，找到近一年这些期刊上发表的文章，按兴趣选其中的一半进行阅读，每周读几篇。这个方法的好处是，让你能够快速接触到领域内质量最高的那一部分文章的文风、结构、主题。读完了这些文章，你也就对本领域内的最高水平有了一定的了解。

第三个思路，找你们专业同领域在美国或其他英语授课的欧洲学校类似课程的硕士生或研究生课程的教学大纲（syllabus）。举个例子，我博士期间的一门重要的课程是组织理论和组织行为，这节课的教授为了能让大家了解这个领域，会根据自己的积累搜罗她认为在这个主题下最重要的理论和实证文章，每周作为阅读作业留给学生。这份教学大纲在开学之初就会发给全班，学生们在每一周都按照已经列好的文章列表进行阅读，然后上课的时候老师带着大家讨论。由于这种教学大纲一般都是多年深耕于某一领域的教授们精心遴选出来的文章，所以教学大纲要求阅读的文献都会涵盖该领域最重要的研究、最有影响力的文章、最前沿的方法。如果你在网上搜索引擎里输入你们学科的关键字，再加"syllabus"字样，就能找出很多教授公开分享的教学大纲，这就会成为你非常好的阅读列表。你当然也可以请在国外相似专业读博士的同学帮忙，分享他们课程的教学大纲给你。这是很好的找到好文献的工具。

- **文献中有大量的概念和专有名词，看得云里雾里，怎么办？**

刚入门的时候看文献是一定会有这种感觉的，所以作为学术新人不必气馁。任何一个领域的知识体系都是经过无数学者的大量研究一点一点搭建起来的，所以有时候我们看论文会觉得信息量太大，一层概念套着另一层概念，而且不明白为什么这些需要被讨论——这是因为这篇研究其实是建立在几十年甚至上百年的其他研究基础上的。这就好像一个美剧已经播出了好几个月，你冷不丁插进去从中间看，对里面的人物关系和此前的故事背景都没有了解，自然看得困难。

所以这个时候一个比较好的办法是找该领域的一本比较系统的教科书先来读一下，因为教科书的特点是相对容易读、相对体系完整、相对视角宏观。一本好的教科书就好像有人专门为你从中间开始看美剧准备了前情提要，给你提供了一个大背景，你可以高效率地熟悉一个领域最重要的那些核心概念、重要观点、历史发展、现有成果，在脑中建立起一个宏观的框架，然后再去看具体文献，可能就容易得多。

另外，要记得在最开始入门的时候，新名词和新概念带来的冲击是一定的。你要有耐心慢慢让他们熟悉你，你也熟悉他们，你们关系融洽，阅读就如鱼得水了。

• 老师我有一个疑惑，在研究的初级阶段，需要大量地读文献，每一篇都做3页的笔记会不会有点太多呢？另外，读文献的哪个阶段需要做笔记呢？泛读、寻找研究课题阶段需要吗？还是精读阶段才是必要的？

这是个好问题。文献笔记法的使用可以大体分两种情况：第一种情况是为了强化训练自己的有效阅读能力而做的文献笔记，这种情况我还是建议要做至少3页的笔记，否则效果不会明显；如果你是入门者，此前没有大量读过文献（尤其是英文文献），那么我会建议你非常认真地按照格式和我们提到的各个部分记3页左右的笔记，这能帮你形成良好的阅读习惯，建立起一看到某一类文章就能够快速找到核心信息的能力，然后你就可以从"逐字逐句阅读"顺利晋升为"有目的性的阅读"，游刃有余地行走于文章的各个段落。

第二种情况是你已经不需要训练阅读能力,或者你只是单纯为了记录文献重要内容而做文献笔记,这种情况就不必拘泥于要记几页的限制,你完全可以根据自己的需要量体裁衣、灵活机动,半页到一页的笔记可能就可以涵盖一篇文章最重要的核心。但这最终要取决于你看这篇文章的目的,以及这篇文章的实质内容有多少。有些文章对你而言可能只是在研究方法上有借鉴意义,有些文章只是某一段论述有参考意义,那么你的笔记中,当然要围绕你的需求、把对你有新意有价值的东西留下来。

另外,对于新手,你也可以选择每一周去精读一部分文章,略读一部分文章;去把一两篇文章用大块时间做详细笔记,而其他文章以自己的需求为指导决定笔记长短,这样能够节省一些时间。

- **阅读文献综述时应该如何做笔记呢?跟阅读普通的学术文章有什么区别?**

文献综述一般本身就是一份对某个主题的一堆文章的集结性笔记,所以确实跟阅读其他学术文章时略有不同,主要体现在信息密度大、浓度高,一篇文章里可能提到上百篇的文献,而且视角比较宏观、系统,其目的就是把某个领域现有文章进行归类和总结。

基于文献综述的这些特点,对其做过于详细的笔记是没有意义的,因为文献综述本身就相当于对某一个领域做了一份总结性的文献笔记。在任何好的文献综述类文章中,作者都一定会使用自己的思考体系或理论体系来归类、总结、对比、评价不同的文章。比如,作者会评价使用某个研究方法的实证性文章太少了，或者大部分文章都只是在理论层面讨论了这个问题，或者下一步的研究重点应该转移到某些具体的研究问题上。这些往往是综述类文献最精华的部分，也应该作为笔记的核心。

● 请问老师，有没有比较好用的记文献笔记或者管理文献的软件？

我试过做笔记的软件有 Word、Excel、Evernote、Endnote、Zotero 和 RefWorks，功能大同小异，我喜欢最朴素直接的——Word 或 Excel。于我而言，对记笔记软件的两个需求是最核心的：统一的结构和方便的搜索功能。看着清晰明了，找关键词可以信手拈来，这就是一个好工具。有一些软件虽然功能多，但我感觉过于繁琐，每一次用都觉得是增加了工作量而不是减少了工作量，所以我现在直接用文件夹归类、Word 文档做笔记、PDF 上直接做标注这种原始的办法。当然不同人可能感受不一样，你可以试试 Zotero 这一类文献管理的软件。

● 能否推荐或共享入门的书籍给文科思维的学渣们？在此谢过！

推荐一本在很多美国高校给本科生使用的教材：艾尔·巴比（Early Babbie）的《社会研究方法》（*The Basics of Social Research*）强烈建议大家至少读一两本英文原版的入门教材，由于社会科学研究方法的大部分词汇都是从英文翻译而来，很多词的中文版本非常不容易看懂，有可能越看越晕。直接看英文原版能让你的很多疑问豁然开朗。

● 阅读文献是打印出来读好还是在屏幕上读好呢？感觉自己一直在两者之间切换。

我跟你的情况很像，很长一段时间都是有时候在电脑上看，有时候打印。这个问题真的没有标准答案，完全看个人习惯。但是我自己的经验是，一般如果想深度阅读的文章，比如博士课程上老师留的文章，那么打印出来在上面记笔记最容易，上课时候拿出来讨论也最方便。而写论文的时候要引用和翻阅大量的材料，如果全部打印出来太多也太不方便查找关键字，所以我会在电脑上看。

现在我自己大概90%的论文都是在电脑上看的，如果需要为期刊审阅文章我会打印出来，有时候在自己的文章投稿之前也会打印出来，另外极为重要的文章会打印出来，除此之外都是在电脑上看。

● 文献笔记有没有必要做二次整理和分类？

看需求，一般不用。进行二次整理是指把关于不同主题的文献笔记再集结起来做一次整理。如果你已经做了非常多的不同主题的文献笔记，或者你要做某个主题的文献综述，有时候会有必要进行二次整理，但是大部分情况下不做二次整理并不会影响你对笔记的使用或是对文献的阅读。

第二部分

实证研究基本功

2.1 实证研究是什么？ 怎么做？ 为什么你一定要做一次？

我在出国读博士以前虽然也做了一点科研，但是真正让我对学术产生兴趣、真正开始理解学术研究还是在来美国接触了实证研究之后。

如果你是位社会科学研究者，我认为你一定要尝试自己设计一次实证研究，哪怕它不是你的主要研究方向。因为设计、执行自己创造出来的实证研究，实在是太有意思了。打个比方，这种能够自己设计、执行、验证自己的研究的感觉，就像艺术家从头到尾经历几年精心打磨出来一件艺术品，就像建筑设计师从无到有、从想象到现实看见自己脑中的图像矗立在大地上。它实实在在的是你的创造，而在创造一件东西的过程中所得到的愉悦感和成就感，是少有事物可以超越的。

这一篇我们就说说什么是实证研究，以及做实证研究的基本过程。

2.1.1 什么是实证研究？

实证研究（empirical research）是基于对事实、客观现象、数据进行系统地验证，而得出问题结论的研究方式。实证研究的三大特征是以证据为依托、有数据、可以验证和重复验证。看一个研究是不是实证研究，最直接的办法是看它文章里有没有呈现数据（data）——这里的数据并不单指定量的数据，而是既包括定量也包括定性的数据。所以从数据类型上实证研究可以大体分为两大类：定量研究（quantitative study）和定性研究（qualitative study）。当然除此之外还有近年来越来越多看到的混合式研究（mixed methods research）。实证研究的本质是遵从"实证主义"（positivism）这种知识论的研究方法，它要求以"实际验证"为中心来求知，通过在现实世界中收集事实和验证证据来解释问题。

坊间时常有一种误解，以为只有定量的研究才算实证研究，只有出现数字的证据才叫"数据"，这个理解显然是不正确的——数据既包括量化数据（quantitative data）也包含质化数据（qualitative data）。在定量研究中，你的数据主体是数字类数据（numeric data）；而在定性研究中，你的数据主体是文本类数据（text data）。但我们不能说因为文本类数据里没有"数"就不是数据。文本类数据也是数据，比如质性研究中常用到的访谈实录、实地观察的笔记、组织档案文字资料等，都可以作为研究的质性数据，同样是实证研究的一部分。

那么什么研究不是实证研究呢？没有数据的，不依托现实中验证的证据的就不是实证研究，最典型的就是以理论构建为目的的研究、文献综述型文章等。没有收集数据、呈现数据、经过数据分析的研究不是实证研究，而是概念研究（conceptual research）或者理论研究（theoretical research）。图 2-1 向大家展示了社科类论文以研究方法为角度的基本分类。

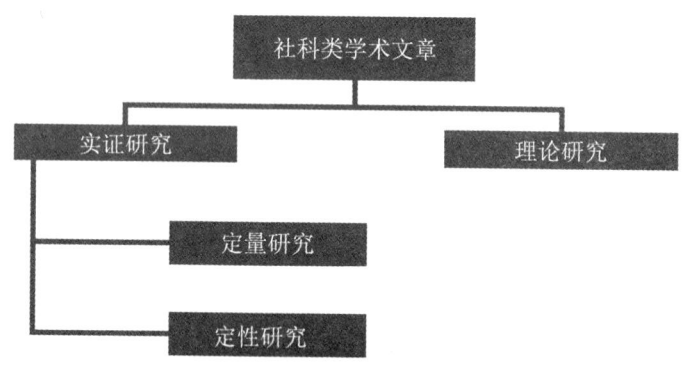

图 2-1　实证研究与其他类型研究的关系

2.1.2　实证研究重要吗？

重要，特别重要。最大的原因是，这是当今社会科学领域最被广泛接受、最主流、最常见的研究类型。而后，稍显功利一点的原因是，这也是社会科学领域内学者们最容易发文章的类型（英文期刊）。或者，从趋势的角度看，在可预见的未来几十年，实证研究的方法大概率上会继续成为社会科学界最重要、最主流、最被接受的研究方法。而国内近十年实证研究的兴起和快速发展更加印证了这一点。

2.1.3 实证研究怎么做？

简单来讲，实证研究最核心的工作是以下这三步（具体步骤的论述请见本书2.2"什么是实证研究的底层逻辑——从西蒙的一篇经典文章说起"）：

第一步：你要确定一个研究问题。

这个研究问题最好是你感兴趣的、非常具体的、可以检验的（本书2.3会详细讨论选题）。比如，以下都是可以作为实证研究的题目：

- 提升电费能够促进人们节约用电吗？
- 每年年初制定计划的人会比不做计划的人工作效率更高吗？
- 在医院工作的人，是比不在医院工作的人更容易生病还是更不容易生病？
- 数学好的人语言能力会更差吗？
- 随着年龄增加，人的同情心会逐渐增加吗？
- 一个非营利组织的筹款数额与员工对工作满意度有相关性吗？
- 明星片酬越高的电影票房越高吗？
- 养狗的人比养猫的人更愿意跟其他人社交吗？
- 大学生使用知乎的频率跟学习成绩有相关性吗？

以上是我随便举的几个例子，我尽量列举了一些离我们生活不远的例子。你会发现，实证研究的主题经常是非常有趣、非常接地气、跟我们生活息息相关的，所以我相信很多学者都跟我一样，因为自己做了实证研究而对学术研究产生了巨大的兴趣。

此外，当你自己做过实证研究，你会发现你看待周围人和事物的方式或多或少发生一些变化，你相当于给自己的思维做了一个全面加固的升级，它会帮助你更有力地思考很多现实问题。你还会发现，其实我们生活中很多习以为常、墨守成规的观点，未必是经得起推敲的事实，因为它们从未经过系统验证。

我们中国悠久的历史和沿承的文化决定了我们很多知识是通过经验、习俗或口耳相传积累而来的，而不是以更系统化、科学化的方式验证而来的。那么这就意味着可能有些流行的认知、习惯性的做法、默认的观念还有待验证，还需要有更加系统扎实的数据去支持，还值得去展开质疑和进一步探讨。这也意味着，作为一个社会科学研究者，在国内做实证研究，其实有大量"低垂的果实"可以开采，大量的学术贡献等待着学者做出，实证研究方法正是被需要的好时候。

第二步：你要自己设计出验证研究问题的过程。

这其实就是写计划书（proposal）的过程。你要在这一步里思考怎样才能够验证你的研究问题，而具体来说，也就是收集到什么样的数据能够帮你验证你的研究假设。

从这一步开始，你要做的工作就越来越有意思了，你开始通过自己的能力去创造一个从未有过的验证过程。这个过程需要你具备扎实的专业知识和严谨的思维能力，但它最诱人的地方在于，你设计的研究，不会跟任何其他人设计的研究完全一样，它是带着你烙印的作品，它将展现你的思维方式、教育背景、训练背景和对世界的看法。这个研究可是真真正正、从里到外印着你名字的作品。

比如说"在医院工作的人,是比不在医院工作的人更容易生病还是更不容易生病?"这个题目,是我有一次去医院的时候忽然想到的,虽然不是我自己的研究范围,但是我觉得是一个很有意思的话题。这里我好奇的并不主要是医院工作人员更容易被传染,或者免疫能力更强的问题,我当时在医院里的感受是,所有的工作人员每一天都会接触很多的病人、谈论很多的疾病名称、看到很多的病痛症状。他们谈论、思考、接触这些疾病和症状的频率,大概是我们普通人的好几十倍。我们平时也就是偶尔会谈论起某个人生病了,或是偶尔看到别人生病的症状。所以我特别好奇这种"谈论"和"接触"对人有没有心理暗示,人会不会因为每天讨论病情,就更容易得某种病呢?

要想真的用实证方法来验证这个问题,不同的学者的设计思路一定会不一样。比如,到底什么样的数据类型才能回答这个问题?定量还是定性的方法更有效?访谈还是问卷的方法更适合?如何测量"更容易生病"这个变量?选取多少个医院的工作人员才够?选哪里的医院?要不要选多家不同类型的医院?要不要把不同的工作人员(比如医生、护士、其他工作人员)区分开来研究?……这些方面都需要考虑,具体做起来时每个学者也都会有不一样的设计。

更系统一点说,这一步要想把研究设计得精彩,意味着我们需要有以下几个方面的知识(分别在本部分后续内容中进行梳理):

- 确定研究假设（research hypothesis）。
- 确定抽样过程（sampling process）：什么是样本？有什么不同的抽样方法？抽样背后的逻辑是什么？什么时候应该用什么样的抽样方法才合理？定量研究和定性研究的抽样方法有何不同？
- 数据收集（data collection）：了解数据收集的不同方法，以及各种方法的具体步骤。比如访谈（interview）分为结构化访谈（structured interview）、非结构化访谈（unstructured interview）以及半结构化访谈（semi-structured interview）；问卷（questionnaire）可以使用网络问卷、电子邮件问卷、纸质版问卷等；除此之外还有实验（experiment）、实地观察（observation）、焦点小组（focus group）等方法——这些不同的数据收集方法都分别应该在什么情况下使用？什么才是高质量的访谈？什么才是好的问卷？问卷里应该先问什么后问什么？应该如何提高问卷反馈率？……
- 测量（measurement）：如何问好你想知道的问题呢？你问了问题就一定能得到你想知道的东西吗？如何能准确测量你的变量呢？怎样保证较高的效度（validity）和信度（reliability）呢？是否应该选择和使用前人建好的测量方法呢？

实证研究的迷人之处在于，实证研究的设计，永远没有最好，只有更好。

真正在做实证研究的时候，你会发现各种选项都各有其优劣，就像特点不同的兵器，你拿起哪一把都必须接受它的弱点，所以看起来好像不难的事情其实里面需要考虑和权衡的细节非常多。因为无论你选择哪种抽样方法、数据收集办法、测量的方式，你都真切地知道它们不会是完美的方式。然而，如何在不可能出现完美的现实里，做出尽量无限接近完美的设计，如何在已知困难的事情面前想出最巧妙的方法，这就是做实证研究的巨大魅力。

我总觉得这世界上可以自己决定的事情不多，而亲手做实证研究时，你就像是坐在驾驶舱的位置，通过自己做出的每一步设计去观察和了解这个世界。每一个步骤都可以一丝不苟，做得精良一点再精良一点。大概没有什么事是比看到自己亲手设计和创造的东西做出了好的效果而更有成就感的了。

第三步：数据收集上来之后，你要用统计学或其他合适的分析方法来验证结果。

这一步简单来说，就是"见证奇迹的时刻"！

我自己在做实证研究的所有步骤中，这一环最让我上瘾，也就是数据分析的阶段。分析数据的时候坐在那里"嗖嗖嗖的"几个小时就没有了，异常兴奋，特别想知道分析出来的结果到底是什么样的。

我曾经跟我一个朋友描述过这种兴奋，就好比你本来凭空冒出了一个别人都没有过的想法，一个完全属于你自己的想法，你花了很大力气才找来了可以验证的证据，拟采用客观的方法分析一看，你的想法居然真的被印证了！你说你是不是会觉得自己站上了世界之巅呢？

而有的时候分析结果居然跟你假设的恰恰相反——这难道不是太好玩了吗？假如你认为养狗的人会比养猫的人更喜欢跟人社交，然而结果恰恰是养猫的人更爱社交，这到底是为什么？

是你分析时用的工具不对，你的抽样有问题，还是你有什么你没有考虑到的其他解释因素呢？

分析数据的时候需要拥有"知人善任"的能力——各种数据分析的方法都是我们工具箱里的宝贝，它们都有自己最擅长的领域，而面对你的数据，你的研究问题，你需要找到最适合自己现在面临问题的那一种工具，你还要知道你的数据能不能满足使用这个工具的条件［也就是它们各自的假定（assumption）］。分析数据这个能力，是要不断通过看教材、看实证文章、自己做实证研究进行积累的。

我觉得在这一步骤，重要的并不是你要记住所有分析工具的具体使用步骤（这些都能在网上和教科书里轻松查到），而是要知道到底在什么时候去拿起哪种工具。比如，如果你要做定量分析，你可能要了解和考虑使用以下哪种工具才能解决你的研究问题：

- 线性相关和线性回归（Linear correlation and linear regression）
- 因子分析（Factor analysis）
- 结构方程模型（Structural equation modeling）
- 方差分析（ANOVA，MANOVA，MANCOVA）
- 偏最小二乘回归（Partial least squares regression）
- 逻辑回归（Logistic regression）
- 非线性回归（Nonlinear regression）
- 多层线性模型（Hierarchical linear models）
- ……

很多对工具的学习都是通过使用该工具来实现的，很少有学者会对世界上每一种分析工具都了如指掌，但是实证研究做得越多，你接触到的工具自然也就会越多。所以很多时候并不是准备得万无一失了才上战场，而是在战场上边向目标努力边利用实战的机会进一步积累。不断学习新的分析工具本身就是做实证研究的一大乐事。

2.1.4　完整地做完一次实证研究通常需要多长时间？

一个高质量的实证研究从开始设计到论文成型一般会持续几个月至几年时间不等。大部分我看到的研究都是在一两年内完成的，这还不考虑投稿期间的等待时间和改稿时间。项目的目标不同、收集数据的规模不同、使用的分析方法不同、合作的人员和数量不同，都会影响整个项目的时间跨度。举个例子，在社会科学研究中一般认为纵向研究（longitudinal study）比横截面研究（cross-sectional study）更能呈现严谨的结果，但为什么纵向研究数量远远小于横截面研究呢？因为纵向研究要求在多个时间点对数据进行收集，对研究人员的投入要求很高。哈佛大学有一个著名的对人幸福感的追踪研究，跟踪了 724 个研究对象 80 年之久，期间研究人员都换了好几拨。这样的实证研究真是让人敬佩，这种研究方法得出的发现也无比珍贵。

如果想要产出高质量的实证研究，无论从研究设计、数据收集还是后续的数据分析、论文撰写，每一个步骤都需要花费很多时间和精力。实证研究的每一步就像多米诺骨牌一样互相关联，如果前面的设计或者数据收集做得不好，那么后面的数据分析也没有了意义，很多时间就白花了。

2.1.5 写实证文章时，结构安排上有套路可循吗？

有。实证文章有相对确定的规范和结构。这一点跟理论性文章很不同，理论性文章的结构更加发散和多元。

简单来说，实证文章的结构须至少涵盖以下几个部分：

(1) 阐述研究问题。

(2) 探讨研究问题的重要性和综述相关文献。

(3) 提出假设1、假设2、假设3……

(4) 介绍你的数据，收集过程和变量的测量。

(5) 列出数据分析的具体结果。

(6) 讨论、局限性、结论。

上述是一个简易版的实证文章结构列表。具体研究则会随着作者的研究方法和个人偏好而稍有不同。

但只记住结构和套路并不一定能抓住实证文章的核心。真正重要的是理解实证文章背后的行文逻辑：为什么要这样的行文顺序？为什么要有各个部分的内容，比如为什么一定要有研究假设、数据收集、数据结果？为什么要介绍变量的测量方法？为什么这一部分要放在那一部分在前面？为什么要写出研究的局限和后续研究的展望？……

本质上来讲，因为实证研究遵循的是"实证主义"的知识观，做实证研究应该体现出对事实、数据、证据的重视，以及对客观、真实、准确、全面的追求。研究者不是可以随意篡改知识真相的人，实证研究里的研究者更接近于一个观察者，一个挖掘客观真相的人，一个把个人观点暂时放置于一边的人。实证研究强调对事实、证据、和规律的尊重，强调研究者的冷静、中立、不偏不倚。

2.1.6 最后,我不做实证研究不行吗?

行,当然行。不做实证研究依然可以非常厉害,没有数据的研究也可以是高质量的研究。社会科学领域的实证研究和理论研究缺一不可,只不过从不同方面做出贡献。

但同时,我会鼓励和支持从没有做过实证研究的社会科学研究者至少亲手、完整地参与一次实证研究。这是因为:

- 亲手做一次实证研究能帮你理解为什么实证研究现在这么主流。
- 你能更好地理解实证研究跟理论研究到底有哪些不同。
- 你再学研究方法时,能够更好地理解为什么我们要去钻研如何访谈、如何设计问卷、如何抽样的那些细节。
- 你以后读文献的时候会遇见很多实证研究,自己做过实证研究之后看别人的文章会看得更明白、更快、也更能看出文章的好坏。
- 你也许会从此爱上实证研究,而多了一条研究的主线,何乐而不为呢?

2.2 什么是实证研究的底层逻辑
——从西蒙的一篇经典文章说起

作为一个从本科开始一直学习管理学的学生，我在到美国读博士之前其实已经接触过不少管理学的教科书和文章。但如果你的专业也跟我一样是社会科学，那么你多年以来读学科内教科书时也许曾有过跟我一样的迷惑——书上的话句句说的都没有问题，条条都像是金科玉律，然而除了应付考试之外我却仿佛并不知道怎么用。举个例子来说，管理学原理教会我们要利用"系统原理进行系统分析"，"用能级原理把人安排在组织机构的各个合适的位置"——这些好像都非常对，但能记下这些原则不代表真正理解，更不代表能会用和好用。这长久以来一直是我心中的一个困惑。

直到读博之后在一门课上读了赫伯特·西蒙（Herbert Simon）在1946年发表的著名文章《管理箴言》（"The Proverbs of Administration"），我忽然觉得像脑袋里开出了一朵花——原来社会科学应该这样研究啊！我忽然发现西蒙在文中解答了我多年的困惑——很多原则听上去都对，可是它们要不然就是没有细化出具体情境下到底该怎么做，要不然就是跟其他看上去也非常对的原则互相矛盾，缺少真正的实践意义。西蒙这篇批评当时美国公共管理学研究现状的文章倒是解答了我多年以来对社会研究的困惑，并将之与自己当时刚刚开始学实证研究方法的思考联系了起来，终于明白了实证研究的底层逻辑。

所以这里我想专门讲讲西蒙的这篇著名的文章——虽然这

篇文章讲的是管理学，但其精髓其实可以用于理解几乎所有社会科学门类的研究。我想通过我自己读这篇文章的感受，以管理学为例，来帮助刚刚入门社会科学研究的同学感受做研究的基本目的和思路，从而在脑中早一点搭建起对实证研究的底层理解。

赫伯特·西蒙是个很了不起的人，他跨学科、门门通的能力绝对是史上少有的，在经济学、政治学、管理学、社会学、心理学、计算机科学、认知科学等领域上都颇有建树。从管理学和公共管理领域的发展历史来看，《管理箴言》是一篇非常重要的、里程碑式的文章，在当时为正处在十字路口的管理学提供了新的发展思路，这篇文章也是管理学领域被引用次数最多的经典文章之一，直到今天还在深深影响着公共管理领域的学者们，是博士基础课的必读文章。我们接下来就来详细说说这篇文章。

2.2.1 西蒙的文章讲了什么？

西蒙在这篇文章里首先批评了当时的经典管理理论，把当时盛行的如古利克（Luther Gulick）、韦伯（Max Weber）、泰勒（Frederick W. Taylor）等人的一些观点拿过来怼了一番。他说，现在的管理学研究与其说是在提供"原则"，还不如说是在提供"谚语"。"谚语"这个东西有一个特点，就是正着说反着说全是你对，比如，有句话叫"三思而后行"（"Look before you leap"），告诉你做决定之前要谨慎考虑和判断再行动；而另一个谚语叫"当断不断，必受其患"（"He who hesitates is lost"），告诉你太犹豫了就会犯错误。那么问题来了，我到底是应该在做事前多琢磨琢磨呢，还是不应该多琢磨呢？而且琢磨到什么程度算好呢？怎么琢磨呢？

西蒙说，他认为当时的管理科学的学术文章和研究就犯了同样的问题，出现了大量的类似于"谚语"一样的东西——这些论文的观点初听起来都是对的，但是这些"谚语"互相之间却常常是矛盾的，并且都并没有给出具体条件，很难验证、很难具体化、很难付诸实践。西蒙认为这大大影响了管理科学的发展，不应该是管理学的未来。建立一个科学领域，不能这么不严谨，这么没有科学精神，这么没有实际意义。

为了更详细地讲清楚管理学存在的这种问题，西蒙举了几个生动的例子。在20世纪前半叶，最重要的几个管理学的理论包括分工、统一指挥、管理幅度，等等。于是西蒙首先就拿当时盛行的这几个原理来说明问题了。

他先拿当时很多学者都在论文里讨论的"分工"（specialization）原则来开刀。"分工"这个原则是随着科学管理的浪潮和韦伯的官僚制理论而兴起的，在科学管理之前，人们没有大规模生产和提高效率的压力。但是进入20世纪末期，管理学的研究者们开始意识到要有分工、要有专业化、要让适合做某件事情的人去做某件事，于是慢慢地有了流水化作业的工厂。我们现在已经对分工这件事习以为常，随便去一个工厂、公司、商店，我们都会看到不同工种的员工各司其职。当时经典组织理论提出要明确分工、细化分工，其实在20世纪初期这是提高工厂绩效非常重要的管理方法。

但是西蒙说，且慢，分工原则可能是有问题的。为什么呢？首先，他说分工原则从来没有说清楚，是不是说只要分工分得越细就越能提高组织效率？如果不是，哪里是分工的尽头呢？其次，分工原则也没有说明应该依靠什么原则进行分工。比如，如果给护士们分工，管理者既可以把他们分工到不同的地区，也可以把他们分工到不同的职能部门——哪一种更有效呢？当时的管理学原理可并没有把这一点说清楚，而且貌似也没有意图准备把这个问题讲清楚。西蒙说，真正有意义的，并不是告诉我们"要分工"，而是要告诉我们，在哪种情况下应该分工、按什么分工、怎样最好地分工，以及不同的分工方式又对结果到底有什么不同影响。

而后，西蒙又拿"统一指挥"（unity of command）这一重要的管理原则开刀。在经典组织理论中，管理学原则倡导的"统一指挥"，是指不提倡一名员工接受两个或两个以上领导的指挥，因为当命令不统一的时候会给员工带来困惑，降低了组织运转的效率，出现混乱。最常见的统一指挥原则的应用就是在军事组织之中，通常有非常明确的上下级指挥链关系。

然而西蒙说，统一指挥原则看似合理，其实却和当时被经典组织理论同时提出的分工原则互相矛盾：因为分工原则讲求各个部门分管不同的方面，那么当一个领导做某个决定的时候，往往他必须听取和借鉴其他多个部门的经验，如果严格地遵从统一指挥原则，那么这位领导就听不到这些不同分工领域的声音了。而当时的很多学者却把这两个原则同时拿出来提供给实践者，西蒙说，你看看，提出这样的简单结论有实际意义吗？

接着，西蒙继续指出"管理幅度"（span of control）原则的问题，说这个原则又会跟当时管理学盛行的统一指挥原则和分工原则互相矛盾：管理幅度原则强调的重点是，一个领导者可以直接管理的下属数量是有限制的（通常5~7人），超过这个限度就会导致无法有效管理。这看似是非常有道理的一条原则，但西蒙说大家想一想，在一个组织总人数大体不变的情况下，你要不然就是用扁平形状的组织结构增加管理幅度而减少层级，要不然就是增加层级而减少管理幅度，你不可能层级又少、每个领导管理的人又少，要不然那些员工都跑哪里去了？所以如果管理者减少管理幅度从而有足够的时间给到每一个下属，那么就自然会出现层级增加、上下沟通不畅、增加组织运用成本等问题。

写到这里，西蒙发出了来自灵魂的拷问：这些所谓重要的"管理原则"到底有多大的实践意义？能为我们带来什么？研究者是不是真指出了在什么情况下该使用哪些原则，又如何使用？这些宽泛的原则就应该是研究者关注的重点吗？公共管理研究接下来到底应该怎么向前发展？

2.2.2　学术研究的意义以及实证研究的价值

西蒙的文章在发表的时候对管理学和组织行为学领域带来了巨大的影响。在他之前，学者们忙着总结管理的原则，忙着向世界证明管理学可以像其他学科一样通过总结规律建立起来，忙着积累一个又一个好看的规律。如果没有西蒙的出现，管理学之后的发展路径可能会大不相同。是西蒙在必要的时候跑出来说，只总结这些原则是没有太大价值的，因为这些原则到了具体的情境面前，我们还是不知如何使用。西蒙大声疾呼别让"管理原则"变成了"管理谚语"，而要考虑系统性的研究方法，推动整个学科的理论建设。

看到这里,你可能要问,那到底该怎么办呢?如果谚语性的东西是不够的,那什么才算是对科学领域真正的建立?

西蒙为此提出了三大步骤:

(1) 描述管理的情景(The description of administrative situations)。

(2) 诊断管理的情景(The diagnosis of administrative situation)。

(3) 为标准分配权重(Assigning weights to the criteria)。

在我看来,这三条的提出,实际上总结和解释了至今为止一直占据社会科学主流方向的实证研究所遵循的底层逻辑——它告诉我们,要想解释一个结果变量,就要找到能解释这个结果的重要自变量(步骤2),要能够把这些变量可操作化(步骤1),最后通过线性回归等分析方法告诉我们各个自变量有多重要(步骤3)。

我们来展开说一下。

首先,所谓"**描述管理的情景**"是指要用一系列搭建的概念和可操作的定义来描述管理的情景,从而搭建管理学理论。比如说什么是"权力""中心化""控制范围""职能",在西蒙看来这些概念非常重要,但又没有被充分地重视。他说:

> 对管理的描述目前经受着浅薄化、过分简单化、缺乏实际主义等问题的考验……这些描述只顾着说"权力""中心化""控制幅度""功能"这些词语,可是却忘记了去寻找这些词语的可操作化定义。

这里,"可操作化"(operationalization)对于概念的解释非常重要,换句话说,就是你的原则和理论如何检验?比如,若想验证"组织中心化"（centralization）对于组织效率的影响，那么该如何测量所谓的"组织中心化"的高低呢？到底是什么标准决定了一个组织是可以被视为"高中心化"，而又是什么标准可以界定一个组织是"去中心化"（decentralized）的？你不把这些定义清楚，其他研究者和实践者就没办法沿着你的思路继续推进研究啊。西蒙发问说，比如，如果一个组织有在总部以外的办公室，这可以代表该组织是在使用去中心化结构吗？这种情况有没有可能跟其他中心化结构的特征并存呢？总之，西蒙认为要想建立学科理论体系，第一步应该建立一系列相关的概念并且做好可操作化。

其次，**"诊断管理的情景"** 这一步骤是指要找出导致某种管理结果的相关因素。这一步，其实在实证研究中，就是我们为了解释某个"因变量"，而去确认相关的"自变量"的过程。比如，为了提升组织效率，西蒙认为不仅要知道一个工人的生理基础、技能水平、智力水平等因素是如何影响了组织效率，而且要知道如何增加员工的忠诚度、员工士气、如何能让员工快速学会新知识、如何有效分工才能保证最有效的知识传达和信息传达，等等。西蒙说，虽然想列出全部影响因素是不可能的，但是最起码要列出对结果变量有影响的那几大类因素。

最后，**"为标准分配权重"** 这一步骤是指确认每个标准的重要程度。这一步其实就类似于我们在做回归性分析的时候用定量的方法来确定一个解释模型中每个变量前面的系数。西蒙说，既然很多"管理原则"都是互相矛盾的，我们就需要把这些标准放在一起去检验其"相对重要性"。比方说，细化分工这个原则本身是否能提高组织效率呢？这要同时检验组织层级的增加对效率的影响。也就是说,这两个事情不能独立着看,要放在一个模型中去看,然后计算相对来说谁带来的影响力(权重)大、有多大,最终再决定哪个原则是更重要的。而这一权重的分配,靠的是检验实证数据和通过实验结果得出结论。

2.2.3 举例:西蒙的三个步骤与实证研究过程的类比

我用一个生活中的类比帮大家总结一下西蒙提出的这三个步骤:

假如我想买一个电视机,并总结什么因素会影响我购买哪个电视机的行为。那么按照西蒙的说法,我应该做以下三步:

(1) 定义什么是电视机、什么是购买行为等名词。这个步骤我们在现实中会省略,因为我们不定义也知道什么是电视机。但是在真正的社会研究中,很多概念是抽象和没有共识的,所以对于"自由""幸福""满意""效率"之类的概念,在研究之前就必须要先给出具体而确定的定义。

(2) 列出可能影响我购买电视机的各种因素。比如,最重要的因素可能包括价格高低、品牌声誉、电视外观、售后服务、电视清晰度、扩展功能等。

(3) 我来思考一下列出的这些影响因素分别对买一个满意的电视机有多重要:比如总权重分为 10 的话,价格对我可能占了 4 分的权重,电视外观占了 2 分的权重,其他各占 1 分权重。这样我最终就能解释我购买电视机的这个行为是由哪些因素决定的,而这些因素又分别有多重要。

理解这个思路为什么重要呢?因为社会科学近几十年的发展都是在紧跟这条思路:先确立和定义研究问题,再找出重要的解释变量，最后确定每个解释变量对结果变量的相对重要性。理解了这一点，你就能理解为什么要使用回归分析来构建模型，线性回归就是一个通过回归模型找出每个自变量对于解释某个因变量有多重要的方法。理解了这一点，你也会明白，为什么很多定量研究把看似简单的问题复杂化，因为我们不能止步于了解某个"原则"或"谚语"，我们要知道谁重要、在什么情况下重要、跟其他重要的因素比起来相对重要性有多少。只有这样研究的结果才有实践意义。

2.2.4 从整体把握世界的东方式思维与从细节解释现象的西方式思维

西蒙这篇文章也让我很好地反思了一下西方文化中的"较真"特征。从文化对比的研究中可以发现，西方人追求非常精确的答案，否则就不知所措。最经典的一个例子就是菜谱中的"酱油适量，盐少许……"美国人看见就抓狂——"少许"到底是多少呢？"适量"是几克呢？每个人对多和少的标准都不一样啊！而美国人的菜谱让我这样一个东方人看起来就很好笑，所有环节都用量杯（cup）、汤勺（spoon）、茶勺（teaspoon）等容器衡量得一清二楚，烤火鸡想知道熟没熟还要专门往火鸡身上叉一个温度计看它到没到某个温度……这些做法在我们看来，难免有些"冒傻气"和"不知变通"。

然而如果我们想做实证研究，有时候恰恰就要多学一下这种究根问底、追问精确结果的功夫。美国人做社会科学的研究讲求的不仅是知道，而且要知道在不同情形下、不同环境里能不能复制这个道理。比如亲民型领导是不是有效？如果是，那么在什么样的组织里不能用？在什么样的组织里尤其有效？是不是对每个产业、每个规模的组织都有效呢？这些问题如果想给出答案还真不容易，于是就需要拿很多个不同类型的组织出来进行实践检验，把数据集中起来做基于一定样本量的数据分析和统计检验。

这里面其实涉及知识论的东西。比如，你可能要问，你真的能把某个管理学的模型建立完整，一丝不苟地去解释某个现象（比如"效率"）吗？答案是可能不是。然而，如果我们不沿着这条思路去走，则会走上"不可知论"的道路——仿佛说世界反正太大，放在那里别去探索了吧。而目前科学家们的普遍共识是：世界是很大，很多事确实现在不能一揽子统统解释得一清二楚，我们且一点一点地搭建知识的积木吧，每搭起一根都离真理又近了一点，哪怕我们还有无数根积木要搭。

如果你才刚刚开始做实证研究，那么希望这篇文章对你有所启发。也建议你把西蒙的论文原文找出来，相信你读完一定对实证研究有新的体会。

2.3 如何选题——构建研究问题的思路与策略

从这一篇开始，我们把做实证研究的每一个步骤具体展开，来看一看每一个环节的具体操作思路与实践方法是怎样的。先说第一个环节：选题。这一节我们主要探讨以下问题：

- 什么是研究问题？
- 三大类型的研究问题：你的研究要回答哪一类？

- 什么是好的研究问题?
- 研究灵感哪里找?

2.3.1 什么是研究问题?

在一个研究的开始,最重要的第一步就是找到一个合适的研究问题。所谓研究问题(research question),简单来说,就是你想通过你的研究来回答关于这个世界某一方面的一个具体学术问题。研究问题不是"论文题目",也不同于论文的"主题"或"主旨",而是你在一个研究中非常具体地要去解决的一个问题。既然是问题,那么它应该是以疑问的形式问出来的,应该是以问号结尾的。研究问题通常比"研究主题"更加具体。一篇学术文章不可能回答一个领域的所有问题,那么你应该为读者指明这样一篇文章的篇幅到底能够回答那个问题的什么方面。

好的学术论文都会明确提示其具体的研究问题,并且一般会在引言部分提出,从而方便后续讨论。研究问题是为读者指明这个研究出现的原因和目的,是全文关注的焦点,是引领全文的方向。学术论文要求作者思路连贯、架构严谨地探讨学术问题的答案,只有当你的问题尽量具体而明确的时候,这种探讨才可能成功,才可能有意义。

无论是我们在读文章还是写文章的时候,明确研究问题都是最重要的步骤。读文章时,只有看出了作者要回答的问题,我们才能理解其文献综述、研究假设、研究方法、分析方法的设计究竟有什么意义。写文章的时候,只有确定了自己要回答的问题,我们才知道应该去阅读和综述哪些相关文献,如何在数据收集、样本确定等环节设计出合理的研究过程。不夸张地说，脱离研究问题而言，研究方法的选择就不存在意义，也没有办法评判好坏。在这个意义上讲，确定一个好的研究问题，就像是我们在出发旅行之前确定了一个明晰、可行、值得一去的目的地。

2.3.2　三大类型的研究问题：你的研究要回答哪一类?

研究问题从目的上分类，可以分成三大种类型：探索性研究（exploratory study）、描述性研究（descriptive study）和解释性研究（explanatory study）。在细化和明晰你的研究问题时，想清楚你的研究类型属于这三种中的哪一种是十分重要的。

简单来说，探索性研究关注"我应该研究什么问题?"；描述性研究关注"如何描述这个问题?"；解释性研究关注"如何解释这个问题?"。这三种类型的研究是层层递进、由浅入深的关系。

探索性研究一般是在某一个问题还没有被清晰定义出来的时候最合适的一种研究目的。它常常被用于初步了解某个问题的大体情况，探索进行下一步研究的可行性，或者用于检测某个研究设计是否合适。探索性研究常常以接下来的研究铺路为目的，因此很多前导研究（pilot study）都属于探索性研究。比如，假如我想研究国内大学老师的绩效评估体系，首先我需要大体了解一下国内大学是不是真的使用绩效评估体系，有多少学校用，使用评估体系的决定权是在校级层面、院级层面、还是系级层面？大体了解之后我才能够进行具体深入且有针对性的研究，也才能解释哪些因素会导致不同学校的绩效管理使用方法出现不同的方式和效果。

当我们对某一问题有了初步的了解后，就可以进行描述性研究了。与探索性研究不同，描述性研究的目的是通过科学观察具体反映出某一个问题的客观情况。描述性问题经常问的是"什么""哪里""什么时间""什么地点""什么过程"等问题。最常见、最典型的描述性研究就是"人口普查"——想要调查清楚一个地区不同性别、不同年龄、不同收入的人群各自的比例，描述性研究是在反映和描述客观事实，而并不试图对任何现象进行解释。再者，假如我要回答中国的男生平均多大年龄第一次饮酒，一个省有多少个企业，一个学校的老师学生配比是什么，某个省市公安机关拘留犯人的一般程序是什么——这些都是描述性问题，就像是用一张画板把真实情况用系统性的方式呈现出来，而没有试图去解释为什么事实是这样。

解释性研究，顾名思义则是把重点放在去回答"为什么"的问题上。比如，是什么引起了有人早饮酒有人晚饮酒？为什么有的省企业数量多有的数量少？一个地区的经济发展情况是否与该地区小学的师生比例呈正向关系？某地区犯罪率的高低是否影响到该地区公安机关拘留犯人的一般程序？等等。对于这些问题的回答，已经不仅仅是需要去客观反映和描述事实了，而是需要依托现有的理论和文献，提出相关的解释变量。因此，解释性研究里一般会设计两个及两个以上的变量，并试图理清这些变量之间的关系。

我们换个例子总结一下这三种不同的研究目的："外星人吃豆腐脑吗？"属于探索性问题；"外星人吃的豆腐脑是什么样子的？"属于描述性问题；"外星人为什么吃咸豆腐脑而不吃甜豆腐脑？"就是解释性问题。从这个例子也可以看到，解释性问题通常要以已有的、从探索性和描述性研究中积累起来的知识为依托来建立。

我们为什么需要知道自己的研究问题是哪种类型呢？一方面，这能帮我们更准确地叙述出自己的问题，比如，描述性问题里一般不会出现"为什么"这样的字样；另一方面，一个研究的目的是哪一种，也从根本上决定了它所需要的数据类型、合适的数据收集方法以及整体的研究设计思路。比如探索性研究通常是使用质化研究方法（qualitative methods）来实现，而解释性研究多需要用大样本的量化研究方法（quantitative methods）来实现。你自己想做哪种类型的研究，你的专长、知识、可投入的时间、精力允许你做哪种方面的研究，也应该作为确定研究问题的考虑因素。

2.3.3　什么是好的研究问题？

作为研究者的一大乐趣，就是可以频繁地对世界上的各种好奇的事情进行发问。但这些问题并不一定都是好的研究问题。那么我们确定一个"好的研究问题"的标准是什么呢？这里提供以下五点。

（1）该研究问题是否是你和别人所在乎的？这一个标准是说，好的研究问题应该是有意义的、重要的，应该是对某个领域的理论建设或实践操作有贡献的、能推动知识车轮向前进展的问题。比如，我想研究我家小猫每一天的眨眼次数，或者观察邻居老爷爷每个月开多少次窗户，或者对面楼阿姨一天打多少个哈欠——这些问题的研究对象过于单一，研究问题的意义及拓展范围很小，很难对某个领域的理论建设和实际操作有意义，因此并不是好的研究问题。具体来说，对于公共管理而言，研究"为什么有的公务员工作效率高，有的效率低"，就要比研究"公务员的外貌有什么共同特征"有意义。有意义的研究问题体现出的是一个研究者对领域内现有知识、文献缺口的深入理解，也是一个研究者对于改造现有世界中某个具体问题的观察和思考。

（2）该研究问题是否可以争论？这一个标准是说，好的研究问题应该是尚且没有定论的，可以去争论也值得去争论的问题。一个问题如果已经有了很明确的答案，或者这个答案很容易查到，那么这就不是一个很好的研究问题，也从另一个侧面体现出它意义不大。比如，"世界上有多少个国家？"就不是一个好的研究问题，因为它不值得争论，数一数就知道了；"三天不吃饭的人会不会有饥饿感？"也不是一个好问题，因为正常人都会有饥饿感。对于一个具体领域而言（如管理学），也有很多相似的问题虽然最初看上去确实可以作为一个研究问题，但实际上并不是可以争论和值得研究的，而是领域内基本达成了一定共识，研究没有太大的意义。比如，"公司领导者的管理风格是否会影响到一个公司的业绩？""员工的情绪是否对其工作绩效有影响？""不同的组织是否会采用不同的组织结构？"……这些问题的提问方式使得其可争论的空间很小，而且领域内已经有了比较成熟的共识。但是，这些问题可以转化成更加具体的、建立在共识之上的、挖掘进一步未知空间的问题。比如，"公司领导者的管理风格在什么情况下对公司业绩影响最大？""什么样的工作内容下员工情绪对其绩效影响最小？""哪些因素会导致不同的组织采用相似的组织结构？"等等。

(3) 该研究问题是否过大或过小？好的研究问题应该既具体又有研究的空间。比如，我们来看以下两个研究问题（内容为虚构）：

- 研究问题1："为什么鸡会横穿马路？"
- 研究问题2："在2020年5月1日，有多少只鸡横穿了北京中关村南大街的马路？"

上面的第一个研究问题过于宽泛，你看上去搞不清它在问什么，问哪种类型的鸡，问在哪里的鸡，问在什么时间横穿的马路；而第二个问题过于具体，由于限制住了时间地点和提问的具体内容（鸡的数量），导致这个问题没有什么研究的空间，有监控的话数一下就好了，其研究结果对其他研究也没有很明显的推广意义。

那么比较合适的研究问题是什么样的呢？我们可以折中一下，把上面两个问题修改成以下的研究问题：

- 研究问题："是哪些环境因素，导致2020年在北京多次出现小鸡横穿马路事件？"

这个问题是一个比较合适的研究问题，不会过大或过小。把研究问题修改到适中的状态往往是需要一个过程的，对于学术新人来说尤其困难，因为我们缺少对某个领域研究现状的了解，不知道一个领域被细分到什么程度了。当年我自己在确定学术论文研究问题的时候，就被导师要求持续不断地把研究问题缩小（narrow down），前后大概持续了半年多，而具体的方法就是不断地去多读各种文献。我导师看见我初次设计的研究问题就笑了，说这些问题足够你在学校里再待十年了。她的意思是这些问题太大了（too broad），领域内的学者们研究了多少年都没研究清楚，我提的这些并不是具体的研究问题，而只是"研究主题"（research topics）。而当我更多地读到这个领域各个方面的文献，才意识到我所以为的问题早都被细化成了各种小问题，被不同的学者深入研究着。一旦对一个领域的研究现状有了充分的理解，确定合适的研究问题就不再会成为一个学者的问题。

（4）该研究问题在给定的时间和资源下是否适合和可行？这一个标准要求我们需要考虑研究问题的规模、所需的资源、所需的时间等因素，做一个实际的考虑。比如，一门本科生课程的结课论文所要解决的研究问题不应该跟一个博士生毕业论文的研究问题一样大，因为双方拥有的资源和时间是不一样的，那么通过一个学期去解决通常要两三年才写完的博士论文所解决的问题显然是不现实的。你是否拥有经费、合作者、现成的数据、足够的时间，这些都将影响你能回答的问题的规模。一个好的研究问题一定是与现实条件相匹配的，一定是一个可以在规定条件下解决的问题，而不是天马行空的想象。这一点要求我们把梦想牵回现实，脚踏实地地考虑自己的现实资源，去解决能力范围内的问题。

（5）该问题要解决的是"事实"问题，还是"观点"问题？社会研究和社会科学理论是用来反映和总结社会规律的，它能解决"事实"类问题，比如"美国人的财富分配是否是平均的？"，而不能解决"观点"问题，比如"美国的财富分配是否应该更平均?"。前者是一个去反映"事实"(fact)的问题，是可以有定论的——你把美国人的收入数据拿来，各个阶层的家庭收入拿来，就能算出来财富是否平均分配以及在多大程度、什么情况下是平均分配的。但后者是"观点"(opinion)问题，它涉及不同人的不同价值观和信仰。什么才算是"更平均分配"？现在是否足够平均分配的标准是什么？——这些都是公说公有理、婆说婆有理的价值问题(value question)，有人可能认为现在这样就算是公平了，而有人可能认为远远没有达到公平的标准。在价值问题、偏好问题、信仰问题上，是没有办法争论和达成统一标准的。因此，一个好的研究问题应该关注"事实"问题，而不是以解决不了的价值观为导向的"观点"问题。

2.3.4 研究灵感哪里找?

最后，我们来聊一聊，在了解了好的研究问题的标准之后，我们到底应该从哪里寻找选题的灵感，又有什么工具可以帮助我们获得新的研究想法呢？

(1) 多发展学术兴趣，并允许自己用研究兴趣来引领研究问题。你的研究问题一定要配合你自己的个人学术兴趣。做自己真正感兴趣的研究，往小了说这能帮你在研究中面临重重困难时顶住压力，始终保持对研究的兴奋感和好奇心；往大了说，人生短暂，为什么要把时间浪费在枯燥而让你痛苦的事情上？既然你有选择，就要选择让你想起来有兴奋感，有好奇心，有冲动想知道答案的学术问题。这样的问题常常是来自你自己从前的某些独特的个人经历，比如你的一次非洲交流活动让你开始关注非洲的志愿者行动，或者你在某公司的实习经历让你开始关注员工激励问题，或者你父母都是教师所以你从小耳濡目染对教育制度的革新。说到这一点，顺便想到了美国社科类博士生里经常有工作了几年甚至十几年的人重返学校来做学术，他们的一个优势就是非常清楚自己为什么要来读博士和到底想研究什么，这来自他们多年工作和生活积累的兴趣和灵感。要知道作为一个研究者，正是因为你的不同和有趣才造就了你学术产品的不同和有趣。"认识你自己"这句箴言真是处处适用。

（2）读文献，读文献，读文献。文献是一片巨大的宝藏，我们又回到这个老话题，不读文献哪里也去不了。学术新人可能听到"文献"二字就头大，但其实它是跟你一样对某个领域发生兴趣的人做了研究之后，认认真真、严严谨谨地记录了他们做研究的步骤、方法和发现。想一想，如果没有这些文献，我们如何能如此详尽地学习到这些高人的方法和成果呢？我们如何能如此系统地了解比我们早出生几十年甚至上百年的前辈们的思考和反思呢？我们更不可能如此方便地获取如此数量浩大、内容丰富的领域知识。现代科技的发展又让我们获取这些资源极其容易，美国每个高校都有谷歌学术（Google Scholar）以免费使用和下载文献，不仅可以随便输入一个关键词看看有没有人研究过某个问题，还可以方便地找到每篇文章的"被引用于（cited by）的文章"和"相关文章"（related articles），使用这种近似于滚雪球抽样法（snowball sampling）的方式顺藤摸瓜找到一大堆类似的研究。大多数时候，我们不知道自己想研究什么其实是因为我们读的东西太少了。任何人都需要有"输入"才能有"输出"，这是再简单不过的道理。灵感都是基于经历和现有知识的，你看得越多想得越多，新想法也会越多，也越知道自己真正的兴趣所在。所以当年我在写博士论文初期最常听到我导师跟我说的一句话就是"Go back to the literature"（回去读文献吧），你要相信，现在好多看似无解的困难和问题，在你读到了一定数量的文献之后都会不攻自破、迎刃而解，十分神奇。

（3）从学术会议中获取研究灵感。学术会议绝对是刚入门的学者获取研究想法最重要的手段之一。如果你已经读了两年以上博士，或者开始对某个领域发生了很明显的研究兴趣，你一定要考虑尽快参加该领域的学术会议，去看看别人在做什么，整个领域在关注什么，大家都是怎么做的。现在很多国内外的社会科学类学术会议都非常务实、高效，非常有助于学者之间互动和产生新的想法。通过参加学术会议，你不仅能听到来自全国甚至全世界某个领域高手的最新研究和最新关注重点，还能大大节省自己阅读文献的时间。要知道，好的学术会议上的报告，其实很快就会变成顶级期刊上面必须要读的学术论文，而在学术会议上由于研究者们不得不把自己持续研究了几年、写了二三十页的一篇学术文章用15~20分钟的时间凝练地讲给在场的观众，你听到的都是最重要、最精华的部分，而同时你还能看到活的作者，一睹作者本人的风采。（关于参加学术会议的具体讨论，参见本书4.1"国际学术会议的正确打开方式——从如何高效听会到如何做学术报告"。）

（4）研究生课程里的论文作业。我们在硕士或博士阶段为了完成课程不得不写的结课论文，其实是重要有效的寻找研究兴趣的渠道。对于美国社科类博士生来说，基本上前两年的每门课都要写一篇结课论文，差不多占整个课程30%左右的分数，最后一节课还要模仿学术会议在班级里做一次报告来为自己的研究答辩（defend）。其实这些结课论文的一个重要目的，就是帮我们逐渐了解在某个领域内自己的兴趣，同时积累素材和思考，从而扩大我们可以上手做研究的领域范围。教授们也知道学生们不可能一开始就知道自己要一门心思研究什么，即使有的学生知道，在不断的学习过程中也很可能会发生一些变化。而博士生前两年的课程，一方面能帮学生了解某个学科内那几个最重要的分领域（sub-field），另一方面能为你将来专攻某一个具体领域做准备。我自己的博士论文题目就是源于两门课上的两篇结课论文，为了写这些论文就需要读文献、找研究问题、设计研究过程，最终以此为基础才有了毕业论文的题目。所以如果你还处在博士前两年上课的时间，建议你充分利用每一门课的结课论文来发展和建立自己的研究兴趣。

（5）在与行业从业者（practitioner）的交流中获得灵感。这一点基于不同的学科性质可能会有所不同，但是对于我们管理学领域这样一个实践性学科来说，跟做管理的从业者学习和交流在我看来是非常重要的研究灵感来源。原因很简单，管理本来就是一件需要身体力行的事，你就算坐而论道说得天花乱坠，与实践脱节而研究出来的东西价值是有限的。搞理论的学者可能自己没有做过管理者，但可以通过常跟做管理的人沟通和交流来了解管理中的困惑、组织中的困难、新型有效的管理方法以及新技术可能对现有管理体制带来的挑战，等等。毕竟学术理论是来自实践最终也是为了指导实践，对于像管理学这样的学科来说，跟从业者的交流就显得更加重要。跟从业者接触当然有很多不同方式，比如参加学术会议时就会遇见很多从业者，可以和他们进行交流，实地访谈也是可以了解组织和管理者需求的难得机会,此外生活中如果你留心也会在不同场合遇见很多相关的从业者并可以和他们聊天交流。

(6)从同学或同事的研究中找到研究灵感。读博士之所以能有效地为我们接下来的学术研究铺路,一个重要原因就是你不是一个人在战斗,你不仅会在教授们每日探讨科研和学术进展的氛围中耳濡目染,你更拥有一群跟你一样努力奋斗、日日精进的小伙伴,这些小伙伴在几年之后可能都会成为国内外各大高校的助理教授(assistant professor)或者该学科的学术新秀,他们是你这几年学习中难得的成长陪伴和交流资源。你们有很多机会一起谈论各自最近的新领悟,读到了哪些好文章,对哪个题目发生了兴趣,最近参加了什么学术会议,等等。这会让你从一个人的单一信息源扩展出很多触角,你了解的学科话题就有了更多维度,你的研究想法当然也就有了更宽阔的发展空间。比如,课上听别人的发言,看其他人的结课论文选题和课堂报告,跟一起做助研的同学闲聊,这些都是从同学处得到灵感的难得机会。等到你工作之后,你会不断地怀念那段每个人打了鸡血一样一起向前冲的日子。你也可能在不知不觉中把你同学的研究兴趣变成了自己研究兴趣的一部分。

在这一节中我们从什么是研究问题开始讲起,探讨了三种不同类型的研究目的、好的研究问题的标准、寻找研究灵感的渠道。最后,我想强调的是,我们学术新人往往会忽略,其实寻找和确定研究问题的过程,本来就是"做研究"。研究问题的形成不是灵光乍现下的一蹴而就,而是要通过不断读文献、缩小问题、再读文献、继续缩小问题的办法来实现(见图2-2)。一旦我们形成了对某个领域比较成熟的认识,研究问题的寻找就不会再成为问题,你的研究兴趣就会随着不同研究的开展,一个一个地自己找上门来。这中间需要我们保持开放的学习心态,多听多看别人的研究,需要既对外界保持开放的系统的又能反过身来安心打造属于自己的学术世界,看得越多做得越多,你的雪球会越滚越大,一个又一个研究项目的开题就也变得水到渠成,你就告别了需要刻意去寻找研究问题的阶段。

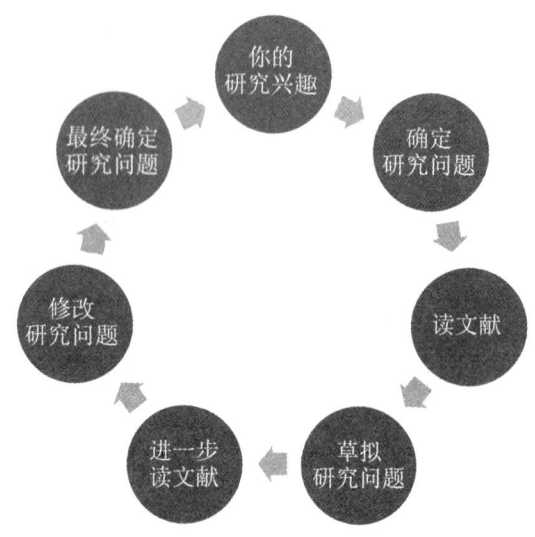

图 2-2　从研究兴趣到研究问题的发展过程

2.4　关于"变量"你必须知道的那些事儿

作为一个社会科学研究的学者,你可以不做实证研究,但你一定不能不知道什么是变量。这一节,我们就讲一个能帮助我们理清研究头绪的重磅概念:变量(variable)。

那到底什么是变量？关于变量你必须知道哪些基本知识？变量从测量（measurement）等级上又都有哪些分类呢？此篇我们退一步，重新审视一下关于变量那些不得不说的事儿。

2.4.1 什么是"变量"？

变量（variable），是指"对研究对象某个特征的实证测量"（Babbie，2013），是用来描述社会科学理论的语言基础，是研究者之间互相对话的重要工具。普通人描述世界的方式常是离散的、凭个人喜好的、不系统的，而变量的存在使得科学家得以讨论社会现象中的规律、不同事物之间的关系，以及解释复杂的问题。

我们看"变量"的英文——variable，其意思是"可以变化的"，对，变量的本质就是"呈现变化特征的因素"（Schwester，2015）。因为特征在不同个体之间变化，我们才有必要用变量把它抽象和包容住。这就好比这世界上的知识本来是零零碎碎地散落在各处，就像一个扔满各种东西的杂乱房间，有了变量之后，就好像我们有了整理箱和抽屉，我们可以把各种东西分门别类地放在各个抽屉里：衣服放在一个抽屉里、裤子放在一个抽屉里、袜子放在一个抽屉……如果我们在抽屉上贴上标签，这个标签就相当于"变量名"，一看这个变量名，我们就知道，这个抽屉里装的是衣服，那个抽屉里装的是裤子，等等。

比如，在描述个人的时候，我们最常使用的变量包括"性别""年龄""身高""体重""职业""收入""籍贯"等，这些都是变量。在描述组织的时候，我们常使用"组织规模""组织结构""组织成立了多久""组织总部位置""组织营收状况"

等变量。变量的好处是，它让研究者得以把社会现象抽象成模型、概括成理论。变量让我们可以实现数理统计的分析，从现实世界的现象中找出规律。

2.4.2 什么是"变量值"？

变量值（variable value），是一个变量所描述的特征或者数值。一个变量总是对应着多于一个的变量值（只对应一个变量值的则叫常数）。

比如，拿最简单的变量"性别"来说，它对应的变量值有两个——"男性"和"女性"。假如你的数据库中有500个研究参与者，他们每个人的性别的变量值不一样，根据各自性别对应着不同的变量值。

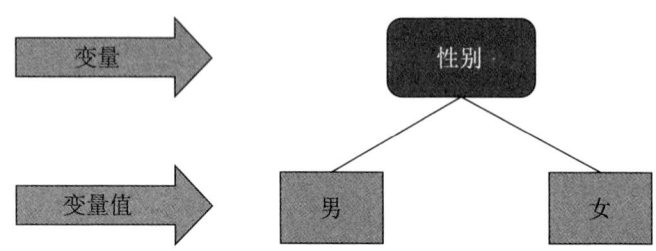

图 2-3 以"性别"变量为例看变量与变量值之间的关系

再比如，"大学生的年级"这个变量，对应的变量值有四个：大一、大二、大三、大四。无论我要研究多少个大学生，我都用"大学生的年级"这个变量来描述他们的这个特征，并且能够通过四个变量值准确表明每个个体的这个特征值。

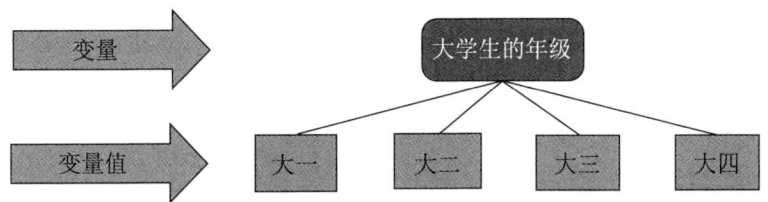

图 2-4　以"大学生的年级"变量为例看变量与变量值之间的关系

所以,你会发现变量和变量值的关系可以这样总结:

- "变量值"是"变量"具体表现出的特征、特点、属性。
- "变量"是"变量值"所描述属性的一个集合。

以下是一些常见的变量和它们对应的变量值,请大家体会这两者之间的关系:

变量名称	一部分变量值
"职业"	教师、警察、工人、农民、公司职员……
"受教育程度"	小学、初中、高中、大学本科、硕士……
"年龄"	1、2、3、4、5……
"体重"	40kg、50kg、60kg……
"世界上的大洲"	欧洲、美洲、大洋洲、亚洲、南极洲……

分清变量和变量值特别重要,好多相关的知识都要以此为基础,比如研究的总体设计、测量的设计、分析方法的选择等。我们来做个小练习看看能否分清以下是变量还是变量值,分得清的话,这一条导演就喊过了。

【练习一】
- "非常同意""比较同意"
- "地区"
- "天主教""佛教"
- "57 岁""48 岁"
- "主修专业"
- "汉族"
- "省"
- "严格执行"

【参考答案】

练习一的答案按顺序为：

变量值、变量、变量值、变量值、变量、变量值、变量、变量值。

2.4.3 什么是"度量水平"？

度量水平（level of measure），是对一个变量所含的变量值关系的一种分类，是针对不同种类的数据的尺度水平的划分。

举个例子。如果老张跟我说他今天在街上被一个美女搭讪了，我可能会问，什么年纪啊？他可能会说"挺年轻的"，或者告诉我"二十来岁"，或者更准确地告诉我"28 岁，美女身份证上写的……"——这些描述方式都可以表现一个人的年龄，但是你会发现它具体包含的信息量是不一样的。假如我们要收集 500 个不同年龄段研究参与者的年龄，我们选择不同的对年龄的测量方法，比如选择以下这些中的一种：

（a）请标注最能准确描述您年龄段的一项：A. 青年；B. 中年；C. 老年。

（b）请标注最能准确描述您年龄段的一项：A. 10~19 岁；B. 20~29 岁；C. 30~39 岁；D. 40~49 岁；E. 50~59 岁；F. 60~69 岁；G. 70~79 岁；H. 80~89 岁；I. 90~99 岁；J. 100 岁以上。

（c）您的年龄是？（请给出具体数字）

我们注意到，第三种提问的方式会给到我们一个具体的数字，这个数字的信息量，要比前两种的信息量大、精准度高。前两种的变量值，比如"青年、中年、老年"是一种排序的关系——越往后年龄越大，但是具体年龄是多少，研究者并不能判断。

以上例子就体现出了两种不同的"度量等级"——a 和 b 测量方法测出的变量叫"有序变量"，而 c 测量方法测出的变量叫"定比变量"。

具体来说，最常见的度量等级一共有以下四种，所有的变量也都可以按照其变量值之间的关系，划分为四种中的一种：

（1）**名义变量**（nominal variable）：这类变量的变量值都是一些没办法排序也没办法定量的东西，比如以下这些变量："性别""宗教""民族""专业""出生地""国籍"。这类变量的变量值一般都不是数字，或者即便是数字，也只是作为指代符号而存在。比如"学号"这个变量，虽然是数字型的，但是并没有实际的意义，并不会因为有的同学是"2058"号，有的是"8502"号，后者就比前者多了什么品质。这两个数字只不过用来指代不同的两个人。

（2）**有序变量**（ordinal variable）：这类变量的变量值可以按照一定逻辑进行排序，从低往高排，或者从高往低排。比如"学生的年级"（变量值＝一年级、二年级、三年级）就是一个有序变量，因为我们可以通过这个变量把学生进行排序，并且这种排序是有意义的。"某人对一个陈述的同意程度"（变量值＝非常不同意、不同意、中立、同意、非常同意）也是有序变量。另外，"受教育水平"（变量值＝小学、初中、高中及职高、大学本科、硕士、博士、博士以上）也是一个有序变量。你可以注意到，一个有序变量给我们提供的信息量要比名义变量大——如果两个人在回答问卷时一个人选了"初中"、一个选择"硕士"作为他们的教育水平，我们不仅知道这两个人的受教育程度是不同的，而且，我们还知道第二个人的受教育水平高于第一个人，这就是有序变量跟名义变量的不同。

（3）**定距型变量**（interval variable）：这类变量的变量值不仅可以排序，而且每个变量值之间的数值差（interval）也是有意义的。比如"摄氏度"这个变量（变量值＝1度、2度、3度……）就是一个定距型变量；"人的智商值（IQ）"也是一个定距变量，假如小明的智商值是50，小白的智商值是150，我们就知道这两个人的智商值差距还蛮大的，他俩应该玩不到一起去，而如果小明的智商是140，小白的智商是150，我们知道这两人智商值差距不大。请注意这种对变量值之间差距的比较是定距型变量可以做到，而名义变量和有序变量都无法做到的。

（4）**定比型变量**（ratio variable）：变量值不仅兼具以上三种变量的全部功能（区分变量值、排序变量值、计算变量值差距),而且它的"零点"是"绝对的零点"(absolute zero),基于它进行的乘除和比例的计算也是有意义的。生活里很多这种变量,比如,"年龄""工资""教育费用花销""学生的人数""组织里员工的人数"……这些都是定比型变量。定比型变量和定距型变量的变量值一般看上去都是"数字",但他们最大的区别就是,对这些变量值做乘除法计算有没有意义。比如,如果小明一天赚 50 元,小白一天赚 150 元,我可以得出"小白一天的工资是小明的 3 倍"——这个通过除法得出的倍数是有意义的;但回到定距型变量的例子,小明的智商值是 50,小白的智商值是 150,我不能说小白的智商值是小明的 3 倍,因为 IQ 这个变量并不是定比型变量,这两个人之间的数值差有意义,但数值的商没有意义。另一个评判标准是"绝对的零点",比如对于"工资"这个变量来说,一个人的数值是"0"是有意义的,因为这个人的工资是"0",就是他没有赚钱。但对于"智商值"这个变量来说,一个人的 IQ 值如果是"0",不代表他就没有智商或头脑,只能代表他智商值低;对于"气温"这个变量来说,"0"度并不代表温度这个东西不存在,而代表那一天的温度到达了冰点这个值。你会发现上述两个定距型变量是不存在"绝对的零点"的,只有定比型变量有绝对的零点。

如果你是初次接触变量、变量值、度量等级,看到这里有点发懵是非常正常的。这里的要点是:①变量根据度量等级的不同可以分成不同的种类,而不同类别的变量将决定你的分析方法用哪一种比较合适;②从名义变量到定比型变量,你的变量值所提供的信息量是越来越大的,但是这并不代表度量等级越高的测量方法就一定是更好的。如果一个变量可以采取多种测量方法,要通过研究的需求和收集数据的现实条件来决定哪一种测量方法更合适。

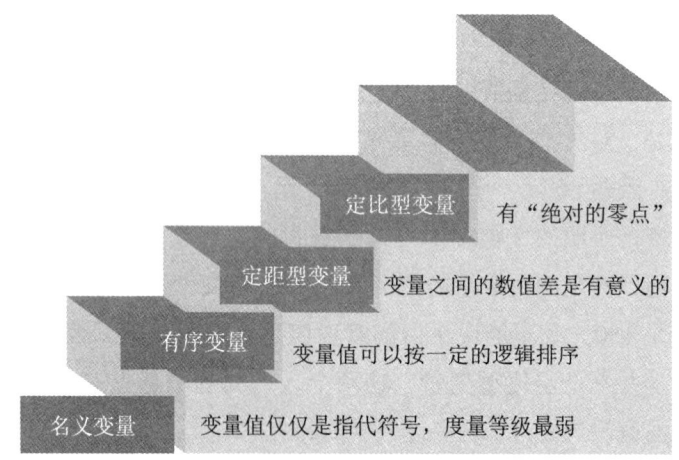

图 2-5　四种不同类型变量的比较

(引自 https://conjointly.com/kb/levels-of-measurement/)

总结一下四个度量等级的区别:

● 名义变量:它们的变量值只能用"相等"或"不等"来表示。

● 有序变量:它们的变量值之间可以用"大于"或"小于"的关系来表示。

● 定距型变量:它们的变量值之间可以"加减"。

● 定比型变量:它们的变量值之间可以"乘除"。

最后,给大家留一些练习题,看能否分清不同变量的类型。

【练习二】

请指出以下变量是属于"名义变量""有序变量""定距型变量"还是"定比型变量":

- 学生的年级:一年级、二年级、三年级……
- 学生在数学课上的学习时间(小时)
- 是否是理工专业(是/否)
- 篮球运动员球衣上的号码:36、25、19……

【参考答案】

练习二的答案按顺序为:

有序变量、定比型变量、名义变量、名义变量。

2.5 自变量与因变量:如何在实证研究中用好变量梳理法

现在我们知道了什么是变量,我们终于可以让自变量和因变量这两位重量级大咖登场了。掌握自变量和因变量,并且能够运用变量梳理法来理解和设计研究,是我们阅读和写作实证研究的最重要的基本功。不夸张地讲,对于我自己来说,正是从理解了这对变量的关系开始,我才觉得入门了实证研究。读博士期间,我看着导师在白板上几笔就画出了一篇三十几页文章的变量关系,我才恍然大悟这篇文章的核心内容其实可以标注得如此简单明了。我从此对变量梳理法爱不释手,看文章和写文章都觉得多了一种四两拨千斤的技巧。

这一节，我们就来具体谈一谈如何通过理解自变量和因变量来帮助我们事半功倍地阅读文献和设计研究。

2.5.1 自变量和因变量到底是什么？

我们先来用比较简单的语言解释一下这两个东西是干什么的。这里我邀请大家先从英文名字上来看：

- 自变量，英文名是"independent variable"——"variable"是"变量"的意思，"independent"是"不依赖、独立的"意思，所以"independent variable"直译过来就是"不依赖别人的变量"。自变量是用来引起、解释、导致、预测因变量的东西，所以也经常被称为"预测变量"或"解释变量"（predictor variable, or explanatory variable）。

- 因变量，英文名是"dependent variable"——这个变量是"有依赖性的"，需要依赖什么呢？依赖其他变量来变化，否则它自己不知道该怎么变。那具体依赖谁呢？依赖自变量的变化。自变量一变，因变量一定跟着变，因为它天生就需要依赖才能存在。所以因变量就是在一个研究中学者试图"去导致、去预测、去解释"的结果，因变量也因此常被称为"结果变量"（outcome variable）。

在呈现变量关系的研究中，你可以简洁有效地使用变量梳理法把自变量和因变量的关系画出来，如图 2-6：

```
自变量  →导致/预测/解释→  因变量
```

图 2-6　自变量与因变量的关系

在做变量梳理图示的时候，你所画的图示中应该至少有三种元素：

（1）指代某个自变量的方框，一般画在左边。
（2）指代某个因变量的方框，一般画在右边。
（3）一个从自变量指向因变量的箭头，用以标示出两种变量之间的关系。

只要一个研究中涉及一个以上变量的关系，我们通常就可以拿出变量梳理法来快速整理出文章的核心内容。一旦你熟悉了这种梳理变量的图示，①你在读文章的时候，就能够快速地找出文章中所要阐释的变量关系，你也能有效地用图示代替长篇累牍的文字，简单明了地在文献笔记中标记出一篇文章的重点；②当你在设计一个研究问题时，就能够运用这种可视化的方式，帮助自己整理出研究重点和研究设计思路。

我们现在做个练习，请找出以下研究问题中的自变量和因变量，并使用以上变量梳理图示法把他们的关系表示出来：

（a）天气变化对人的情绪有影响吗？
（b）养猫对人的神经系统有好处还是坏处？
（c）每天刷牙几次最有利于牙齿健康？
（d）人的教育水平和收入情况成正比吗？

上面说过，因变量是一个研究中试图去解释的东西，自变量是用来解释和预测因变量的东西。这个练习的答案如下：

(a) 自变量=天气变化；因变量=人的情绪

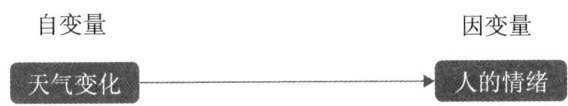

(b) 自变量=养不养猫；因变量=神经系统

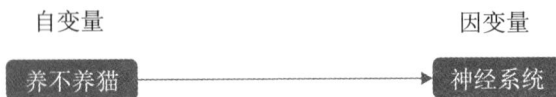

(c) 自变量=每天刷牙次数；因变量=牙齿健康情况

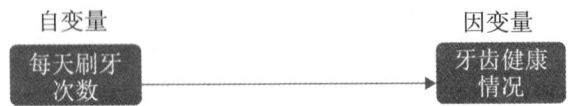

(d) 自变量=教育水平；因变量=收入情况

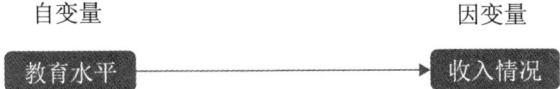

2.5.2 因变量和自变量的相对性

因变量和自变量的概念不是绝对的，而是针对具体研究框架而言的。换句话说，一个研究中的因变量，可能是另外一个研究中的自变量；反过来，一个研究中的自变量，也可能是另一个研究中的因变量。

举个例子，假如我想研究"一个人的身高是否会影响人的事业成就？"，这个研究问题里"身高"就是自变量；而如果我想研究"饮食习惯会不会影响人的身高？"，在这个问题里"身高"就是因变量。

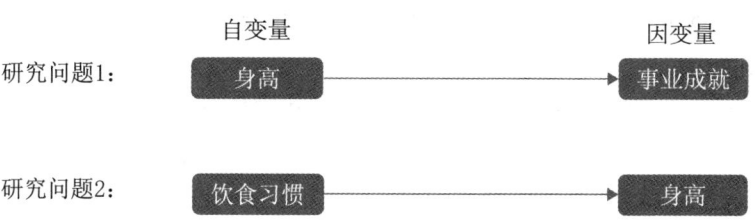

那么在一个研究中，有没有可能自变量能解释因变量，反过来因变量也可以解释自变量呢？

这种现象常常是一个研究者要在设计研究和写文章的时候尽量避免的情况，因为它会影响你研究的效度。一般来说我们用线性回归来分析变量关系的时候只能证明变量之间的"相关性"而不是"因果性"，那么如果你不能躲开"因变量"可能也能解释"自变量"的嫌疑，审稿人就会认为你的研究设计有可能出现"反向因果关系"（reversed causality）的问题。所以简单来说，一个研究中通常不会关注自变量和因变量的双向关系，而是会明确谁是自变量，谁是因变量。

此外，虽然自变量可能变成其他研究中的因变量，但是在社会科学中有一些变量被默认为是自变量（或控制变量）的，因为他们不是社会科学要解释的东西（因变量），却常被用来解释社会科学中许多其他现象。在以个人为分析单位的研究中，这样的自变量就包括人的性别、年龄、出生地、种族等因素；在以组织为分析单位的研究中，这样的自变量包括组织建立的时长（organization age）、组织的使命（organization mission）、组织所在的部门（organization sector）、组织的大小（organization size）等因素。

2.5.3 如何梳理三个及以上变量的关系

你可能已经意识到，大部分的研究中所设计的变量不止两个，因为世界上大多数现象都不是能用单一因素来解释的，通常情况存在多个自变量去解释一个因变量。这种情况下变量梳理法的使用方法是相同的，而且往往更有效，因为它能让看起来纷繁复杂的关系变得一目了然。

比如，如果你想研究"是什么影响了一个人的收入？"，你可能会马上想到，人的年龄不同、学历不同、性别不同、职业不同，都会影响人的收入。那么使用变量梳理法，你就可以把这几个自变量对"个人收入"这个因变量的影响清晰地画出来（如图2-7）。

另外，有的时候一个研究中还会出现两个或两个以上的因变量，因变量之间可能还会有关联，这种情况依然可以使用变量梳理法来做图示。

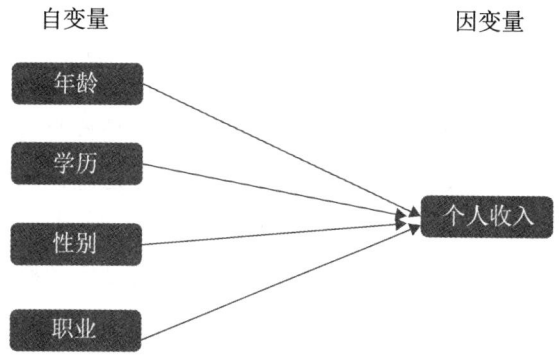

图 2-7 研究问题"是什么影响了一个人的收入?"中的
自变量与因变量关系

比如,在图 2-7 关注"个人收入"为因变量的研究中我想加进去"个人居住小区档次"为另外一个因变量,加入同样的四个自变量也能够解释"个人居住小区档次",另外"个人收入"这个因变量还能够解释"个人居住小区档次"这个因变量,那么我在设计研究的时候,就可以画出如图 2-8 的变量关系图:

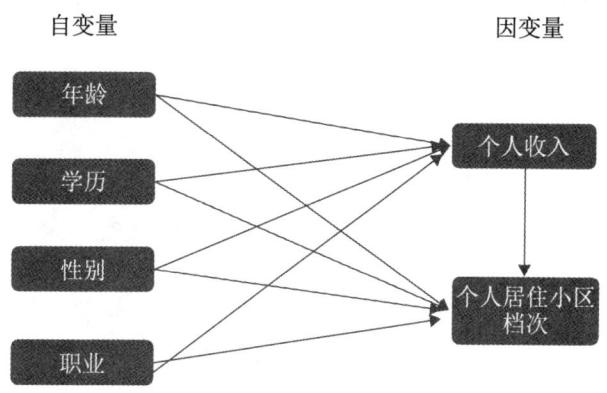

图 2-8 多个因变量的研究问题中的变量关系示例

第二部分 实证研究基本功 / 111

2.5.4 如何梳理变量之间关系的"方向性"？

在定量研究中，我们感兴趣的往往不仅是自变量能不能预测因变量，而且我们还想知道这种关系具体是怎样的，这就是所谓关系的"方向性"（directionality）。

如果你的变量是定比型变量、定距型变量或者有序变量中的一种，那么你就可以判断两个变量之间的关系到底是正相关、负相关，还是非线性相关。

（1）正向相关关系（positive relationship）：也就是随着自变量的变量值的升高，因变量的变量值也会升高；反过来，当自变量的变量值降低，因变量的变量值也会降低，两个变量之间是"同进同退"的关系。正相关的变量在生活中随处可见，比如"身高"和"体重"——一个人的身高越高，体重通常就越重，反之亦然；再比如"学历"和"工资收入"——人的学历越高，通常收入也会越高，反之亦然。因此，这两对变量都是正向相关的关系。

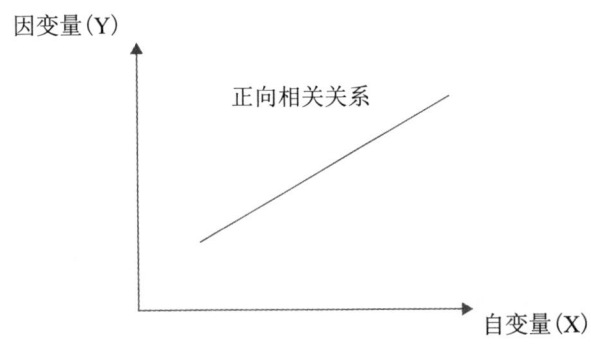

图2-9 **正向相关关系的可视化图示**

（2）负向相关关系（negative relationship）：随着自变量的变量值的升高，因变量的变量值会降低；反过来，当自变量的值降低，因变量的变量值会升高，两个变量之间是"此消彼长"的关系。这种关系在生活中也很常见，比如一个商品的"价格"和"销售量"之间的关系——商品价格越高，销售量通常就会越低，反之亦然；再比如"海拔"和"含氧量"之间的关系——随着海拔增高，空气中的含氧量通常会降低。

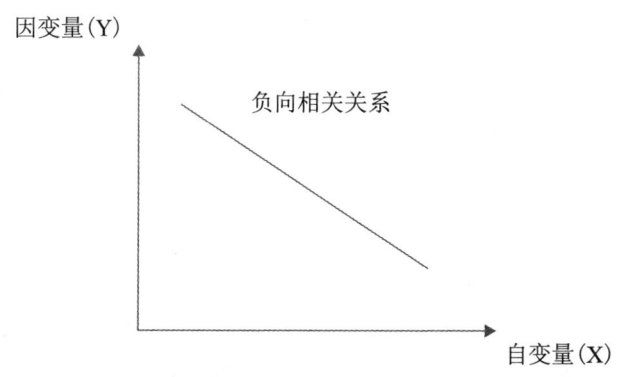

图 2-10　负向相关关系的可视化图示

（3）非线性相关关系（non-linear relationship）：自变量和因变量之间不成线性关系，而可能是曲线或者抛物线的关系。比如，"运动量"跟"人的健康情况"多半就是非线性相关——一个人的运动量适当增加是能够有助于提升健康水平的，但是当运动量过了一定的临界点，过度的运动量可能就会导致健康情况的下降。

我们要注意的是，并不是所有变量之间的关系都可以找出方向性的。比如在我们刚才所举的"是什么影响了一个人的收入"的例子中，我们一共有四个自变量，其中以下两个自变量跟因变量的关系是有方向性的：

（1）自变量"年龄"：与因变量"个人收入"是正相关——通常随着年龄的增加，人的收入会增加（比如，通常50岁的人比30岁的人赚得多）。

（2）自变量"学历"：与因变量"个人收入"是正相关——通常学历越高，人的收入越高（比如，通常研究生文凭比高中文凭收入高）。

而另外两个自变量，"性别"和"职业"，就没办法画出正相关或负相关的关系——因为这两个变量是名义变量，而不是定比型变量、定距型变量或有序变量中的一种。（换句话说，我们没办法说，"人的性别越高，收入越高"，或者"人的职业越高，收入越高"。）

虽然关系"方向性"只能用于梳理一部分变量关系，但我们依然可以通过它来大大提升阅读或设计研究的思路。比如，针对"年龄"和"学历"这两个自变量跟因变量的关系图，就可以具体加入"方向性"的信息，用"加号"代表"正相关"，用"减号"代表"负相关"，可以让自变量与因变量之间的关系图更加清晰、具体，如图2-11所示。

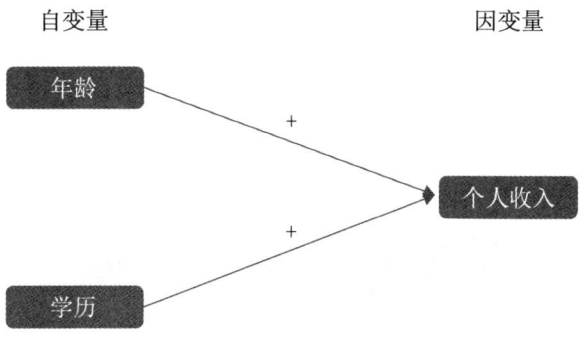

图 2-11　加入"方向性"信息后的变量梳理图示例

2.5.5　变量梳理法在阅读文献和设计研究中的具体应用

如开篇所言,变量梳理法既可以用在文献阅读,也可以用在研究设计。一旦掌握其精髓,无论用在哪里都是事半功倍的利器。

具体来说,在我们阅读一篇文献的时候,尤其是量化文章,变量梳理法能帮我们快速找出一篇文献中的主体关系;使用这种方法记文献笔记,还能在将来需要回顾这篇文章的时候快速地想起文章的核心内容。

比如,以下是一些我随便选出来的管理学研究中的"研究假设"(关于"什么是'研究假设'"的具体讲解,请见本书2.6"什么是好的'研究假设'?"),你会发现,如果你掌握了变量梳理法,你能够把这些抽象的文字很具体地用图示关系表现出来:

- Hypothesis A:"As the asset specificity of services increases, governments rely more on internal service production." (T. Brown & M. Potoski, 2003)

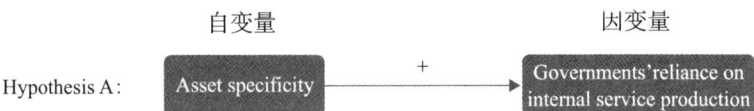

- Hypothesis B:"When the mayor of a municipality is more central in the network of mayors, the municipality will exhibit a higher degree of policy isomorphism." (Villadsen, 2011)

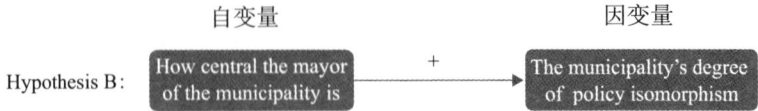

- Hypothesis C:"Federal employees in agencies with higher levels of mission comprehension ambiguity will perceive lower levels of organizational performance." (Chun and Rainey, 2005)

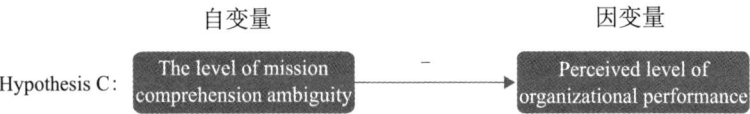

- Hypothesis D:"Gender congruence among supervisors and employees will increase employee satisfaction and reduce turnover." (Grissom, Nicholson-Crotty, and Keiser, 2012)

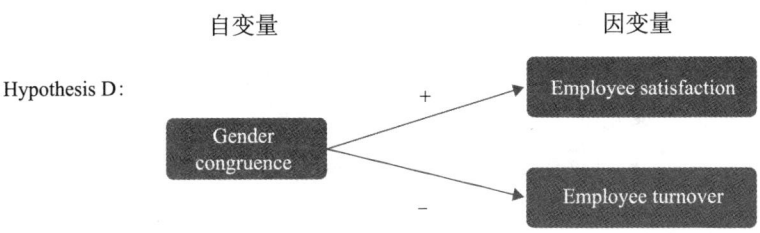

此外,如果你的目标是设计一个定量研究,你可以充分利用变量梳理法把你研究中的变量关系可视化出来,这样既能帮助你思考你到底想提出什么研究问题,也能帮你思考你应该从哪里收集数据、你的分析单位到底是什么、具体的测量问题怎样设计等问题。

总之,分清定量研究中的因变量、自变量,以及灵活使用变量梳理法,将能够带你在纷繁的世界中找出有章可循的清晰思路。

不如现在就上手试试吧。

2.6 什么是好的"研究假设"?

社会科学研究中有一个特别有趣的东西,叫"研究假设"(hypothesis)。这个东西特别重要,它连接了理论和数据,是贯穿一篇文章的黄金线。读一篇实证文章的时候,哪怕什么都没看懂,也要把研究假设看懂,看懂了研究假设也就明白了这篇文章的主要目的。接下来我们系统地说说研究假设为什么存在,以及如何写出正规的研究假设。本节我们会讨论到:

- 什么是"研究假设"?
- 为什么要有"研究假设"这个东西?
- 如何构建具体的"研究假设"?
- "研究假设"中的自变量和因变量

2.6.1 什么是"研究假设"?

研究假设（research hypothesis），简单来说，是你对研究问题所提出的猜测性的解释；精确点说，是"关于自变量和因变量之间关系的可验证的陈述"（Pollock，2015）。

我们做研究的目的当然是为了探索某个问题的答案，而在量化研究中回答研究问题的方式往往不是直接给结果，而是先有根据地提出作者对某个结果的"猜想"，然后通过使用数据的验证方法去看这个猜想到底有没有被支持。这个最开始提出的"猜想"，就是研究假设。

在理解研究假设时，我们要注意这么几个关键点：

- 既然是"猜想"，研究假设就可能正确也可能不正确，最终取决于数据结果。
- 既然是"陈述"，研究假设就应该用陈述句的方式来写，而不应该用疑问句来写。
- 既然是"可验证的"，研究假设就需要有实证意义。
- 既然是"自变量和因变量之间关系"的陈述，研究假设里就需要至少提出两个变量。

下面是我给大家找的几个英文实证研究中研究假设的例子，

大家看看研究假设长什么样：

(a) Krishnan & Yetman (2011)：

H1：There is a positive association between normative institutional pressures for conformance and cost shifting in nonprofit hospitals.

("非营利性医院规范性制度压力与成本转移之间存在正相关关系。")

(b) Nowell et al. (2018)：

Proposition 1：Incident response during complex disasters will be more effective when organized into a modified core-periphery structure relative to more integrated or more centralized network structures.

("在复杂的灾害期间，灵活多变的核心—外围结构相对于更加综合或更加集中的网络结构具备更加有效的响应能力。")

(c) Guo & Acar (2005)：

Hypothesis 1. An organization with greater resource scarcity (or smaller resource sufficiency) is more likely to develop formal types of collaborative activities.

["资源稀缺性较大（或资源充足性较小）的组织更有可能开展正式的合作。"]

大家会发现，研究假设的形式是非常结构化的，在一个研究假设前面，你要写上"假设1""假设2"之类的标示，你还应该把它单独作为一段，而不是混在文章的讨论中。另外，如果在一篇文章中有多个研究假设被提出，那么每个研究假设的格式都应该是相同的（比如缩进的宽度、是否使用加粗、是否使用斜体等）。

2.6.2　为什么要有"研究假设"这个东西？

研究假设这个东西从形式上并非难以掌握，但从根本上去理解研究假设为什么存在，能够帮助我们认识社会研究的本质。在生活中，我们其实也经常提出自己对各种问题的猜想假设，可是我们不需要这么有板有眼、按部就班、程序化地提出和验证生活里的假设。科学研究不同，科学研究必须把偏差控制在最小，处处提防犯错误的风险。所以研究假设其实很好地体现出了科学研究需要严谨、系统、一丝不苟的特点。

如果说人类知识分等级，那么科研者就像是站在金字塔塔尖的守护人。我们日常接收到的信息和知识，比如包括在跟朋友和家人的聊天中得到的信息，电视、广播、网络上的信息，甚至阅读出版发行的书籍而获得的信息，都有出现错误的时候。每当下一层的知识出现错误，就要靠上面那一级的信息源拨乱反正、以正视听。比如，隔壁老王的消息未必有报纸和电视里的准确；而报纸、电视里的，未必有教科书和课堂教学的准确。由于科研人员站在知识金字塔的顶端，就需要极度谨慎和严肃地去避免任何错误，因为如果顶端的研究人员都错了，底下的就全错了，人类知识航行的方向也就堪忧。

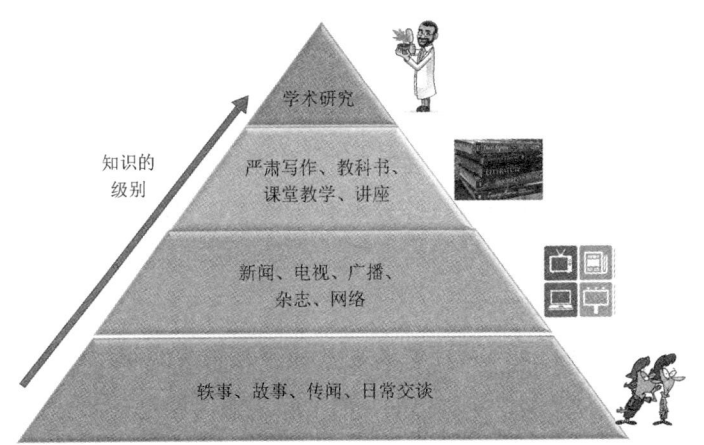

图 2-12　人类社会一般知识的来源分类

所以，为了尽力让研究结果不出现丝毫的错误（请注意只是尽力，不是说一定完全没错误），科研者有时候必须神经兮兮、一丝不苟，甚至看上去有点迫害妄想症地去对每一个问题进行探寻，因为别人在问问题和给答案的时候可以不在意、不负责任，而科研者是代表人类知识的最前沿在探究答案，他们不可以不在意和不负责任。这就是为什么我们在最初接触研究方法上的一些名称和词汇时，有时候会觉得莫名其妙或是多此一举，也是为什么很多人会觉得搞科研的人特别"nerd"（呆子），总把简单问题复杂化。朋友们，不 nerd 做不好学术啊，不神经兮兮就难以守护人类知识的金字塔啊！

一旦你开始熟悉了研究语言，你会发现很多学术范畴内看上去有点莫名其妙的词汇或称谓，其实离我们一点都不远。就拿研究假设来说——研究假设离我们远吗？我们普通人如果不做学术就从来不会用到吗？其实恰恰相反，我们普通人提问题和给答案的时候也总是在给出"假设"。这里我们来举一个生活里可能出现的对话为例：

> 小白：小芳，我这两天怎么总觉得头疼？
> 小芳：我觉得你最近喝咖啡有点多，会不会跟喝咖啡有关？
> 小白：有可能。
> 小芳：要不然就是熬夜熬的，你最近赶那个项目天天夜里两点才睡，能不头疼吗？
> 小白：好吧，这两天我早点睡试试。

在这个对话中，小白提出了一个问题——"为什么我总头疼？"，小芳于是信手拈来地给出了两个假设：

- 假设1：喝咖啡喝得越多，小白的头越疼。
- 假设2：睡觉睡得越晚，小白的头越疼。

当然，我们生活中会把这种回答叫作"猜测"而不叫作"假设"。但是其实它跟研究假设具有一样的本质：是对于某个问题的答案未经证实的猜测。

其实这世界上对大部分问题的探索都要经过"假设"这个过程。当我们给出的某个答案还未经证实但已经呼之欲出，那不就是一种"假设"吗？只不过有很多时候这个假设的过程是隐性的、短暂的、没有被单独拿出来的、不被人意识到的。

而在科学研究里面，你需要严谨和明确地把你要研究的东西明晃晃地亮出来，你需要清清楚楚地摆明什么是"事实"、什么是"观点"、什么是"研究假设"、什么是"检验结果"。

具体来说,我们在实证研究中一定要亮出研究假设,是为了以下几个目的:

(1)告诉别人你这篇文章要关注的主题是什么(比如,"喝咖啡喝得越多,小白的头越疼"这个假设能清楚地告诉别人,我要关注的是"为什么小白头疼")。

(2)告诉别人你有一些目前领域内还没有结论的、能解释某个问题的想法或"变量"(比如"喝咖啡"和"睡得晚"就是解释变量)。

(3)告诉别人你在研究中关注的自变量和因变量分别是什么。

(4)告诉别人你猜想自变量和因变量两者是怎样的关系(比如正相关、负相关、非线性相关等)。

2.6.3 如何构建具体的"研究假设"?

在我们自己写实证研究文章的时候,构建研究假设时应注意以下几个方面:

(1)研究假设出现的位置是非常固定的,不应该有太大的更改余地——它通常总是出现在"文献综述"之中或之后,"研究方法"之前(见图2-13)。

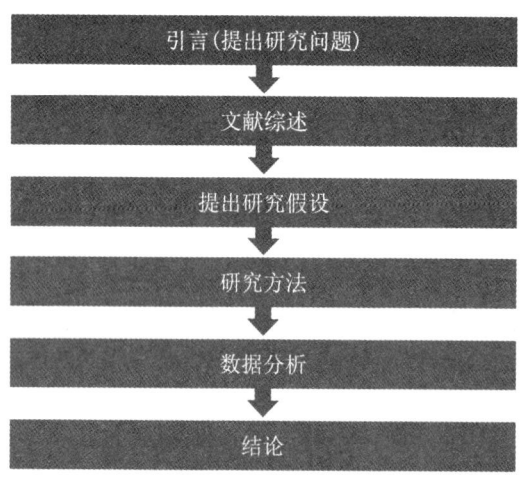

图 2-13 研究假设在一篇实证论文架构中的一般位置

(2) 研究假设不应该是凭空的想象和无根基的猜测，相反，它应该是充分基于现有文献、现有理论的猜测。

比如，在一个解释"个人收入高低"的研究中，假如你有两个主要假设，那么你应该分别引用文献和理论来论述为什么你会提出这两个假设。如果我的第一个研究假设是"人的学历越高，收入就越高"，那么在提出这个研究假设之前的几段论述中，我就需要充分论证为什么"学历"是一个会影响"收入"的因素，并且为什么它们两个是一种正相关的关系，而不是负相关的关系。如果我要提出的第二个假设是"一个人的学历越高，工资越高"，那么我就要在摆出第二个研究假设之前，充分论述为什么我会做出这个假设。具体论述的方法，应该包括现有的理论，过去的文献，以及逻辑关系。顺便说一句，如何能把"理论"很好地联系到"假设"的技能也是要通过长期练习来锻炼的（关于"理论"的更多内容，可参见本书 2.9"用得好'理论',你才能成为实证文章写作高手"),它其实是写好社会科学论文的一大核心基本功。

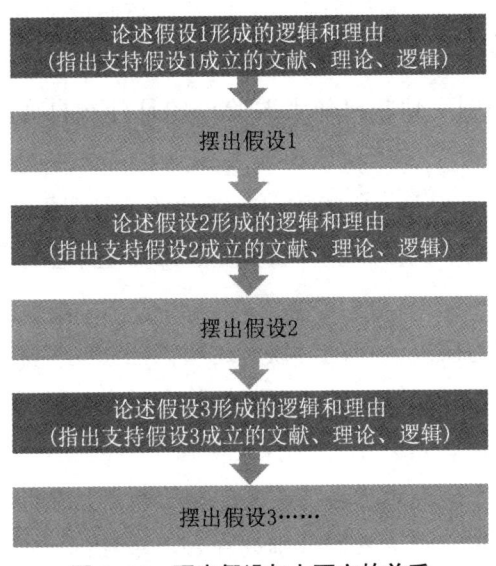

图 2-14　研究假设与上下文的关系

(3) 初学者构建研究假设,建议使用比较基础性、常规性的模板。比如以下这个(中)英文模板:

● 正相关关系:"The more of X, the more of Y."——"(自变量)越增大,(因变量)就越增大。"例如:"人的学历越高,收入就越高。"

● 负相关关系:"The more of X, the less of Y."——"(自变量)越增大,(因变量)就越减少。"例如:"一个商品的价格越高,销售量就越低。"

2.6.4 "研究假设"中的自变量和因变量

本节的最后,我们要强调,既然研究假设是关于"自变量和因变量之间关系"的陈述,那么一个好的研究假设应该能够让读者很明了地找出作者要验证的是什么自变量和什么因变量之间的关系,以及指出作者认为这种关系具体来说是什么样子的(正相关、负相关、非线性关系)。这就联系到我们前面讲的内容——如何利用自变量、因变量来整理文章的核心思路。

当我们写研究假设的时候,还应该注意到,除非你的因变量是必须放在一起讨论的,否则每一个研究假设应该只讨论一对关系——也就是列出一个自变量和一个因变量之间的关系。如果你在一个研究中准备探讨多个自变量与因变量的关系,那么你应该把每一对关系都分别列在一个单独的研究假设里,而不是把它们都列在一起。这样能够更清楚地帮读者看到文章的重点,并且能在验证数据后具体指出是哪些假设得到了支持,哪些假设没有得到支持,而不是混为一谈。

说到这里,什么是好的研究假设就基本说完了。在最后,给大家留几个练习题,请根据以下陈述,分别构建三个研究假设,并且画出每一个假设中的变量关系梳理图:

(1) 请根据你猜测的"高中生睡眠时间(自变量)与学习成绩(因变量)的关系"写一个研究假设。

(2) 请根据你猜测的"国家GDP(自变量)与国民幸福指数(因变量)的关系"写一个研究假设。

(3) 请根据你猜测的"公司 CEO 管理的严格程度(自变量)与员工满意度(因变量)的关系"写一个研究假设。

【参考答案】

(1) "高中生睡眠时间越长,学习成绩就越好。"

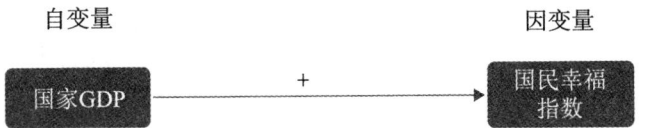

(2) "一个国家的 GDP 越高,国民幸福指数就越高。"

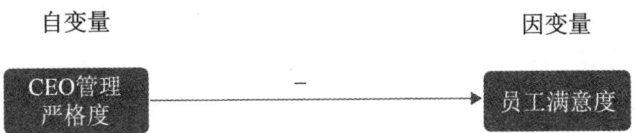

(3) "一个公司的 CEO 的管理越严格,公司员工的满意度就越低。"

自变量   因变量

┌──────────┐   －   ┌──────────┐
│ CEO管理 │ ─────────────────────→│员工满意度│
│ 严格度   │   └──────────┘
└──────────┘

2.7 实证研究中的数据收集
——你以为"数据"就只是"数据"吗？

统计学家爱德华兹·戴明（Edwards Deming）说过一句著名的话："除了上帝，其他任何人都必须用数据说话"（In God we trust, rest bring data）。这句话很好地体现了"数据"这个东西在西方人的心中重要到了一种什么样的程度。

既然要讲实证研究，我们就必须好好说说数据。我们说过，实证研究之所以不同于理论研究，最大的区别就是它要通过对数据的验证过程得出对一个研究问题的答案。实证研究是基于数据、基于证据、基于事实的研究过程。

那么数据到底是什么？怎样分类？又怎样获取数据来做研究呢？本节我们就讨论一下对于实证研究来说至关重要的内容。

2.7.1 什么是"数据"？"数据"有哪几种？

数据（data），是基于实证观察收集而来的包含事物特征的信息，它是关于人或事物的、量化或质化的变量值的集合。

"数据"这个词听上去很容易使人产生误解，以为只有跟数有关的才叫"数据"。其实根据数据的内容划分，数据既包括"量化数据"（quantitative data）也包括"质化数据"（qualitative data）。量化数据确实是"数字化的信息"，比如对人数的统计、温度的测量、智商的评测、某种百分比的计算等，都可以通过量化的信息来表示。而"质化数据"则主要指不可量化的数据，最常见的是"文本数据"（text data），比如字、词、句等信息，又如我们描述人的头发是什么颜色,商店里有什么水果和蔬菜,观察一个人说话的时候有哪些常用语,茶叶的品种都有哪些……这些都是文本类的数据,是没办法用数字来描述的信息。量化数据和质化数据因其各自特点而需要使用的数据分析方法也不同,比如量化数据多使用回归分析等量化方法,而质化数据的分析则需要使用主题性编码等方式来分析。

除了上面根据数据内容分类的方法,我们还根据数据的来源把数据分成"一手数据"(primary data)和"二手数据"(secondary data)这两大类。

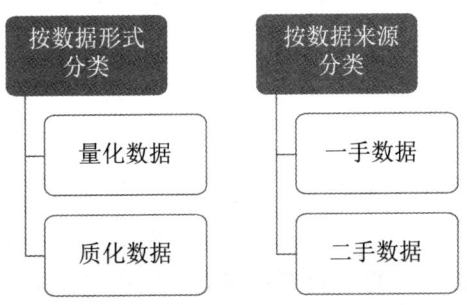

图 2-15 对数据的两种分类:以数据形式分类和以数据来源分类

大家有没有想过,我们每天从外界摄取的信息,有多少真的是一手信息,有多少是二手三手甚至四五手信息?比如说哪个新电影上映了,你的朋友跟你说听说这个电影不错——这就是二手数据,因为你的朋友并没有自己去看,而是转述了别人的体验。在社会研究中,一手数据是指由研究者自己收集而来的数据,而二手数据是指由研究者以外的人收集来的数据。假如你的研究对象是政府机关、研究机构、调查机构收集好的数据，这些都是二手数据；如果你的研究用的是其他研究者为了另一个研究目的收集而来的数据，那也是二手数据。只有你自己或你的团队为了某一个研究目的的专门收集的数据才属于一手数据。（当然，如果我为了我的研究目的而去用了你收集的数据，那么对我的研究来说用的就是二手数据。）

  一手数据和二手数据有优劣高下之分吗？倒不能简单地去这样评判。应该说两者的优劣要取决于你的研究问题和目的。两者对比起来，有点像是应该买别人盖好的房子还是根据自己的需求来从头盖个房子的区别。

  二手数据最大的优点是"省时省力，高效便捷"——你不需要去设计问卷、收集问卷，或做访谈、做笔录、录入数据，你只需要把别人收集好了的、现成的数据拿过来分析就好了。自己收集数据会多耗时呢？如果你在读美国的社科类博士，在写毕业论文的时候打算自己收集数据，那么我会建议你最好做好比其他人晚毕业一年的准备。当然这更多要取决于研究题目、项目规模和研究者的经验丰富程度。使用二手数据一般也需要在数据分析前进行数据格式的清理（cleaning）和转换（transformation），有的时候为了解答某个问题，还需要把两个或多个二手数据合并在一起使用，这也是需要额外工作的。但无论怎样，收集一手数据通常都要比直接使用二手数据花费更多的时间。

  既然自己收集数据这么麻烦，为什么还有那么多研究者要自己收集数据呢？这就要说到二手数据的弱点——因为是别人收集的数据，所以二手数据对于研究者来说有很大的局限性和不确定性。比如我们可能并不确定数据收集过程的执行是否严谨、数据编码簿（codebook）编写得是否精准、数据输入得是否无误。另外，因为二手数据不是专门为了我们的研究目的而收集的，它很有可能并没有包含我们需要的某个变量、没有按照我们认为效度高的方式去测量某个变量，或者没有调查到我们想要调研的样本人群——毕竟别人盖房子的时候我们没有参与。因此，虽然二手数据能为实证研究者节省很多的时间，但想要找到足够合适、效度高、来源可靠并能准确回答自己研究问题的二手数据并不是一件容易的事。在选择二手数据的时候我们应该尽量选择数据收集者可靠性高的数据来源，比如正规的科研单位、权威机构发布的数据。像美国的 GSS（General Social Survey）和 ANES（American National Election Studies）等公开数据都是很著名并且权威的数据。

而相较而言，收集一手数据的最大好处就是量体裁衣——你可以用自己认为正确的方式去精心设计你的问卷或研究过程，你可以去访谈你感兴趣的人群，你可以去观察某个时段下的新现象。在社会科学领域收集一手数据在我看来也是一件非常有趣的事，你可以以研究者的身份去观察和思考很多你感兴趣的现象，你可以动用自己的大脑来尽量把数据收集过程做到最优，你可以亲身去观察、聆听、学习、体验很多来自第一线的材料。比如，对于我自己而言，过去的数据收集工作让我接触到了国内和美国很多不同的非营利机构、政府机关以及高校的管理者、工作人员、志愿者。通过跟他们的交流和对话让我重新理解了很多问题，拓宽了看待世界的视角，这种经历在我看来是超越学术研究本身目的的。

那么如果我们想要自己收集数据，具体到底有哪些收集方法,又有什么注意事项呢?以下我们就来说几个最重要的数据收集方式。

2.7.2 如何自己动手收集数据

在社会科学研究中最常见的数据收集方式是调研（survey）,包括问卷（questionnaire）和访谈（interview）这两种不同的形式。除去调研方法,不同学科的学者还会使用实地观察（observation）、实验（experiment）、田野调查（field research）等很多不同的方法。这些方法要是具体展开说的话每一种都可以单独写一本书。所以我们在这里主要给大家讲一下问卷和访谈这两种最常见的数据收集方法的基本要点。

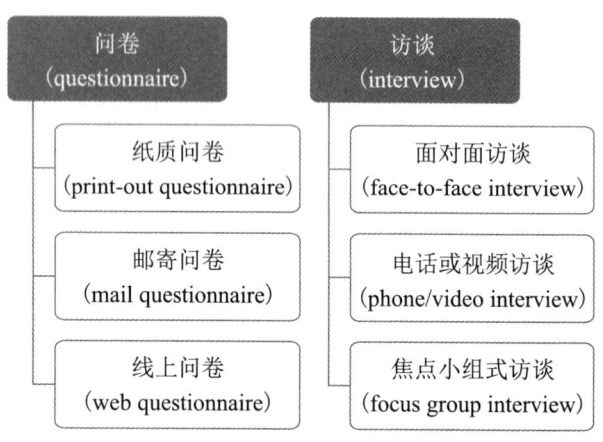

图 2-16 调查问卷与访谈的基本类型

（1）**问卷**。"问卷"这个东西相信大家都见过,它的常见形式有纸质问卷（print-out questionnaire）、邮寄问卷（mail questionnatiore)和线上问卷（web questionnaire）这三种。问卷是现在很多社会科学学科中最常见的数据收集方式，它最大的特点是高效、便捷，为研究者节省了很多时间和精力。自从有了电子问卷以来，用问卷来收集数据的方法就更广为被使用了，研究者可以足不出户，让四面八方的参与者自己把数据报上来并汇聚到一处。电子问卷的网站还能帮你自动整理出里面的描述性信息（比如平均值、数据基本分布等信息），这很便于实现大样本、可量化的研究。如果你想要调研全国各地的五千名大学生的上网时间，你应该首先想到电子问卷这种方式，它要比实地考察、做面对面访谈都实用、有效得多。

但使用"问卷"也有一些局限。首先，问卷属于"自我管理式调研"（self-administered survey），因为没有人协助，我们在给别人发问卷之前要首先保证对方有读写能力、看得懂问卷、并且会认真对待问卷。比如，我做的一些网络分析的研究经常有非常复杂的网络主体问卷表格，一个表格中还经常问三四个不同类型的主体关系。我发现在实际数据收集中如果只是把问卷交到参与者手里让他们填，好多人会因为看不懂又懒得问就把很多问题空着，或者随便填一些答案。这就是问卷局限性的体现。后来我们的改进方式是把这种复杂的问卷嵌入到面对面的访谈中，确保参与者在想问问题的时候旁边有人回答，这就让数据的完整性提升了很多。

因为问卷要靠参与者自己来完成，相对于参与者来说是一件挺无聊的事情，所以如果你想问很多深入的、开放式的问题，那问卷就不是最佳选择。比如，在探索性研究（exploratory study）中我们常常想搞清楚事情的来龙去脉，从四面八方探索一个问题的外延和可能,这种情况是很难通过使用问卷收集上来的数据得出深入结论的。问卷最适合使用的问题是封闭式问题(closed-ended question),比如选择题和填空题,这些问题对于参与者来说都比较容易回答。开放性问题(open-ended question)可以有那么几个,但最好能够让参与者在三言两语内就能回答清楚。一份合适的问卷长度一般不应该超过三十分钟,否则你可以预期到后面的问题会有很多缺失数据,因为参与者没耐心了,甚至会提前退场。

问卷的另一大局限是问卷反馈率(response rate)常会不理想。对于量化研究来说,问卷反馈率达到70%以上是一个比较好的状态,一般40%是一个可以接受的数字,再低下来,就会有样本不具有代表性(representativeness)之嫌。样本为什么需要具有代表性呢?举个例子,我想调查国内大学生每天使用手机的时间,我向全国各地的大学生发了10 000份问卷却只收上来100份(问卷反馈率=1%),假如我得出的结论是我调研的大学生平均每天使用手机10个小时,那么我是否可以说国内大学生平均使用手机的时间就是10个小时呢?我应该非常没有底气这样下结论,因为这100个人可能刚好90个都来自北京,也可能刚好大部分都是男生,或者刚好大部分人都长时间用手机玩游戏——总之这个样本没有办法准确地反映出我的总体人群(全国大学生)的状况。因为问卷反馈率太低,我的结论的可推广性(generalizability)就太低,那么作为量化研究的意义就会被质疑。

社会科学的学者们为了提高问卷的反馈率可真算是使出了浑身解数。最常见的办法是给一些激励机制,比如参与者填完问卷可以给一张几块钱到几十块钱的礼品卡作为回报。你也可以使用"抽奖式"的方法，在所有答完问卷的参与者中随机抽取三个人送出一个稍大一点的礼包。此外，为了增加问卷反馈率，研究者还需要多次联系参与者，提醒参与者问卷的截止日期，鼓励参与者在截止前完成。这个提醒的方式和次数也要把握好，少了起不到提醒的作用，多了会招人烦。

（2）**访谈**。第二种常见的数据收集方式是访谈，包括个人访谈和多人访谈两种，其形式可以是面对面访谈（face-to-face interview）、电话访谈（phone interview）、视频访谈（video interview），以及焦点小组访谈（focus group interview）。

访谈中因为有研究者的介入，随时能引导参与者回答不理解的问题，因此常能帮助数据收集得更完整、更深入、更准确，从而提高测量的效度。访谈还能使研究者得以根据参与者的思路去问一些后续问题（follow-up question）、深挖问题（probe question）和临时想到的感兴趣的问题，这些都是问卷没有办法实现的。因为访谈只需要参与者说话而不用写字或打字，它能够更好地问出一些开放式问题，让参与者有充分的空间来思考和回答。比如，你作为研究参与者在一次网络问卷调研和面对面访谈调研中分别被问到了以下同一个问题，你可以想象一下自己分别会怎样作答：

请描述你跟你父母的关系。

我们可以想见，如果是需要填问卷，我们可能会在问卷里简单填一下我们跟父母的关系好还是不好，顶多写一两个简单的例子来补充一下。但如果是访谈，对面坐着一个访谈者，我们在对话的环境下很有可能提供更多的信息，补充更多的细节，甚至想到一些可能跟问题不是直接相关，但对研究者理解我们跟父母的关系有帮助的背景信息。

这就是访谈的最大优势——能够深入地、全面地、细致地了解某个问题。因此访谈也最适合用在质化研究当中的，比如案例分析等需要进行深入和丰富分析的研究问题。

访谈这种数据收集方式对于访谈者有一定的要求。访谈的方式通常有结构化访谈（structured interview）、半结构化访谈（semi-structured interview）和非结构化访谈（unstructured interview）三种，访谈人需要根据研究问题的特点来确定要不要准备一份结构化的访谈大纲（interview guide）。在结构化访谈中，这份访谈大纲里问题的提问方式、问题的顺序、所使用的语言都是确定下来的，访谈者基本上只需要照着这份访谈大纲来读就可以完成访谈任务。这种方式有些类似于问卷，它对访谈人的要求最小，给访谈人的灵活空间也最小，比较适合用来问封闭式的、非常具体的或量化的问题。在非结构化访谈中，访谈人的访谈大纲只会列出一些将要讨论到的话题，至于这些话题的先后顺序以及询问问题的语言都不是完全确定的，要根据现场的情况即时调整和变化。折中的方法是半结构化访谈，也是我自己用得最多的访谈方式——访谈者既会有一份准备好的问题列表，又会允许访谈在进行中少做变化和调整，比如加进去几个补充问题，或者根据受访者的回答调整一下问题的顺序，从而让访谈更顺利地进行下去等。

表 2-1 按结构化程度分类的三种访谈

结构化访谈	半结构化访谈	非结构化访谈
• 按照结构化的问题顺序进行访谈,采访人不能随意更改问题语句或提问顺序。 • 需提前准备好清晰的问题清单。 • 适于调研具体的、确定的信息。 • 适于收集定量数据,或封闭式问题。对访谈人要求低,按准备好的问题进行提问和记录即可。	• 提问结构更灵活,采访人可以在访谈中对提问语句和顺序稍作调整,但访谈的主体部分仍需按设计好的结构进行。 • 可以在访谈中追加提问,以获得更清晰的回答。 • 既能保证访谈按一定计划和结构进行,又有一定灵活度。	• 访谈时只计划需要覆盖的话题,而不涉及出所有访谈问题。 • 无需按具体问题询问的语言或顺序进行访谈。 • 采访者有最大灵活,可以临时决定所要问的问题和方式,对访谈人要求较高。 • 适用于开放式问题、探索性问题、目前认知程度较低的话题。

在半结构化访谈和非结构化访谈中,尤其要求访谈人能够非常熟悉要问的问题,有清楚的表达能力,有能深入挖掘信息和了解到某个问题是否真正被回答了的能力。访谈人需要整体把控访谈的气氛、推进的节奏和逻辑顺序,确保问题没有遗漏,确保访谈的长度合适,并尽量让受访者以比较舒服的状态、全面真实地回答问题。访谈人有时还非常需要共情的能力,但又不能过于沉溺于受访者的情绪中。我曾做过一个项目是调查洛杉矶一些家里有残疾儿童的家庭的生活状况,其中在对残疾儿童父母的访谈中,受访人经常需要描述自己生活中面临的各种挑战和困难,说着说着就落泪了。这个时候作为访谈人,你如果完全忽视受访者的情绪而按照自己的节奏马上进入下一个问题是不合适的,一方面非常缺乏人文关怀,一方面也没办法在下一个问题的讨论中得出好效果。但另一个极端情况可能是访

谈人被受访人的情绪所严重影响，也陷在这种情绪中，跟着受访人一起哭泣，甚至影响了访谈的完整性和严密性。我们之前对森林火灾受灾人群的访谈经常有受访人谈及自己的家人、宠物、房屋、财产在火灾中受到巨大损害和影响，在面对这生命的惨剧时做到不动容是很困难的事情，如何掌握好其中的分寸也是访谈人需要不断在训练和练习中得来的能力。

访谈其实是一件很有趣的事，它能极大地满足一个学者天然的好奇心。我相信做研究的人都是对世界有巨大的好奇心的人。脑子里搞不懂的事情，没见过的人或事，现在有机会通过面对面交流的形式去得出一个解答，这不能不说是非常难得的机会。访谈能一次又一次为你打开新世界的大门，带你进入别人的世界、别人的思考方式、别人的生活和工作。与人的交流其实是编码在人类基因中的社会需求，而访谈给我们的满足是结合了对知识的获取和跟人的交流两者而得来的。

那有没有什么研究不适合访谈呢？当然有。首先，可量化的研究，可以让参与者自己来完成的问卷就不需要访谈的形式，毕竟访谈是非常耗费访谈人时间的工作。假如一个访谈是30分钟，再加上需要去见访谈人而消耗在路上的时间以及出门的准备时间，平均一个访谈至少要花1个小时。那么在一个研究中如果要访谈30个人就是30个小时，这对于研究者来说是不小的工作量。这还不包括提前去联系受访人、跟受访人预约访谈时间和具体访谈事宜所要花费的时间。

另外，访谈也并不适合用来调研一些比较敏感的、私人的话题。比如，我曾有一个研究是需要收集一个组织里面员工互相之间信任度的数据，也就是要求员工把自己对其他同事的信任度分别从 0 到 10 打个分。这种问题对于受访人来说可能比较敏感，他们不愿意让同事知道自己不信任他们，也不愿意在一个陌生的调研者面前谈论自己跟同事的不信任。再比如，美国一些研究调查受访者吸食大麻的经历或违反交通规则的经历，这样的问题，如果由一个陌生的访谈人问出来，很有可能受访人是不会真实作答的。为了避免受访人有追求社会称许（social desirability）的倾向，这一类问题最好用问卷来问，让受访人独立完成。

在几种不同的访谈形式里，面对面访谈最能够建立访谈人和受访人之间的信任关系从而让谈话丰富而顺利；电话访谈和视频访谈则能节省很多路上奔波的时间，也不失为好的选择。另外，我们除了个人访谈外还可以进行群组访谈（group interview）或焦点小组访谈。这种以一群人为对象同时进行访谈的方式能够让访谈人在同一时间里问出多位受访人的想法，还能通过观察受访人之间的交流和对话来深入了解事情的完整信息。但群组访谈的一大风险是若整个访谈的过程被几个话多的受访人霸占，而他人的意见没办法得以充分发挥和表达，会导致研究人员得到的数据其实是不全面和不准确的。

最后，访谈这种数据收集方式所收集到的"数据"是什么呢？跟问卷不同，问卷里的数据是写下来或填出来的文字或数字，而访谈里进行的是对话，所以为了分析访谈所收集到的数据，我们一般会在访谈的时候进行全程录音，在访谈结束后把录音转文字（transcribe），然后对这些文本数据进行分析。这也是访谈比问卷要多出来的一个步骤。

关于数据收集我们就先讲这么多。其实数据收集方法丰富而有趣，等到你真的从自己精心设计的研究中亲手捧回热乎乎的数据，你才会真正体会到作为研究者的幸福和荣耀。

祝你早日体会到数据带来的美与乐。

2.8 绕也绕不开的"理论"
——聊聊如何理解社科研究中"理论"的作用

本节要讨论一个严肃的话题：在读实证文章或写实证文章的时候，如何理解"理论"这个东西。

坦白讲，说起"理论"二字常给人退避三舍的冲动，它听上去就跟"枯燥""晦涩""复杂"等形容词脱不开干系。"理论"二字貌似总离我们每个个体太远，离生活太远，跟它有关的图像总夹杂着枯燥的反复背诵和机械记忆。

曾经有一次在听吴伯凡的音频节目时，有人问他是如何在《冬吴相对论》中做到旁征博引，引经据典，对那么多大部头和经典文字都能信手拈来。吴伯凡说，其实引用经典没什么特别的理由，无非是为了"省事"二字。很多道理和解释，如果用我们平常人的话说出来就需要连篇累牍、长篇大论，但是有了这些经典的文字，几句话就能把事情说得一清二楚、入木三分——既然有这么省事的工具，为何不拿来一用？

在科学研究中，"理论"从某个角度来讲就帮我们起到了这样的作用：它以一当十、四两拨千斤地为我们拨云见日。它是学者提出新研究假设的灵感来源，是学者对新事物进行解释的根源性指导，是"为有源头活水来"的"源头"。

仔细观察某一个学科的核心理论，你会发现它里面凝聚了学术研究所独具的一种细腻的美感：它无比精致、精准、严丝合缝、一丝不苟；它是聪明人给世界留下的礼物；它是厚重的，也是不张扬的、不喧哗的；它像某个匠人精心打造一生而留下的精美工艺。

从学术文章的角度来讲，一篇好的文章必然需要有效地结合数据和理论；而想真正做到这一点首先需要体会到理论在学术研究中的作用以及社会科学中理论的独特性。

于是我们将从两个方面聊聊以下几个每个社会科学研究者都绕不开的话题：本节我们将集中聊聊什么是理论、为什么要有理论，以及相比于自然科学，社会科学中的理论有什么特点；下一节我们将从具体实践的角度探讨如何在写实证文章时有效运用理论，如何在你的论文里有效连接理论和数据，以及给出连接理论和数据的具体示例和练习方法。

2.8.1 什么是"理论"？

为了说明"理论"是什么，我们先看几个不同的学者给出的经典定义：

- 理论是旨在解释特定现象的概念和原则的有组织的主体。（A theory is an organized body of concepts and principles intended to explain a particular phenomenon.）（Leedy and Ormrod, 2005）
- 理论解释了事物如何以及为什么以某种方式运作。（Theories explain how and why something functions the way it does.）（Johnson and Christensen, 2007）

- 理论试图提供有逻辑性的解释。(Theories seek to provide logical explanations.) (Babbie, 2014)

一般来说,"理论"要成为"理论",需要至少满足以下几个特点:

(1) 其目的是描述(describe)、解释(explain)和预测(predict)世界上的现象(这三点是理论的目的,但并不是所有理论都能做到全部三点)。

(2) 理论需要做到"在逻辑上完整"(logically complete)和"内部保持一致"(internally consistent)——也就是说理论要自成系统、自圆其说,不能前后矛盾、漏洞百出。

(3) 理论必须有可证伪的启示(falsifiable implications)。

2.8.2　如何理解社会科学研究中"理论"的作用?

让我们先来想一个问题,我们是如何理解自然科学中"理论"的作用的呢?

比如在物理学里面,什么是理论?什么是定理?什么是定律?又为什么要有这些定律?

比如"重力理论"(gravity theory),我们都知道如果扔出去一个东西它会往地上掉而不是往天上飞,这是物理学中的理论和定律。在某种条件设定下,一个现象一定会发生。在自然科学里,人们把某种情况下的规律总结起来——满足情况 A,现象 B 就会发生。不仅如此,通过理论模型概括出重力加速度与时间和高度的公式,这样一来无论你掉的是苹果、苹果树还是苹果手机,只要给我需要的相应参数,我都能知道它在某个点的速度或是用了多久掉到地面。这就是借助理论这个法宝，使得我们无需再解释每个物体为什么以某个时间长度落到地面上；只要你在地球上，我就可以用这个理论来圈下落的物体。所谓万变不离其宗，这里的重力理论就是"宗"。

我们再转过头来看，重力理论其实完美阐释了我们刚才说过的每个理论都追求达到的三个目的：

● 描述：重力理论描述了一个地球上的物体如果悬空就会往地面上落，它还描述了下落的速度、时间和距离之间应该是什么关系。

● 解释：重力理论能够解释是什么导致物体会向下落，而不是往天上飞或者悬在空中。

● 预测：重力理论可以用来预测任何地球上的物体在下降时某个时点的速度、多久掉到地面等因素——无论你掉的东西是一磅重还是一吨重，无论是塑料制成还是金属制成，无论是用来吃的还是用来玩的，都能依据该理论预测出想要的变量。

接下来我们来看社会科学中的理论。

社会科学中，比如心理学、经济学、社会学、管理学，我们能不能找出哪条规律是像物理学中的"重力理论"一样能够具有严丝合缝、密不透风地实现"描述—解释—预测"这三大目的呢？比如经济学中的经济定律、心理学中的人类心理规律、人类学对某种人类现象的归纳和解释，或者管理学中的定理，我们能从多大程度上有把握地总结和预测出，只要符合 A 这种情况，就一定会发生 B 这种现象呢？我们能在多大程度上自信地说，给我一些我想要的相关因素，我就能一定预测出某个经济现象、个人行为、组织行为、公共政策、国家军事行动等社会现象及结果呢？

不得不说，跟自然科学不同，社会科学几乎没有任何一个理论能够百分之百自信地实现这三个目的。我们在这一点上不像自然科学那么硬气，我们的理论没有自然科学的理论那么高的预测性，而且永远也不可能有。这也是为什么很多人会认为社会科学算不上"科学"，或是认为社会科学的研究成果意义有限。

由于社会科学研究的核心是"人"，而人是多变的、发展的、复杂的、多样的，这就致使所有跟人有关的社会现象都难以用归纳、总结、定律、定理的方式去提炼出来。

然而，既然永远没办法得出像自然科学一样功能强大的理论，是否就意味着我们应该放弃了呢？

当然不是。这种复杂性、多样性、多变性并不意味着这些社会现象是完全没有规律可循的，并不意味着既然得不到普遍性定律就不必去做任何研究了，并不意味着就该放弃去探索的意义了，否则我们就将走上不可知论的知识观。

既没办法像自然科学一样有规整的范式和理论框架，又不能因此而走上不可知论的道路，面对社会研究的这种复杂性和特殊性，学者们于是各选道路、各立门派，循着不同的路径和方法去靠近并探索社会现象的本质，最终形成了不同的研究哲学和知识论，比如［感兴趣的读者可以进一步阅读 J. K. Tebes, "Community Science, Philosophy of Science, and the Practice of Research", in *American journal of Community Psychology*, 35（3－

4), 2005, pp. 213-230. 其中有对每一种不同研究哲学的具体讲解］：

- 实证主义（Positivism）
- 逻辑经验主义（Logical Empiricism）
- 语境主义（Contextualism）
- 自然主义（Normative Naturalism）
- 科学现实主义（Scientific Realism）
- 视觉中心主义（Perspectivism）

目前在心理学、社会学和管理学等学科里最主导的认知论是实证主义和逻辑经验主义，两者有很多共同之处，也是实证研究背后的基本逻辑——它强调通过逻辑推理、演绎和测试可证伪的假设来构建理论。如果某个社会现象没有办法通过实证性的体验进行检验，那么依实证主义的知识论来看，就等同于无法成为人类知识的一部分。依托这种认知论产生的研究方法，也就产生了我们最常见的量化和质化研究方法，也就有了我们前几篇说的要通过合理抽样、收集数据、验证数据结果等步骤做出结论的研究步骤。

然而实证主义的知识论当然不是完美的，它的一大缺陷就是不太适用于艺术性较强的社会科学门类，而更适用于科学性较强的社会科学门类。一个社会科学领域的科学性越强，实证主义就用起来越容易。图2-17是不同的人文社会学科中科学性和艺术性强弱的图示，顺着横轴向右，各个学科的艺术性越来越强，科学性越来越弱。比如，我们看到经济学、心理学是科学性较强的学科，而社会学和人类学的科学性次之。而最右边的人文和艺术类就几乎全是艺术性，那么使用实证主义的研究视角也就受到了更多局限。但相比而言，我们会在经济学、政治科学、社会学中看到大量的、成为主流研究方法的实证研究。

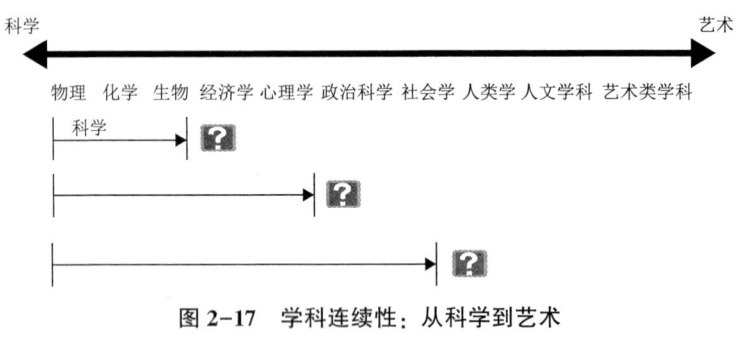

图 2-17　学科连续性：从科学到艺术

（引自 Riccucci，2010）

另一点要强调的是，社会科学跟自然科学最大的一个不同就是社会科学一般没有统一的范式，这就导致学者们研究的方法、视角、重点都千差万别，谁都别想说服谁，就像是盲人摸象时有人摸到了大象的耳朵、有人摸到了大象的尾巴，都是大象的一部分，然而都不是整个大象，又怎么能说服对方呢？但其实这正是社会科学不得不面对的双刃剑，即学者研究视角的多样性也不约而同地为社会科学贡献了从四面八方集中而来的持续进步——有人研究头、有人研究身子、有人研究尾巴，最终让人类对这只大象的认知推进一点，再推进一点。这是社会科学研究的现状，也是未来一直会出现的情景。

因为没办法找到一个统一的范式，所以从不同知识论出发、不同理论出发、不同研究视角出发的每一点点推动就都变得有了意义。你的研究、我的研究、他的研究，一点一点积累、创造、叠加，才能构建出无限接近真相的全景图。

总结来说，这节主要想表明：

（1）社会科学的理论并不是用来解释所有现象的，因为我们没有统一的范式和研究哲学。

（2）社会科学的理论往往只关注一部分现象，如果能把这一部分现象说清楚、讲明白，体系完整、逻辑通顺就已经是非常不小的贡献。

（3）因为没有统一的范式，对同样的现象不同研究哲学下的学者会提出不同视角的描述、解释和预测，也就是你会发现并行的理论，常常没有办法说哪个对、哪个错，只有哪个理论在哪种情况下最合适、最适用。

（4）好的社会研究者需要了解领域内的各种主要理论，就好像腰间别着一个工具箱——工具箱里没有一把工具是万能的，没有一把工具能解决所有问题，然而因为你拥有这些工具，你知道他们各自的用处，能知道何时需要扳手何时需要钳子，还能在需要的时候随时从包里拿出来。这就是社科研究者对理论应具备的技能。

而文献读多了我们会发现，好的学术文章从来都是紧靠现有理论而反过来贡献现有理论的。你的数据与领域内的理论如何有效、清晰、合理地连接就成了写好文章的重中之重。

2.9 用得好"理论",你才能成为实证文章写作高手

讲完了理论的基本地位,本节我们来具体谈一谈在写实证文章的时候如何通过有效使用理论来打造一篇高质量论文。

我们为什么需要连接理论和数据?前段时间我参加了一个领域内著名学术期刊编辑的分享会,其中有一位编辑掷地有声地说,自己平时拒掉的论文中,有80%都只是"基于数据的练习"(data exercise),而根本不是有意义的学术论文。换句话说,在写实证论文时,很容易掉进的一个陷阱就是只顾着拿着自己手里的数据去跑各种花哨的模型,而忘记了我们写这篇论文的真正目的应该是构建理论和指导实践。

不夸张地说,能够游刃有余、合理有效地连接一篇文章中的数据和理论,是所有高质量实证论文的必备品质;这种连接数据和理论的能力可不是唾手可得的,而是需要我们不断通过阅读和下笔写作来理解、打造的。一旦我们拥有了这种能力,在设计和撰写实证论文的时候就会节省很多时间,一眼看到问题的实质,能够"以终为始"地去设计文章。

2.9.1 如何理解数据和理论在一篇实证性文章中的关系

在实证性文章里,因为肯定会有数据的收集和分析,我们要记得在写文章的时候要保证理论和数据的关系如图 2-18 所示:

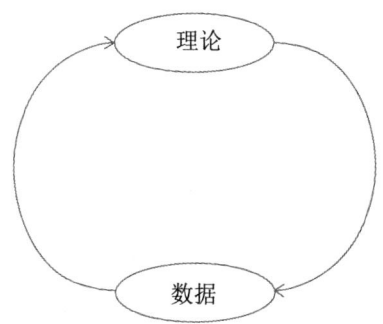

图 2-18　实证研究中理论和数据之间的关系

这幅简单的图示说明了以下几个要注意的原则：

（1）理论和数据应该是互相依赖而生存的。理论应该是验证数据的指导、依据和来源；而检验数据（test data）的目的应该是指向理论、构建理论、弥补现有理论的不足和提升理论的完整性。

（2）理论本身的建立和完善并不是目的，它是为了指导实践的（实践由数据表现出来）；而检验数据本身也不是目的，它是为了进一步提升理论的。

（3）如果一个理论对现实完全没有任何指导意义，它就不是一个有用的理论；而如果数据对理论完全没有任何建设性作用，那么它也不是有用的数据。

2.9.2　如何在你的论文里有效连接理论和数据？

接下来我们具体说说操作方法。我们在构思和设计一篇实证研究文章的时候，需要在以下两大方面下功夫：

第一，我们在收集数据、检验数据时，我们所检验的问题和逻辑应该是基于现有理论的。你的研究问题应该从哪里来？你的研究假设为什么这样设定？你的研究为什么有意义？你的数据检验方法为什么是这样的？这些问题都应该基于现有的理论和文献，而不是凭空想象或从零开始。关于文献的意义，我们在本书1.5"写好文献综述的要点：沿袭与创新"里做了个比喻——如果你进入到一个聚集了高人的屋子里想要发表意见，你先要了解他们在谈论什么，并思考怎样用别人能够理解的语言和思维方式来讲出自己的意见，怎样问出别人也认为重要的问题。

第二，我们得出的数据分析结果和相关讨论，应该是为了重新指向理论、进一步建设理论的。提出问题、收集数据、分析数据、呈现结果——这些过程本身并不具有多大的意义，最大的意义是你的研究能否提升现有理论。这一点，也是一篇论文能否顺利发表，以及能发表到什么类型期刊的重要指标。社会科学虽然不像自然科学一样有统一的范式，但构建理论是学术研究的重要目标。你的数据结果在多大程度上改进了现有理论的认知是衡量你研究贡献大小的重要指标。所以好的论文在文章的"讨论"（discussion）部分必须非常清楚细致地指向理论，明确文章对理论的贡献。

而仔细去看，其实在设计一个实证研究的各个步骤里对理论的考虑都不应该缺位。图2-19展示了两条主线之间的关系，左边是我们考虑设计一个实证研究时重要的几个步骤，右边是以理论为核心，在每个相应步骤里理论分别应该充当的角色。

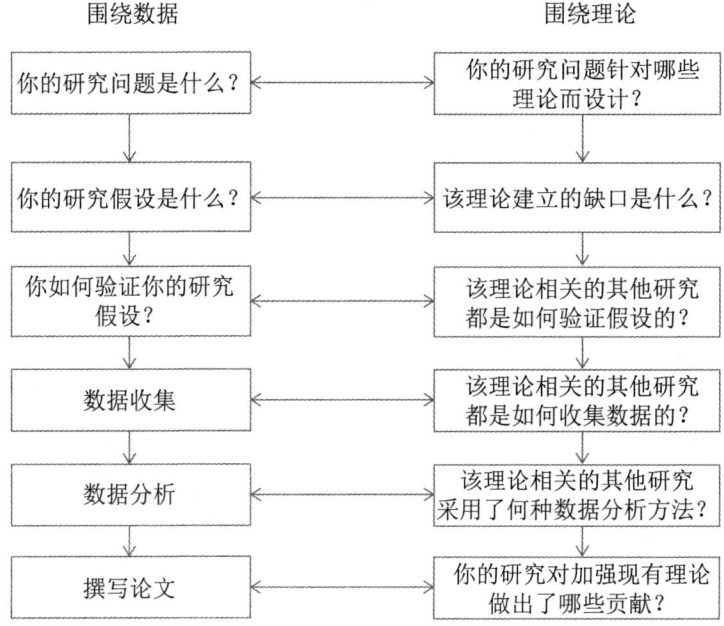

图 2-19　一篇实证文章中围绕数据和理论的关键步骤

- 比如在设计研究问题时，我们应该想到这个研究问题是在验证哪些理论？或是至少跟哪些理论的文献相关？
- 比如在设计研究假设的时候，我们要问，我们为什么做出这样的假设？有哪些理论能支持我们做出这样的假设，而不是反方向的变量关系？
- 比如在写报告的时候，我们要问，我们的研究结果证明了哪些理论？没有证明哪些理论？如何增进了我们对某个理论的现有认知？

2.9.3　如何提升连接理论和数据的能力？（具体练习方法示例）

理论和数据在一篇论文里的连接可真心不是件容易事，这需要很多的练习、阅读和体会，这中间是一个不断升级的过程，无法一蹴而就，也没有终点。事实上，连接理论和数据是一个优秀社科研究者必备的技能。我们在修炼此技能时要追求达到以下状态：

（1）在看到一组二手数据时，能够有效地判断出它能用于验证和建设哪些理论，或者它能不能用来建设现有理论。

（2）在解答一个实证研究的问题时，能够明确知道其对应和依托的理论以及相关文献都有哪些（脑中有框架，心里不害怕）。

（3）在动笔写实证文章时，能够在文章的各个环节紧密结合现有的相关理论——比如写"文章重要性"的时候，能突出它是怎样弥补现有理论缺口的；写"研究假设"的时候，能指出自己之所以做出这样的假设是依据了哪些相关理论的逻辑；再比如分析完数据写"讨论"这个部分的时候，能明确具体地指出你的数据结果如何为现有理论的建设做出了贡献。

接下来我们来具体介绍一种训练自己进行理论和数据连接的方法。这个方法是我跟自己博士期间的一个教授学到的。话说我自己当年在读博期间考中期考试（comprehensive exam）的时候，组织理论这门课的教授非常重视考查学生在研究里连接理论和数据的能力，她在考试中给了我们一份发给某个政府机构领导的问卷，上面列了二三十个向政府领导者提出的问题，考试问题是假若这份问卷的数据现在已经收回到你手里,你觉得这些数据能回答哪些跟现有组织理论有关的研究问题?这些问题分别依据哪个组织理论?并要求我们把具体的理论是如何能够应用到这个研究上面的逻辑阐述并写出来。

这个考试题看似简单,其实它融合了多种对研究者能力的测试,包括对某个领域重要理论的深入理解,设计具体的、有价值的研究问题的能力,以及将理论代入到具体数据之中,并合理地将两者联系起来的能力。掌握了这三个技能,我可以说你在写实证文章的时候基本不会有太大问题了。当时我和我的同学们为了准备这个考试做了大量相关练习,这种训练对提升使用理论的能力特别有效,可以说是受用终身。

以下就借鉴我们当时考题里的思路,在这里给大家提供一个练习。

为了做下面这个练习,我会先介绍一个研究问题和两个组织行为理论,假设这些为已知条件;然后我会给大家一个具体任务,请大家想一想,如果你是一个组织行为学领域的研究者,需要依靠这两个现有理论来提出研究假设并写一篇实证文章,你该如何做。

【练习】
- 研究问题:假设我们现在要解释的研究问题是:"为什么有的公司会选择收购或合并其他公司,而有的公司不会?"

- 要使用的理论:组织理论有很多种,这里假设你必须要使用资源依赖理论和制度理论这两个理论来为该研究

问题创建不同的研究假设,这两个理论的分支很复杂,为了练习目的以下简单列出它们最主要的观点:

➤资源依赖理论(resource dependency theory):该理论的主要观点是组织都不是独立的,组织要依赖其他组织的资源得以生存和获得成功;如果组织 A 依赖组织 B 的资源,组织 B 的权力(power)就会增加;如果组织 A 降低对组织 B 的依赖,组织 A 的权力(power)就会增加,不确定性就会降低——所以为了长期生存和成功,根据该理论,一个组织应该尽量降低自己对别人的依赖,而增加别人对自己的依赖。

➤制度理论(institutional theory):该理论的主要观点是所有组织都是在"制度压力"下生存的,有些决策和组织设计未必是"理性的"(rational),而是迫于外在的"同化性压力"(isomorphic pressure)才做的,因为别人这么做了,所以自己必须要这么做才显得有"合法性"(legitimacy)。根据该理论的说法,同化性增加能帮助组织提升合法性,从而有助于在大环境中生存。

• 练习任务:为了解释"为什么有的公司会选择收购或合并其他公司而有的公司不会?"这个研究问题,你如何分别依托以上两个理论设计研究假设?你怎样阐述该理论如何支持你做出的该研究假设?更具体一点说:

➤如果依托于"资源依赖理论"的观点,你对该研究问题可以做出哪些研究假设?或者说,该理论能如何帮我们解答该研究问题?为什么?

➤如果依托于"制度理论"的观点,你对该研究问题又可以做出哪些研究假设？或者说，该理论能如何帮我们解答该研究问题？为什么？

请大家思考至少 5~10 分钟，把研究假设以及以上两个问题的答案分别写下来。这一部分可能比较费时间，而且需要反复练习和体会，建议大家安排一段安静的时间来完成。

【参考答案】

研究问题："为什么有的公司会选择收购或合并其他公司而有的公司不会？"（已知）			
理论（已知）	主要观点（已知）	依照该理论，如何解释该研究问题？	依据该理论，可以做出何种研究假设？
资源依赖理论	组织都不是独立的，组织要依赖其他组织的资源得以生存和获得成功；如果组织 A 依赖组织 B 的资源，组织 B 的权力就会增加；如果组织 A 降低对组织 B 的依赖，组织 A 的权力就会增加，不确定性就会降低。所以为了长期生存和成功，一个组织应该尽量降低自己对别人的依赖，而增加别人对自己的依赖。	• 公司合并是因为公司都需要资源；根据资源依赖理论，如果一个组织需要依赖另一个组织得到某种资源（比如材料、资金、信息等），那么这个组织就会增加不确定性而降低权力，这会影响到该公司的生存。 • 组织为了提升权力，降低不确定性，就需要降低对其他组织的依赖。 • 吞并或与其他公司合并意味着该公司把对外部的依赖性，转变为了其对自身的依赖性。 • 根据资源依赖理论，这降低了不确定性，提升了权力，增加了组织成功的概率。	研究假设举例： 研究假设 1：一个公司对外界资源的依赖越大，它与其他公司合并的需求就越大。 研究假设 2：两个公司如果在资源上（比如材料、资金、信息等）越是互相依赖，这两个公司就越可能合并。

续表

研究问题:"为什么有的公司会选择收购或合并其他公司而有的公司不会?"(已知)			
理论 (已知)	主要观点 (已知)	依照该理论,如何解释该研究问题?	依据该理论,可以做出何种研究假设?
制度理论	所有组织都是在"制度压力"下生存的,有些决策和组织设计未必是"理性的",而是迫于外在的"同化性压力",因为别人这么做了,自己也必须要这么做才显得有"合法性"。而这种同化性能帮助组织提升"合法性"和在大环境中生存。同化性压力具体又可以分为强制压力(coercive pressure,比如来自政策的压力)、模仿压力(mimetic pressure,比如模仿同辈的压力)和规范压力(normative pressure,比如某个职业协会的压力)。	• 公司合并是因为有"同化性压力"驱使,也就是说,领域内的很多其他类似公司也在做合并的事。 • 根据制度理论,一个组织需要在其组织设计、决策上跟领域内的其他整体规范保持一致。 • 具体来说,当很多类似的组织都做了某个举动,一个公司就可能在"同化性压力"下也这么做,哪怕这也许未必是"理性的"决策。 • 当一个公司在合并行为上与领域内的主要规范保持一致,这种一致就能增加该公司的"合法性",提升它的声誉和地位,从而有助于该公司在大环境下生存。	研究假设举例: 研究假设1:一个领域内出现公司合并的现象越多,该领域内的公司所承受的"同化性压力"越大,就越可能也做出合并的行为。 研究假设2:一个地区的政府在政策上越鼓励公司合并行为,公司受到的强制压力就越大,该公司就越容易采取合并的行动。

总结一下,上面的练习启发我们在写实证性文章的时候,尤其是作为新手,可以按照以下的步骤去连接理论:

（1）列出你的研究问题。
（2）列出可能与其相关的所有理论。
（3）列出每个理论的主要观点。
（4）列出在该理论视角下，你的研究问题该如何解释。
（5）列出该理论视角下可以形成的研究假设。
（6）通过读文献确定出有价值的研究假设。
（7）写出每一个理论具体如何支撑每一个研究假设（这一部分即实证文章中常见的，写在每个研究假设之前的那一段文字）。

当我们文章写得多了，对理论和文献的了解程度增加了，这个过程会自然而然地简化为：

（1）你想到了一个研究问题。
（2）你想到了几种不同的研究假设。
（3）考虑支撑你做出每一个研究假设背后的理论是什么？是哪一个主题、哪一个学科的文献？
（4）找出这些理论，并写出每一个理论具体如何支撑每一个研究假设的逻辑。

一旦我们找到了哪个理论支撑了我们的假设，并且确定了这个假设有研究的价值，这就意味着我们接下来可以在写一篇实证研究的时候从头到尾把该理论和该假设紧密结合起来。比如，拿刚才得出的一个研究假设来举例：

> 研究假设1：一个公司对外界资源的依赖越大，它与其他公司合并的需求就越大。

我们知道这个假设很显然是依托资源依赖理论得出的，因

此在写文章的时候,在各个部分都应该从不同方面来突出这个理论对本篇文章的指导意义和紧密联系:

- 导入(introduction)部分,可以有类似这样的句子:"……以前的组织行为文献就开始关注为什么有的公司会选择收购或合并其他公司而有的公司则不会有这个问题。我们发现尽管学者对这个问题做了大量的实证研究,却很少有学者依据资源依赖理论对其进行探讨。本篇研究我们希望弥补这个缺口……"(提示读者我的数据是对理论建设有贡献的。)
- 文献综述(literature review)部分,可以有类似这样的句子:"……资源依赖理论是组织行为理论中最重要、最常见的理论之一,它的主要观点是XXX,它主要适用于XXX。近年来依据该理论的实证研究关注的方面有XXX,得出了XXX方面的发现……"(提示读者我研究的问题和关注的理论是为很多学者所关注的重要内容;提示读者我对现有的研究和文献有了解、有认识。)
- 研究假设(hypothesis)部分,可以有类似这样的句子:"……公司合并是因为公司都需要资源;根据资源依赖理论,如果一个组织需要依赖另一个组织得到某种资源(比如材料、资金、信息等),那么这个组织就会增加不确定性而降低权力,这会影响到该公司的生存;组织为了提升权力,降低不确定性,就需要降低对其他组织的依赖;吞并或与其他公司合并意味着该公司把对外部的依赖性转变为了其对自身的依赖性。根据资源依赖理论的核心观点,提升组织的权力能够增加组织存活的概率。由此,我们得出以下研究假设：'一个公司对外界资源的依赖越大，它与其他公司合并的需求就越大'。"（用该理论来解释你研究假设的逻辑。）

● 讨论（discussion & implications）部分，可以有类似这样的句子："……本篇研究以资源依赖理论为核心视角，实证性地检验了是否一个公司对外界资源的依赖程度越大，其与其他公司合并的需求就越大这个假设。我们的数据结果证实了（或没有证实）XXX。我们的研究对进一步完善资源依赖理论做出了以下贡献……"（清晰明了地指出你的数据结果对理论建设的每一点贡献。）

好了，到这里就给大家完整地展示了一个如何把理论和具体实证研究的问题结合在一起的例子。你的研究题目肯定不会跟以上的练习完全相同，但希望其中的方法、思维过程、工具可以为你所用，帮助你在一篇实证性文章里把理论和数据紧密结合起来，构建一篇强大而有意义的学术文章。

最后让我们重述一下这节的要点：

（1）一篇好的实证性文章，一定需要理论和数据的紧密连接，而且是在全文中各个部分的紧密连接。

（2）理论应该是去验证数据的指导、依据、来源；而检验数据的目的应该是指向理论、构建理论、弥补现有理论的不足和提升理论的完整性。理论本身和数据本身如果脱离了对方都没有太大的意义。

（3）一个优秀的社科学者应该能够做到在拿到相关二手数据或某个研究假设的时候，迅速想到它能联系和建立哪个理论；在需要检验某个具体理论的时候，很快知道自己需要什么样的数据。

（4）连接理论和数据是一个需要长期建立、长期提升的能力。对文献越熟悉、对理论理解越深入、好文章看得越多，越能够有效地在自己文章中连接二者。这需要我们多练习，多练习，多练习。

祝你早日用好"理论"，成为实证文章写作的高手。

2.10　关于测量：如何看懂一篇学术文章的效度和信度

最近在一门课上聊到政府部门招聘的问题，好几个学生同时抱怨说自己参加过的好多次面试所提的问题都跟该工作岗位一点关系都没有。比如，工作岗位是图书馆管理员，笔试一轮中全是宽泛的性格测试；工作岗位是政策分析咨询师，面试完全没有问到受试者研究经验或者测试分析能力，而是进行了一个小时漫无边际的闲谈；等等。

生活中如果遇到这种情况，我们会很容易察觉到哪里出了问题——比如，想招后勤管理人员你却一直调查人家有没有科研经历，想招公司文职人员却全是跑步、举重之类的体力测试，想招专职司机却全篇测试写作能力。虽然俗语说不想当将军的厨子不是好司机，但这么不着边际的遴选测试考察的是跨界能力而不是做好某个本职工作的能力，古语所谓"缘木求鱼"是也。谁遇上这样的面试过程都会觉得是"深井冰"。

然而在设计研究时候也经常有这种"缘木求鱼"的问题，俗称"研究者中的'深井冰'"。

- 比如,你想调查"流行音乐对人情绪的影响",问卷中却一直在问受试者对古典音乐的看法。
- 比如,你的研究问题是"如何提升政府部门绩效",却在与政府部门领导的访谈中问人家海外考察的经历。
- 比如,你想了解"家花和野花对生长环境的不同需求",却被家花和野花的外观吸引,只观察了叶子和花瓣的区别而不是他们的生长环境。
- 再比如,你想调查"蔬菜销量与经济健康指标的关系",却只研究了菠菜这一种蔬菜与经济指标的关系。

以上种种,都可以归纳为在研究测量中缺乏效度的问题。社会研究的设计中,效度不足可是个大问题。

那么何为一个测量的效度呢?简单来说,就是"你所检验的是不是你想要检验的""你瞄准的靶子是不是你该射击的靶子""你正在行驶的方向是不是你要去的地方"。效度侧重体现一个测量当中的"准确测量性"(accurate assessment)。

怎么才知道一个研究的测量是否具有较高的效度呢?

首要的标准是看其研究测量(measurement)是否符合和适用于其要去检验的、提出的研究问题和研究目的。研究的目的应该是我们设计整个研究的统领和导向,偏离了目标的测量就是缺乏效度的测量。上面几个例子皆是偏离了其本来研究问题才出现了问题。比如,要去北京海淀区,结果一路小跑去了顺义区;想发射火箭去火星,小风一吹刮去了木星。

这样说来,同样一个访谈问题问出来,对于某个研究可能是个极好的问题，对于另外一个研究可能就是个极差的问题——因为两个研究的目的如果不同、要去的地方不一样，那么所谓"好问题"的标准当然也就不一样——"彼之蜜糖，吾之砒霜"。

要想知道一个研究是不是缺乏效度，我们具体可以看以下几个方面：

- 表面效度（face validity）：这个是最基本的一种效度，研究者问的问题从表面上来看跟他的研究目的是否相关呢？比如，想买萝卜的人会到处问黄瓜的价格吗？想说"喜欢你"的人说出口的是"今晚的月亮真圆啊"，缺乏表面效度。

- 内容效度（content validity）：一个标准定义是"The degree to which a measure covers the range of meanings included within a concept"——你要检验的概念被完整涵盖了吗？比如，上面最后一个例子，想研究"蔬菜销量与经济健康指标关系"却只测量了菠菜销量的，这就没有涵盖"蔬菜"这个概念的全部维度，缺乏内容效度。

- 效标关联效度（criterion-related validity）："The degree to which a measure relates to some external criterion"——你要检验的标准试用程度合适吗？比如，使用大学生的 GRE 分数来测量他们的学习能力，这是不是一种有效度的测量呢？GRE 分数能够完美看出一个人的学习能力吗？再比如，要测量一个人对宗教的信仰程度，我使用这个人每周去参加宗教服务的次数，这又是不是有效度的测量呢？一个每天都会去寺庙的人一定会比一周去一次的人虔诚吗？

- 结构效度（construct validity）：访谈或者问卷的问题是否测的是你要研究的某个具体概念吗？还是其实测了另一个概念？社会科学中有很多概念是相当接近的，比如，你问的某个问题是测了一个人的自信度（confidence），还是自我效能（self-efficacy）？你对某两个人之间彼此态度的问题测出来的是他们的信任度（trust）还是友谊（friendship）？这些在学术研究中都已经被区分对待，并且有了较为公认的测量索引。

与"效度"经常一起讨论的另一个概念是"信度"，一个好的研究测量必须既有效度又有信度。如果说效度关注的是你是不是能正中靶心，那么信度关注的则是你在多大程度上能总是保持比较恒定的设计水平——测量的稳定性和一致性（consistency）。

比如，假如你买了个新的电子秤来记录自己体重变化，买回家站在秤上一看——161 斤，你心想我怎么可能这么轻，重新又站上去了一次——171 斤，你火了，再站上去一看，又变成 161 斤，你心想这可奇怪了，再测一次吧，191 斤……

如果你真买了这么一个秤，你肯定知道这秤有问题，因为你的体重不可能在几秒钟之内发生如此的变化，这个秤的问题就是没有信度——缺乏稳定性和一致性。

社会科学研究中的测量方法也同样需要稳定性和一致性。比如，你发明了一套测量智商的问题，共 100 个问题，交给一个小学班级里的 50 名学生测试他们的平均智商。第一次测量结果是平均 75 分；隔了一周，你又去同一个班级测试，这一次得出的结果是平均 55 分；隔了一周你又去测了一次，这次平均 120 分——如果假设其他因素都恒定不变，这三次数据差距如此之大的结果说明你设计的这套问题的信度非常低，你要是用它去测试别人的智商，得到的结果总是没个准，你说这样的测试谁敢用呢？

那你可能会问了，在社会科学里存在那种具有完美信度的测量吗？比如说，像一个正常的电子秤一样总是能几乎百分之百地给出稳定、一致结果的测量，这种东西在心理学、管理学或者社会学的测量中真的存在吗？

答案是，几乎不存在。比如测自信心高低，不同的学者可能会使用不同的问题去测量一个人的自信心，慢慢就会有一套大多数学者承认的测量指标。如果你研究的东西已经有了一套比较成熟的测量尺度，你就应该去使用或者至少要借鉴，而不是完全从零开创一套全新的测量方法。

既然不存在十全十美的信度测量，那么用什么指标衡量一个测量的信度是好是坏呢？最常用的指标是克朗巴哈系数（Cronbach's Alpha），极差（range）在 0 和 1 之间的一个指标，越接近 1 越说明这个测量是信度高的，使用 SPSS 之类的软件都能很容易地算出来，其也要在论文里面汇报出来以供其他学者参考。

一个研究，可能具有较高的效度和较低的信度，也可能具有较高的信度和较低的效度，我们的目标是两者都照顾到，类比关系请见图 2-20。

信度低 效度也低　　信度高但效度低　　信度高 效度也高

图 2-20　效度和信度的对比

（图片来源于网络。）

保证测量中的信度和效度，我们才能保证自己数据所展示的结果准确而有意义。如果你还没思考过，那么现在就去检查一下自己研究中测量尺度的信度和效度吧。

第三部分

深耕学术写作：从风格到结构

3.1 我们为什么不一样？
——谈学术写作与一般写作的不同

写东西这件事我们多多少少都会，然而学术写作不是。我们听说过有人在文学写作方面天赋异禀，比如方仲永五岁指物作诗，骆宾王七岁能作咏鹅，然而好像没听说过谁从小写学术论文就写得出神入化、妙笔生花。虽然人的悟性和天资对学术造诣也会有影响，但相对于文艺写作而言，学术写作更多需要的是来自后天的大量练习、有效训练、长期积累、反复磨练。

换句话说，学术写作是个纯粹的技术活。学术写作是有套路、有规矩、有约束、有章法的。普通写作能力强的人不见得学术论文能写得好，就好像短道速滑冠军滑得再快也未必能花样滑冰，游泳健将游得再好未必会水上芭蕾。所以如果谁因为自己从小语文成绩好、作文分数高就以为自己学术写作一定也不会差，那您一定对学术写作有很大的误解。

学术写作的这种特点其实是一个好消息——既然更多要靠后天训练和磨砺，学术写作就比艺术创作更适用于一万小时理论，更能通过我们持续的努力、积累、反思和改进来提升。

那么刚入门的学术新人在写学术文章的时候应该怎样理解学术写作的特点呢？我们动笔写学术论文的时候应该注意其与普通写作有哪些不同呢？这节我们就通过讨论学术写作的四个大特点来帮助有志于提升学术写作能力的新人们认个门儿。

我们将重点讨论学术论文最重要的四个特征：强规范性、冷静文风、功能性、严谨性。

3.1.1 学术写作的强规范性

跟杂文、散文、小说都不同，学术写作有约定俗成的文章结构、行文方法、逻辑脉络和整体框架。学术论文的这种规范性既体现在结构上面，比如，学术论文需要有摘要、引言、文献综述、研究方法、研究结果、结论、参考文献等部分；又体现在文章的格式上，比如，学术论文要求使用某一种学科内认可的规范（manual style）和引用格式，其中包括 APA 格式、Chicago 格式、Harvard 格式、MLA 格式等。

这种强规范性的特点在刚开始接触的时候难免让人迷惑和感到教条，但一旦论文写多了你就会发现它可真好用。它慢慢也会变成你思维方式的一部分，变成你跟世界沟通方式的一部分。它的存在能让我们写文章的时候更有效地传递信息，在读别人文章的时候更快抓到要点。

如何达到论文写作的规范性呢？从结构上来讲，我们要熟悉和适应学术论文所要求的行文结构以及其内在逻辑。比如拿实证论文来说，文章整体的思路都一定是顺着"提出问题—拿出理论—提出假设（非质性研究）—摆出数据—介绍研究方法—

验证假设—讨论结果"的顺序来运行。这一结构对于所有实证论文的书写都适用，它其实体现的是实证论文以理论为出发点，以数据为验证方式的内在逻辑，也就是实证主义的内核思维。一旦适应了这种结构，你是没有办法接受研究假设出现在文章末尾这种情况的——不仅在格式上不合规，在逻辑上也讲不通。再比如，一篇学术论文是不可以没有"摘要"和"参考文献"这些部分的，"摘要"是其他学者快速了解你文章核心内容的工具，它会跟关键字一起出现在各大文献搜索引擎里，帮助学者更快地找到你的文章；"参考文献"是其他学者搜索你所引用的源文献的路径，这些文献能帮助学者们找到其他学者的重要成果，同时也是你对自己论文中论述内容的可靠性的支持。

而从格式上来讲，学术论文的规范性体现在字号、字体、段落间距、标题缩进、黑体、斜体、引用格式等诸多具体而微的方面，它要求你使用统一的格式规范从而增强文章的可读性和正规性。再比如，研究假设的书写也有一定的具体格式，在英文论文中都是单独成为一段列出"研究假设1（Hypothesis 1 or H1）""研究假设2（Hypothesis 2 or H2）""研究假设3（Hypothesis 3 or H3）"……以此类推，每个研究假设单独成为一段。这些看似很小的方面却可以看出一个学者的基本功，如果一篇投到国际期刊的论文连假设格式这么基本的问题都没搞对，那么可以想见这篇文章很难会得到审稿人的信任。

对于新手来说，一开始学习这种规范性最好的方式当然是"模仿"——我们要学着看其他文章的结构和格式，慢慢把它变成自己书写时默认系统的一部分，谁也不是天生就懂规矩的。然而要想玩这个游戏，我们就得按照游戏规则走。

所以懂规矩、懂套路就成了修炼学术写作这个技术活的核心内容。基本的规矩、本领域内的规矩、高质量期刊的规矩，这些都需要慢慢积累、慢慢学习、慢慢训练方能习得，非一朝一夕之功，更无法凭借超人的天资获得。

是的，连开拖拉机都需要去专门的驾校培训，写学术论文这种技术活必须经过专业的训练和一丝不苟的练习，没有办法绕道。

3.1.2　学术写作的冷静文风

学术写作的整体文风可以用两个字来形容：客观。客观体现在哪里呢？体现在以"事实为依托"（fact based）而不是以"观点为依托"（opinion based）。

"观点"这个东西是我们人人都有的、主观的、私人的，受我们各自的喜好、生活背景、知识储备等多方面影响的东西。有些观点可以证伪，比如"吃有机食品是否会影响癌症概率"，有些观点不能证伪，比如"西瓜是天底下最好吃的水果"。

"事实"是有证据的，或者有数据支撑的，发生过的，或者可以通过发生过的事情来验证的。比如"中国是世界上人口最多的国家""男性的平均身高高于女性""北京在广州的北边"等。

学术写作的一个巨大的特点就是——作者需要尽力让文章呈现的过程是客观的、依托事实的，而不是以个人观点为依托、以表达个人看法为目的。学术作者写作的目的，往小了说是寻求一个问题的真实答案，往大了说是探寻真理，而绝非为了表达个人观点，更不应该受个人观点的左右。相反，好的文章还会澄清研究中哪些地方可能受到了作者个人思路和个人背景的局限，哪些地方的证据还不充足，有待后续研究进一步证明。这个客观性、中立性、摒除个人偏见的特征在学术写作的内容和语言上的体现都非常明显。

想一想自然科学，这个道理就更容易明白一些。我如果是个物理学家，为了证明"地球绕着太阳转"还是"太阳绕着地球转"，我应该用观察、用数据、用推导来得出结论，而不是因为"我相信地心说"就认其为结论，拿出来公之于众万事大吉；我如果是个生物学家，想研究"小白鼠基因跟人类基因的不同"，不能因为我看不起小白鼠就胡诌小白鼠基因跟人类有怎样的天壤之别，而完全不去做实验做分析；我如果是个化学家，我不能一厢情愿地给元素周期表上多加一个元素，除非我拿出证据，并且大家也能验证和接受我的证据。社会科学也是一样，没有被证明过的观点都只是"假设"，其中甚至可能包括很多我们约定俗成、习以为常的观点。但如果未经证实，我们就需要摒弃先前的认知和个人的喜好，需要尽量摒弃偏见地去论述、展现、解释这些问题。

其实"客观性"这一点对于学术新人来说常常比达到"规范性"更困难。规范性可以参考其他文献的行文结构和风格而快速实现，而"客观性"是思维方式和全文论述风格的展现，常常一不小心就露了怯。"客观性"的缺失也是我在批学生论文的时候最常遇到的问题。比如，我的一门研究生课上要求学生们写一篇分析某个他们熟悉的具体组织的论文，交上来的作业常见的问题就是一篇本应该体现学术分析能力的论文写成了他们肆意发表个人对组织不满的观点论文（opinion paper）——大部分学生选择分析的是自己工作过的组织，他们难免会掺杂个人感情，想起工作中的种种不顺，然后就把这些自己体验到的不满看作是组织最大的问题。文章中的语言风格和分析内容就一下子缺失了客观、冷静、中立的特点，同时缺失的是读者对作者学术功底的信任——你的语言明显是有某种倾向性的，我怎么能保证你的文章结论没有掺杂你的个人感情？而对于读者来说，他真正需要的是全面的、辩证的、客观的、反映真实情况的分析和结论。

如果你在研究一个事情之前已经有了对这个事情的强烈看法，而做研究只是为了进一步验证你深信不疑的结论，那你需要警觉是否应该开始这个研究——先入为主的研究不是真正意义上的科学研究，缺失客观性的研究是没有实际意义的。

这也是为什么我们在学术文章中比较少看见"我个人认为""根据我个人的经验""我相信"等强调第一人称感受的文字或表达强烈情绪的词语（如"非常相信""坚决反对""绝对正确"等）。好的论文作者会尽量避免让文字显得主观，而试图让读者看到研究假设都是依托文献和理论得出的，研究结论都是依据数据和科学方法得出的，与作者本人的看法无关。作者仿佛要从他的研究中跳脱出来，不带任何感情、冷静、客观、依据翔实地叙述他的研究，然而又随时向不同的结论和更多的研究敞开大门，表现出"我的对错不重要，而真理才重要"的态度。

3.1.3 学术写作的功能性

学术写作是个功能性写作，学术文章的出场总是带有明确的目的，理解这种明确的功能性能帮助我们把学术论文写得更加明晰、流畅、有逻辑。

让我们来联想一下"说明书"这个东西。我们平时买来的家用电器里带的说明书跟学术写作倒有相似之处，尤其是它的强功能性。说明书的写作我们会要求它好玩好看吗？我们会要求它语言华丽吗？我们会要求它美轮美奂吗？恐怕不会。说明书最大的目的是说明问题并指导用户解决问题，所以你会发现几乎所有说明书的语言都尽量追求清晰、准确、明了而简洁，说明书的结构也都尽量做到有条理、一目了然，很少见谁家说明书花里胡哨、废话连篇的。

学术写作也是一样，好的学术写作者明白为什么要写这篇文章，并且时刻记得自己写这篇文章的任务（mission），他们的文章往往惜字如金，仔细去看，你会发现文中每一句话都有它的作用，都指向最终的任务（也就是文章的主旨），少一句话不够，而多一句话累赘。这就是学术写作的至高境界。

理解了这一点，我们就可以理解写学术论文什么是最重要的，花哨的语言重要吗？繁琐的句式重要吗？复杂的语法重要吗？这些用好了也许可以给我们的文章增彩，但对于新手来说，首先要问自己的是，我的论文实现了它的最基本功能吗？我的论文把最想说的东西说明白、解释清楚了吗？而为了达到这个目的，我清晰、准确地介绍了背景理论和研究这个题目的重要性吗？我为读者提供了理解数据是怎样经过验证的必要信息吗？我对数据结果的解读到位吗、充分吗、便于理解吗？总之，好的学术文章首先要去关注实现其最基本的功能性，然后再谈其他。

达成其功能性对于学术论文来说可并不是一件易事,因为学术论文讨论的问题往往是复杂的、不易理解的、一环扣一环的、需要理论背景知识和强逻辑性的。所以如果一篇论文要实现它的功能性,至少要做好以下几个方面:

- **明晰性**:把一件事情说明白的能力,正中靶心的能力,还不浪费子弹。用哪个词最准确、最能表意、最不会产生误解?哪些信息的提供是必要的、不可或缺的?句子怎么写能最清楚地表达出我想表达的意思?
- **强逻辑性**:先说什么、后说什么,如何把一层一层的意思像剥洋葱一样剥开,又像搭积木一样一层又一层地搭起来?如何把复杂的事情掰开了、揉碎了展现给读者?如何有条理地连结句与句、段与段?如何带着读者一步一步跟着你走向文章最终的结论?如何让人信服?
- **文章整体的统一和连贯**:前后照应,数据和理论的统一,结果对提出的问题给出了回答,文章贡献确实弥补了文献综述中讨论到的目前理论的缺口——这些方面也会决定学术论文是否实现了其基本功能,有效地传递了信息。

3.1.4 学术写作的严谨性

相较于一般的写作,学术写作是个极为严肃的家伙。如果是一个人,他一定说话办事一丝不苟、谨言慎行、引经据典,生怕自己的任何一点错误表达带偏了别人。

严谨性这一点,常常是体现一个学术写作者是否入门的重要指标，也是我自己在批改学生论文时常常最头疼的一个方面。初写论文，好多学生交上来的作业像在跟读者拉家常，观点是有的，论据也有一些，可是不够严谨到能算得上是一篇学术论文，往好了说更像杂志文章或记者评论。这几者间的区别是什么呢？这又要回到科学研究的作用和地位。学术写作不是为了严谨而严谨，而是实在因为作用巨大、地位重要，不严谨就可能误导整个人类，误导后续研究，这后果谁承担得起呢？说到此又忍不住想起在本书2.6"什么是好的'研究假设'"里给大家展示过的知识层级图。站在知识金字塔顶端的研究者是人类知识进阶的把门人，要对各个层级的知识起到披沙拣金、去伪存真的作用。正因为处在如此核心的位置上，学术论文在行文时就要慎之又慎，尽量避免任何错误，尽量严丝合缝，尽量精确缜密。理解这一点之后你就会不乏骄傲地看待自己的工作，也会更有耐心和更富有使命感地去写一篇论文。

具体来说，严谨性的特征体现在学术写作的以下几个方面：

- **复杂性**：为了全面、严谨、深入地阐述理论、逻辑、判断、结果，学术写作往往要求我们使用看上去有些复杂的句式、词语，引用大量的文献去论述每一个小问题、小观点。
- **逻辑缜密**：学术文章通常在提出一个观点的同时要排列出其他不同的声音、不同的解释、结论不同的文献，然后通过讨论不同的观点，进一步加强和阐释文中的观点。
- **用词保守**：学术写作很少使用表达"极端"程度或感情的词汇，话总是往圆了说，给自己留有余地。比如，相较于"此前的研究从未考察过咖啡因对运动机能的影响",学者更常用"此前的研究很少考察咖啡因对运动机能的影响"这样的句子。

● **精准性**：学术写作要求我们给出尽量精确、具体的信息，而不是模糊、笼统的描述。比如，当我们提供具体数字、日期等信息的时候，"5000 万人"这个描述就要明显比"很多人"这个描述更精准、更富含信息量；"2021 年 7 月 16 日"也显然比"2021 年的某一天"这种描述更有意义。

以上是学术新人入门时最应该注意的四个方面，学术写作跟其他写作的不同当然不止这四个方面，但是如果能把这四大方面做好，你的论文就会有论文的样子。论文写作的提高没有止境，它要求我们多读、多练、多反思，通过量变达到质变，积累一万个小时，有一天你会发现，在不知不觉中你已经不再是学术写作的门外汉。

3.2 学术论文的黄金标准及分步式写作法

对于学术新人来说，很常见的一个困难是不知道应该从哪些方面来评判一篇学术论文的好坏，从而在写论文的时候无从下手，遇见障碍的时候迷茫于从何处突破。这一节我想为大家提供一个理解论文质量的基本框架，一则去判断和思考自己论文在各个方面的优势劣势，哪些是应该重点提升的方面；二则能够分门别类、有的放矢地去学习好论文好在哪里。

我把这个框架叫作学术论文的黄金标准。一篇好的学术论文可能不是完美的论文，但是它一定是在以下四个方面都做得相当不错的论文：①研究的创新性和贡献；②研究方法的质量；③文章的条理与逻辑性；④语言和表达的质量。

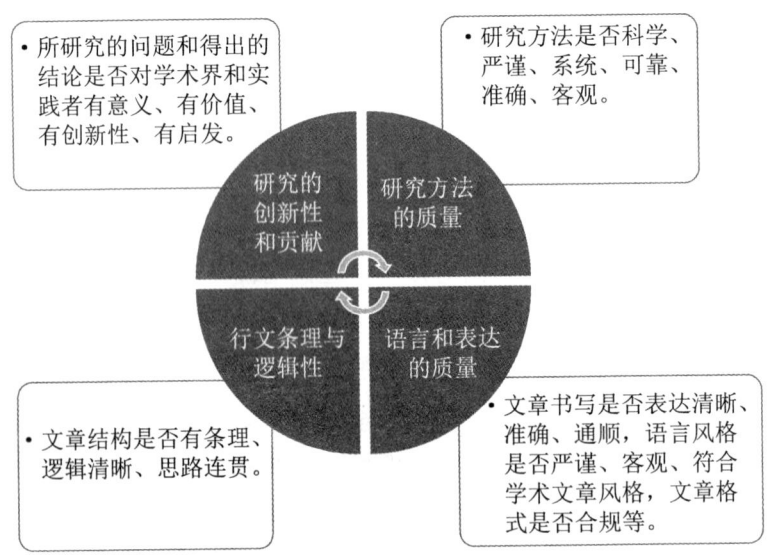

图 3-1 优质学术论文的四大标准

3.2.1 研究的创新性和贡献

研究的创新性是每每被提及的论文评判标准，但创新性到底指的是什么呢？

我给大家举个例子，假如我现在在自己的博客里面说我发现了太阳是比地球更大的星体，你觉得我会因自己的研究贡献而一举成名吗？假如我投一篇论文说我发现月食居然并不是天狗吃月亮，而是因为月球运行到了地球和太阳之间，你觉得会有期刊接收我的文章吗？当然不会。（除非这些期刊和我一起穿越了。）

一篇论文之所以有存在的意义，从本质上讲是因为它去呈现了一个此前没有人呈现过，或者没有人呈现得这么好的对世界的发现。这个发现可大可小，可以是自然规律也可以是社会规律，但一定不是在完全重复过去的某个发现——这就是所谓研究的创新性。一个有价值、有创新性的研究就像是一个坚实的内核，它保证了一篇论文从根本上来说是个可塑之才。如果一篇论文本身的内核没有什么意义，那么这篇文章的结构再明晰、文笔再优美、遣词造句再讲究也没有回天之力。

对于实证研究而言，一篇文章的创新点和贡献应该是在研究设计阶段就想好的事情，正是因为研究者发现文献中、理论中有某个缺口，才感觉有必要去做某个研究，从而解决理论的漏洞或为现实中的困难提供解决办法。有的时候研究者兴之所至忽然有了做某个研究的想法，可是去文献里稍稍一看发现已经有不少同行做了夯实的研究，只不过是自己疏于了解而已，这种情况下缺乏创新性的研究就会被提前扼杀在摇篮里。

由此可见判断什么样的研究问题是有创新性的、有贡献的，是一个需要慢慢习得的能力，是建立对某领域文献逐渐熟悉和了解的基础上的，要依托于一个学者脑中不断积累并不断更新的文献阅读存量。对于熟悉自己领域中文献的学者来说，他也许有时候依然不确定做 A 项目好还是做 B 项目好，但他一定知道哪些研究是没有创新性且没有太大意义的，而这种能力也很重要。

创新性和论文贡献是我们在选题的时候一定要花时间、花精力、花心血认真考虑的事情，如果感到不确定，我们除了多看文献以外还可以问老师、问同行、问同学，多参加学术会议，多听学术研讨会。有创新性、有价值的研究能确保你在写文章的时候有话要说，知道如何在架构上有逻辑地组织好这个"故事"，并能通过不断在文章中凸显研究的价值来说服审稿人接收你的文章（参见本书3.6"以终为始的写作法——你论文的'研究贡献'是什么？"）。

很多刚入门的学术新人会对"创新性"有一个误解，以为只有那些对某个领域的研究做出范式层面的推动的研究才有创新性，或者以为只有那些彻底扭转了学者们对某个问题此前认识的研究才是有创新性的——这种想法无外乎是说除了哥白尼、牛顿、爱因斯坦这样的一号大学术明星以及各位诺贝尔奖获奖者们，其他研究者的研究都不重要。真实的情况恰恰相反，尤其是对于社会科学类研究来说，几乎所有的研究都是对小问题的、小视角的、具体而微的题目而做起的。比如，如果你想解释为什么人的工资有高有低，你不必把解释工资高低的所有自变量都划到一个模型里才算做了有意义的研究，如果你发现有一个自变量是过去被忽视掉的，有一个数据收集方法是过去没使用过的（比如实验），有一个群体是从来没调研过的等，这些都可能是你研究带来价值和创新性的角度。归根结底，研究者要尽量避免"为了写论文而写论文"的心态，而是从创造者的角度去思考什么样的创造才真的有价值。

3.2.2 研究方法的质量

一篇论文如果确定了一个很有创新性的研究问题,却在研究方法上一塌糊涂,那么就相当于是一个厨师用一堆上等的食材做出了一桌难吃的饭菜——最终结果跟没有好食材是殊途同归的,甚至更加可惜。

一个好的问题产生了,可是你怎么去回答它?这就要体现研究者的功力和才智了。对于同样的一个研究问题,一千个学者可能有一千种回答的方法。对于社会科学来说,虽然可以使用的理论和研究方法纷繁复杂,但高质量的论文在其研究方法方面都会体现出来以下特征:

- **研究设计合理、合规、合适**。社会科学中数据收集、抽样、数据清理、数据分析等步骤都有众多不同的思路和方法,你要选择哪一种来回答你的研究问题,采用定量还是定性的设计,如何进行抽样,又采用哪一种数据分析方法——这些不同研究方法上的环节就好像多米诺骨牌一样需要环环相扣、前后搭配得当,合情合理地展现出最后的研究结果能够说明你要问的研究问题。研究方法本身没有高下之分,用得是否合适却有明显的标准。
- **研究执行过程严谨、客观、符合规矩**。在一个研究具体执行的过程中,研究者是怎样做的、前后顺序是怎样的、结果是怎样的,这些都需要在论文里的研究方法部分中讲清楚。比如,一个计划向1000个城市的市长发放问卷的研究最后只收回200份问卷,这个过程中发生了什么?

哪些收集上来的数据并没有被纳入最终数据，为什么？如果填表的人填了一半，他们的答案有没有被算进问卷反馈率？缺失数据是如何处理的？如果市长没有办法回答问卷，那么副市长或其他职位代替回答的问卷是否是有效的？这些具体问题在论文当中的讨论都能够看得出一个研究者在执行研究的过程中有多严谨和周全。

● **研究过程的描述详细、周全、清晰、准确，并合理借鉴其他研究和相关文献。** 不管你的研究设计得有多精彩、执行得有多周密，这些最终都需要靠详略得当、清晰有序的书写在论文中体现出来。有些时候，研究者做了很多，可是关键信息却并没有纳入研究方法部分的书写中。另外一些时候，作者会把并不是很重要的信息过多、过细地写进论文稿里面，影响审稿人的阅读体验。若要做到详略得当、清晰准确地描述研究方法就要多跟学科内的好论文学习，也要了解不同期刊对研究方法部分是否有具体的要求。

以上三个方面，都要依托于一个研究者在研究方法学习上的不断积累、阅读和反思。研究方法过硬不代表一定能写出好论文，但写出好论文的人的研究方法一定需要过硬。

3.2.3 行文条理与逻辑性

行文条理涉及文章的整体结构是否合理、逻辑是否通畅、前后是否连贯、讲述是否易于理解。因为学术论文一般探讨的都是比较复杂的话题，那么一篇逻辑清晰、观点流畅的文章就会让读者很容易跟着作者的思路走，帮助读者把一个复杂的问题一点一点地理解清楚。这就好像同样一个版本的故事，你可以有多种不同的讲法，先讲什么后讲什么是一门学问，能够决定你的故事讲得好不好、精不精彩，以及能不能带动读者和审稿人跟着你走。

高水平的论文会很好地利用各小结、各部分的分割来引导读者沿着最容易的道路往下走，这在引言和文献综述部分的体现尤为明显。有时候，一篇论文需要讨论和综述好几个不同的概念或好几组不同的文献，到底先讨论哪个是更合适的？如何顺畅地从一个过渡到另一个？这些都是值得好好琢磨的话题。对于新手来说要在读文献的时候提醒自己重点关注好文章里作者的论述逻辑和顺序，看看作者如何划分文章的小结，用什么作为题目，为什么先讲这个后讲那个，如果是一篇定量文章，其文献综述部分是先讨论因变量还是自变量，为什么？如果顺序换一下会怎么样？如果是定性的文章，作者是如何从一个较大的话题一点一点缩小所讨论的文献和问题范围，自然地过渡到其所讨论的问题上来的？如何既能跟现有文献做到广泛连结，又能从文献中逐渐突出自己研究问题的重要性？这些都是值得不断总结和体会的要点。

在本部分接下来的几节中我们会专门探讨如何构建论文逻辑性和条理性这个重要的话题。在这里我只想简单强调，对于写英文论文来说，你会发现其逻辑和论述顺序、论述习惯常跟中文不一样。如果你把自己写好的中文论文直接翻译成英文而不做增减，你会发现这样的英文读起来总觉得不够顺畅和地道。这里简单总结几个中英文写作在逻辑论述上的不同：

（1）英文论述时习惯先摆观点，再解释理由，中文则反之。

因此我们写英文论文的时候，最简单的一个尝试就是在写一段的时候先把这一段的中心思想写在第一句，然后在段中分几个句子来介绍为什么提出的这个观点可靠。

（2）英文写作在部分与部分之间、段与段之间、句与句之间更强调形式上的逻辑体现和过渡，因此要有意识地使用起到过渡衔接作用、表示起承转合的词汇、句子甚至段落。比如，在两个句子之间指示关系的常用词汇包括 however, nevertheless, although 等这类的转折副词，包括 consequently, as a result, therefore 这样的结果副词，也包括 in comparison, similarly, meanwhile, additionally 这样的其他关系副词。仔细去看好文章，这种指示逻辑关系的副词无处不在，保证了论文叙述观点时的流畅性、易读性。关于过渡语句的使用需要靠多读多体会。这一点跟两种语言的整体特点有关——中文含蓄而深厚，英文简明而清晰。

3.2.4 语言和表达的质量

这里的要求是指一个写作者遣词造句、语法结构、书写规范、标点符号、段落格式、引用格式等方面的水平，是写作者全篇论文语言表达准确性、用词用句合理性、整体协作能力的体现。一篇好论文一定不能出现语句不畅通、诸多语法错误、不会使用标点符号、错别字连篇的问题。一篇好论文也不应该出现书写风格过于口语化、文中大量使用第二人称代词、太多过长段落等问题。这些看似基础性、细节性的问题常常能决定一篇论文的成败。如果你批过学生论文你就会知道，再长的论文，有经验的老师打开论文前后翻阅一分钟就能知道这篇论文的整体水平大概是多少分，语句不通顺、用词造句蹩脚、语言风格过于不正式、字体字号不统一……这些显而易见的错误会快速地把一篇论文从 A 档变成 B 档。一篇论文如果在这些方面有问题，那么投到期刊就很容易遭到编辑的"直接拒稿"（desk reject），让编辑觉得这都不会搞就不要浪费审稿人的时间了。

我曾经问过我们领域在美国排名第一的学术期刊的编辑，她在刚做学术的时候是如何学会学术写作的。她想了想问我，你平时阅读吗？你平时读报、读杂志、读小说、读好的书写吗？她说，如果你多读写得好的文章，你就会明白如何去写好你的文章，哪怕那些并不是学术论文。她的这个回答更让我体会到，好的写作其实是相通的，而写作能力常常是跟学术能力分离的。

因此我想强调两点：①写作能力是要慢慢磨练和学习的能力，不要因为过于重视"学术论文"中"学术"的成分，就忘了它本质上是一篇"文章"，应该符合所有好文章的特征；②不要在辛辛苦苦好不容易写完一篇文章后却因为嫌麻烦而省去了投稿前应该有的再次检查、再次审阅、格式校对等环节，最终丧失被好期刊接受的宝贵机会。好期刊只会给我们一次机会，而它不应该被浪费在低级错误上。

3.2.5 分步式写作法

讲完了以上四点学术论文的黄金标准，最后来顺着这个思路跟大家推荐一个可以尝试的写作方法：分步式写作法。对于写论文有困难的同学，这个方法能帮你去找出你的困难到底是由哪方面原因造成的，从而找到突破口让写作推进下去。

我们一般写一篇文章都是希望一次成型，希望自己每写一段话都可以直接成为最终论文的一部分。然而事实上写作的过程常常也是帮助自己思考的过程，如果我们把对组织语言、组织观点、组织结构的要求都混在一次性的写作中，这常常会让写作的进程变得非常缓慢，而且导致我们总在同样一段文字上翻来覆去地修改。

分步式写作法是指把写一篇论文的过程分为三个阶段，也就是写三次：

（1）第一步，只写要表达的观点和核心内容，把你想要讲的故事讲清楚，摆出来给人家。你脑中的思想，腹中的诗书，如果不通过一个从里到外、从观点到文字的展现就永远无法让人家理解。这一步就像你把一个大口袋里的东西通通倒出来，东西好不好看、摆得整不整齐不重要，先都原原本本地体现在文字上。这一步的书写你可以不关注语言、结构、格式、语法、标点、规范等细节，先通过亮出你的观点理清你的思路。

（2）第二步，组织和调整论述逻辑、论文结构、前后条理。等你把想说的都亮出来以后，看看桌子上摆着的观点，你再来决定怎么样对他们进行一个排列组合，如何给他们排排队安排个先后顺序，从而让这支队伍看起来整齐有序、规则清晰。把第一步和第二步分开的好处是，你不必因为在第一步时总想着论述的逻辑，而忘记你要说的观点。这有点像"头脑风暴"中第一轮只是不管不顾地去提想法而不去批判，只有这样才能保护更多的好想法冒出来。这一步你应该给自己制定一个论文的"大纲"（outline），设计好从哪里讲起、接下来讲什么、再讲什么，一共有几个部分、每个部分讨论什么，甚至一个部分里有几个段落、每个段落要完成什么任务。一个论文大纲的作用非常重要,它既从总体上保证了一篇论文意思连贯、主体清晰、逻辑通顺,又保证了写作者不至于写着写着就忘了自己要往哪个方向走。

(3)第三步,调整文章的语言、用词、语法、格式、标点符号等方面。在这个时候,你文章里有什么、架构是什么都已经确定了,你就可以调整它的外包装了。这一步是你关注一句话这么说好还是那么说好、某一个词的使用有没有更专业的说法、什么句式最顺畅、某一个句子中使用分号好还是句号好的时候。因为论文的主要观点和逻辑顺序已经确定出来,这个时候再具体关注语句就不会因为对语言和格式的修改而忘记了要表达的观点或逻辑的问题。

以上文中介绍的四点论文写作标准,以及在此基础上引申出来的分步式写作法送给大家。一个人写作的最终方法还是要靠自己不断地练习、学习、反思和总结,别人用的好的方法不见得我们自己也能用好,但遇到困难时多反思问题出在哪、多用系统框架去做出论文问题的分析,终有一天你会写出好的论文。

3.3 如何借鉴"金字塔原理"构建有条理的学术论文

不知道你有没有同感,在训练学术写作的过程中构建一篇极为有条理的文章并不是易事。学术文章的结构看似简单:归纳起来无非是"引言—文献—理论—数据—方法—结果"而已;然而一篇文章的段落与段落之间,每一句话与下一句话之间,到底应该如何安排才算是有条理、有逻辑？为什么我们会觉得有的文章没有条理？为了把一个要点说清楚，到底要怎样论证？如何组织论证的递进和结构才算是好文章呢？

这一节我们就来聊一聊组织文章结构这个话题，并且借用金字塔原理来帮大家训练有条理写作的基本功。

3.3.1　有条理 vs 无条理

俗话说，有条理的论文都是相似的，无条理的论文各有各的无条理。

在我看来，有条理的学术论文有这么三大特点：

（1）**连贯性**：完整地、连贯地、前后一致地讲一个故事。

（2）**递进性**：文章像盖一座城堡一样，一个观点搭着一个观点地盖起来，一个环节紧扣一个环节地递进，像是作者一点点展开一幅地图，带着我们循着它的方向一步步到达目的地。

（3）**逻辑性**：作者写文章的思路是清楚的、符合常规逻辑的，各个部分、各个段落之间的顺序是合理的、有利于读者理解的，而不是跳来跳去的。

从观感上来说，读一篇条理清晰的文章就像跟一个头脑特别清晰的人对话，他知道他要去哪里，脑中图景不乱，步伐清晰，目标明确，一步一个脚印带着你顺着他的思路走，直达目的地。

那什么样的论文是没有条理的呢？读这样的文章你仿佛看到一张思路不清楚的面孔——作者东拉西扯，好像哪句话都是对的，但是你听了半天也不知道他到底要说什么，比如以下几种常见类型：

(1)**罗列文献型**：文献综述部分常见的问题是，作者罗列了一大堆不同的文献，一个接一个，罗列完了你却并不知道这些文献之间到底有什么关系，作者为什么罗列它们，作者到底接下来想干什么。

(2)**思路跳跃型**：作者说了一个观点，还没有解释好，又跑去说了另外一个事；另外一个事还没说完，又跳回来说第一个观点。

(3)**前后矛盾型**：作者在文中先前提到的观点和后面的观点相左，或者不能互相支持，或者仿佛忘掉了前面说过什么。

(4)**佛系无求型**：你也不知道作者到底要说什么，要往哪个方向走，作者洋洋洒洒地以一种写散文的风格在写研究论文。

(5)**彻底思路混乱型**：作者十分任性，想到什么就写什么，读者如同面对一团乱麻，只有使用读心术才能跟随作者魔鬼的步伐。

3.3.2 金字塔原理及其论述结构

写作逻辑和论述结构这件事虽然无比重要，但是你会发现很少有哪个导师或哪门课会专门花时间系统地讲解或培训，这使得我们需要自己主动去寻找书籍和工具学习，才能够真正掌握写出有条理论文的技巧。然而这种能力一旦掌握了，在将来几十年的学术写作中就会给你带来事半功倍、飞流直下的效果。对于新手来说，找到一个有章可循、操作性强的方法来训练论述逻辑尤其重要。

训练写作条理性的方法有很多，这里我想分享一个对我自己影响很大的方法：金字塔原理。

《金字塔原理》（*The Pyramid Principle*）是芭芭拉·明托（Barbara Minto）的主要作品，书中的主要观点和方法被很多咨询公司所采纳，很多人听说过金字塔原理可能是因为麦肯锡（McKinsey & Company）对该方法的使用，在麦肯锡工作过的冯唐也在一篇文章里专门谈这个方法。而其实这本书对写作思路和写作逻辑同样非常有帮助，如果你刚好在论述结构这方面有疑惑，建议你把它找出来详细读一读。

芭芭拉·明托在书中推荐了一个有效陈述观点的逻辑思路："主论点—分论点—分分论点"结构。好的文章结构应该是能把文章里最主要的大观点按照逻辑顺序连接起来，同时又能把这些大观点分别一个个细分成小观点，把小观点也用一条横向的线联系起来，从总体来看就好像是论述逻辑形成了金字塔的形状。（如图3-2所示）。这种方法既保证了每个主论点都能有相对应的分论点去支撑，又保证了主论点和主论点之间、分论点和分论点之间的逻辑关系。

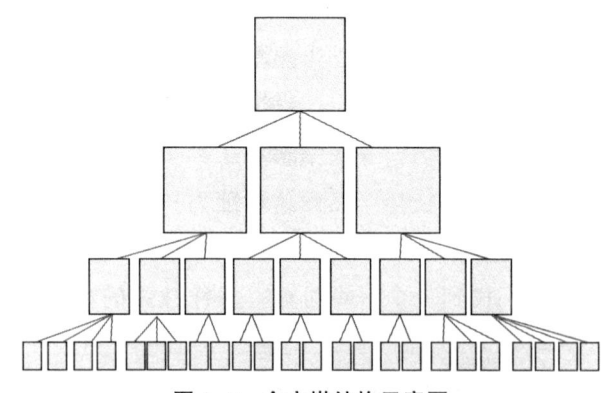

图3-2 金字塔结构示意图

（引自芭芭拉·明托：《金字塔原理》。）

我们来举一个最简单的例子。假如我需要在一篇论文中说明"北京一年四季的季节特点"（注意是论文而不是散文，散文可以随便写），那么我们很容易就想到这篇文章的论述结构如果按照金字塔原理可以这样展开，如图3-3所示：

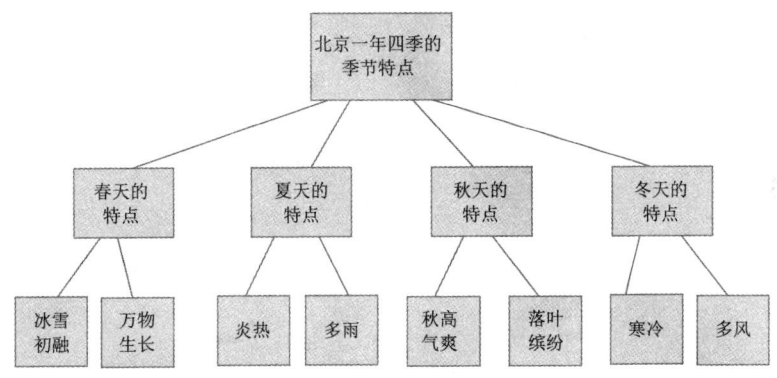

图3-3 论述"北京一年四季的季节特点"的金字塔结构示例

如果去观察社科类的学术论文，你会发现那些看上去条理非常清晰的论文一般都是由这样大大小小互相支撑和连结的观点组建而成的。每个学科对论文结构的要求不一而足，但这些论文一般都会在结构上有以下基本特点：

（1）文章围绕一个主题分成了不同的部分（或小节）。

（2）每一个部分（或小节）都有一个明确的主题，整个部分里的文字都为这个主题服务。

（3）每一个部分下会分为多个段落进行论述。

（4）每个段落都有一个明确的分主题，整个段落的文字都在为这个分主题服务。

（5）每个段落都由几个支撑该段落主题的句子来组成，用这些分观点来支撑这个段落的主观点。

从以上的结构中相信大家已经看出规律了：从一个主观点打开、打开、再打开，像剥洋葱一样一层层剥皮，直到把一个大观点的分观点、分分观点都分别阐述明晰，把一个复杂的话题通过不断分割、有逻辑地连结，最后一层一层地解释清楚，让你相信大观点是对的。

如果用图来表示的话，对应以上观点的写作结构就是如图3-4所示：

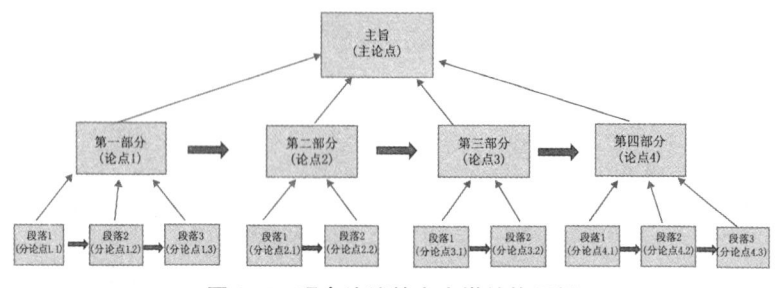

图 3-4　观点论述的金字塔结构示例

3.3.3　金字塔论述结构对写论文的启示

了解了金字塔结构的论述方法后，我们在自己写文章的时候应该注意以下几点：

（1）好论文的每个主论点是什么非常清楚突出。

（2）主论点和主论点之间不是没有关系的，而应该是按一定的逻辑关系联系起来的（比如，"春夏秋冬"之间是按照时间顺序的逻辑关系展开的）。

（3）主论点的展开是由几个不同的分论点支撑的。

（4）分论点之间也是按照一定的逻辑关系联系起来的。

（5）……（以此类推分论点和分分论点，以及分分分论点之间的关系。）

此外还要注意：

（1）好文章在连结不同论点的时候总是给读者一些语言上的提示，有一些承上启下的句子。

（2）每个论点应该有属于它自己的层次，不可以随意向上一层或向下一层移动，否则就会出现逻辑不清的感觉。

仔细去观察好的文献，你会发现作者在安排各个主观点的出场顺序上一定花了些心思，主观点是层层递进地呈现给读者的，这样才能一步一步带着读者完成对每个主观点的理解和接受；同时，好的文章在讨论一个主要观点时，这个部分的每一段或每一句话都会跟这个主要观点有关，目的非常明确，而不是跳来跳去（比如，在讨论"春天的特点"的时候忽然讲一句"秋天的特点"后又跳回来），也不会讨论跟该主论点无关的话（比如，讲"春天的特点"时忽然讲到颐和园的风景，于是讲起了颐和园的历史）。这就是我们常在评语里看到的"条理清晰，逻辑严谨"。

在具体操作上，我们可以通过金字塔原理来做以下几件事情：

（1）**用金字塔原理的思路分析好文章的结构好在哪里。** 在读文献的时候我们可以使用金字塔的结构，去把一篇好文章的每个部分的主论点、每个段落的分论点甚至每个句子的分分论点都归纳出来，仔细去体会各个层次的观点是如何搭建的、有怎样的逻辑关系、为什么给人有条理的感觉。

（2）**动笔之前先写提纲**。用提纲的方式总结自己论文最主要的观点、支持每个观点的分观点、支持分观点的分分观点。Word 文档里面"项目符号"（bullets points）的格式就非常适合做这个。写提纲的好处就是可以清楚地看到你的逻辑是否顺畅，各部分安排是否合理，是否需要在详写一个段落前先进行调整。有了主论点、分论点、分分论点互相连接和支持的提纲，再具体展开写作就会使文章清晰连贯、主题不散。

（3）**练习"同理心"原则**。其实总的来说对文章结构的设计只有一个原则：同理心原则，也就是站在读者的角度去想这个问题这么说、以这样的顺序说对方能不能听懂。好的文章就是读者读着明白、读着顺畅的文章。所以你可以把自己文章的逻辑讲给身边的朋友听，反复修改，以找到最能够被读者所理解的逻辑。这个逻辑通常就是所谓"有条理"的逻辑。这里切记一点：写作的逻辑不应该等于思考的逻辑。你在思考中以A—B—C 这样的顺序想明白了一件事情，不见得这个顺序就是最佳的写作呈现顺序，这一点我们在下文讲论述逻辑的内容中还会重点讨论。

3.4 金字塔结构的使用：论述逻辑再讲解

为了让大家能更好地理解学术论文写作中的逻辑，本篇我们专门把常见的两种论述逻辑做一下对比，体会一下正金字塔结构和倒金字塔结构的论述逻辑分别是怎样的，而为什么学术论文的写作更适合使用正金字塔结构，而不是倒金字塔结构。

这两种论述逻辑其实在我们生活中都非常常见，我们先从两种结构的各自特征分别说起。

3.4.1 倒金字塔结构：讲故事的逻辑

我们先来举个例子。

《三国演义》中"关公刮骨疗毒"的故事想必大家都听过，这是表现关公性格的一个重要桥段。如果我们按讲故事的逻辑把主要情节梳理一下，那么大概是以下的顺序：

（1）关公在樊城战役中中了曹军的毒箭，毒箭留在了胳膊上。

（2）胳膊又红又肿，伤势不见好转，关公的手下都很着急。

（3）这时候华佗老先生来了，言，我能治，但是因为箭上的毒已经进了骨头，要刮骨头才能根治，为了刮骨头需要把将军绑起来，以免乱动。

（4）关公说，那你就刮呀，但不用绑我，找个人跟我下棋就行了。

（5）华佗说，我怕你疼，刮骨头可不是刮别的，这是刮在臂上，疼在心上。

（6）关公哈哈一笑说，我是谁，来吧。同时叫手下煮酒，跟马良下棋，伸出了自己的胳膊.

（7）华佗就开始刮骨，关公下棋，嗖嗖嗖，关公的汗珠子落在棋盘上，可是整个人却未喊半个疼字。故事以好的结局收尾。

以上的讲述逻辑是按照时间顺序一件一件叙述，而本质上它使用的是倒金字塔的论述逻辑。什么意思呢？我把事情的起因经过按照前后关系一件一件地展开了，正如它所发生时的一样。先说前一件，再说下一件，又说后发生的一件，最后，我告诉你结果:刮成功了,关羽在被华神医救治的同时还展现了前无古人后无来者的大无畏英雄风范。

如果用图来表示的话,这种论述的方式是这样的,如图 3-5 所示:

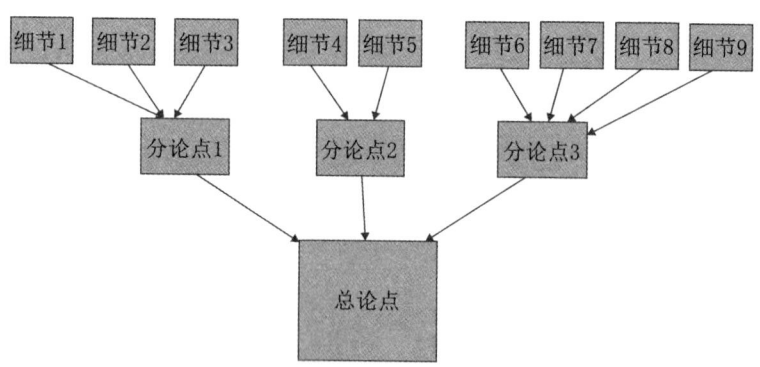

图 3-5 讲故事式的叙述结构(倒金字塔)示例

这种倒金字塔的论述结构非常适合叙述小说情节、给人讲故事、讲述经历、突出思想变化的过程等,它的优势在于能够吸引读者、引人入胜,能够一直靠情节的发展抓着观众:大家听故事的时候就是想听事情的来龙去脉,情节的起伏发展,悬着的一颗心担忧着主人公的命运,要是上来就告诉了结局,那就像八十集的连续剧倒着播,观众还有什么兴趣看下去。

正如我们从小就熟悉了讲故事的叙事方式一样,倒金字塔的论述结构其实是我们很小就熟悉了的一种逻辑,也是我们思考问题时常使用的逻辑。我们在生活中跟朋友聊天时通常就是使用这种逻辑顺序在讲述。举几个我们生活里常见的使用倒金字塔结构进行论述的例子:

- 比如，小时候写"记一次春游"的作文，并以时间顺序描述春游的过程，每个小朋友都干了什么，最后总结说全班同学都玩得很高兴。
- 比如，放学回来跟爸妈讲述今天在学校的见闻：谁跟谁打架了，大个子使了个飞毛腿，小个子使了个乾坤大挪移，大个子摔倒了，最后小个子赢了。
- 比如，说什么也找不到昨天没洗的袜子扔在哪里了，于是跟老妈说："我找了床上是没有的，桌子下面是没有的，被子里面是没有的，屋子里的每个角落都是没有的，所以没在家里。"

3.4.2 正金字塔结构：说服人的逻辑

那么正金字塔结构的讲述逻辑是什么样的呢？如果还拿"关公刮骨疗毒"这个故事来举例，使用正金字塔结构的讲述者大概需要这么讲：

(1) 关公中了毒箭之后被华佗医治好了。

(2) 华佗是个名医，而关公接受华佗医治的过程非常特别。

(3) 特别之处在于需要刮骨，还在于关公谈笑风生地完成了这么痛苦的手术。

(4) 手术是痛苦表现在关公大量失血，没有麻药可用，脸上哗哗冒汗。

你看，如果按这个结构来讲一个故事，是不是这个故事听着特别不吸引人？

"正金字塔结构"的特点是先给结果，先给结论，先给事情的结局及最后的终点，再具体解释这个事情是怎么得出了这样

一个结局,而后再具体介绍推理过程和支持的论据。如果画图的话,它的结构如图 3-6 所示:

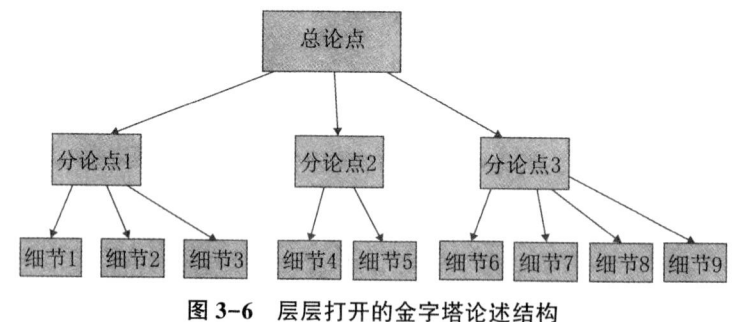

图 3-6　层层打开的金字塔论述结构

虽然正金字塔结构不适合讲故事,可是当我们需要讲道理、说服人、讲解复杂问题的时候,正金字塔结构这一论述结构就有了用武之地,它在这些情况下的效果要远远好于倒金字塔结构。这是因为:

(1) 读者在你开始论述的时候就知道你最核心的观点是什么,知道自己在接下来的时间里将要关注的是什么。

(2) 读者可以同意或者不同意你的主论点,但无论哪一种情况,都可以在接下来阅读到分论点的时候不断地去思索这些分论点是否支持了主论点,自己对主论点的认识也会由浅入深,慢慢发生改变。

(3) 读者不容易迷失主题,可以预期到主论点后面的分论点是为了支撑主论点、以主论点为主线。

(4) 读者先看到一个总起点,会对作者为什么得出了这个观点、都有哪些理由能支撑这个观点更有兴趣。

因为这些优势,在我们写论文的时候,在具体段落的论述时，我们应该更有意识地使用正金字塔的论述结构，而不是倒金字塔的论述结构。由于正金字塔结构并不是我们从小就自然熟识的论述方式，也不是思维正常的顺序，所以学术新人往往需要在刚写论文的时候可以转化自己的论述思路，不断反思我们是不是过多地使用了倒金字塔结构，把自己思考某个问题的逻辑顺序等同于呈现给读者的逻辑顺序。

我们再举一个例子，来看看在论述一个问题的时候，两种不同逻辑的高下对比。假如你要去参加一个辩论赛，辩论赛的主题是"吃完饭应不应该立刻洗碗?"，你的主张是"不应该"，你有3分钟的时间阐明观点，你在论述的时候会使用正金字塔结构还是倒金字塔结构？我们看一下两者的区别。

如果按正金字塔结构来论述，其结构大概如图3-7所示：

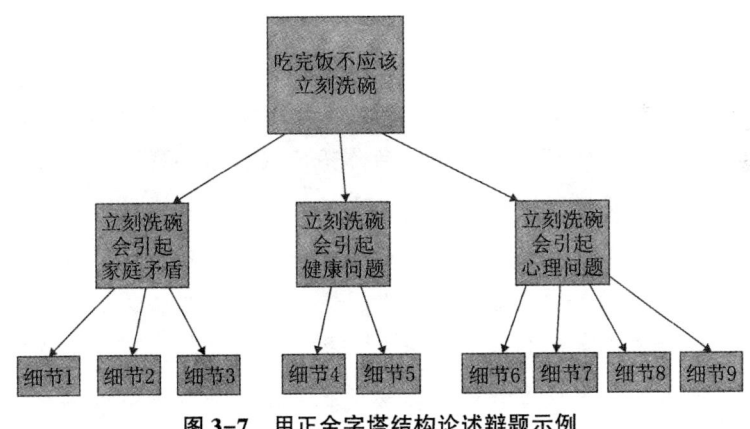

图3-7　用正金字塔结构论述辩题示例

按照这个逻辑你可以这样讲：

> 各位评委，各位同学，对方辩友，大家好。我方今天

在辩论中的观点是，我们认为"吃完饭不应该立刻洗碗"。我们之所以认为吃完饭不应该立刻洗碗，主要有三大点重要的原因：立刻洗碗会引起家庭矛盾，立刻洗碗会引起健康问题，立刻洗碗会引起心理问题。下面，我来分别解释一下为什么会这样。首先，吃完饭立刻洗碗会引起家庭矛盾，是因为……（此处省去具体论述）；其次，吃完饭立刻刷碗会引起健康问题，比如……；最后，吃完饭立刻刷碗会引起心理问题，这是因为……总之，我方今天的立场是，吃完饭就不应该立刻洗碗，让我们多一份关爱，少一份洗碗，谢谢大家……

反过来，如果你想按照倒金字塔逻辑，你的讲述方式大概会是这样：

各位评委，各位同学，对方辩友，大家好。我们知道吃完饭人们很困，这个时候立刻去洗碗就会让人心情不好，心情不好就动作不麻利，动作不麻利就容易摔盘子，摔盘子就要花钱，花钱心情就会更不好，于是心情很不好的夫妻可能互相指责，吵来吵去就离婚了。另外，吃完饭之后人的胃正在努力地消化蠕动，这个时候立刻去洗碗你的胃就没有办法得到很好的休息，就容易胃下垂，胃下垂就让人变瘦，变瘦了胃就更容易下垂，后来就越垂越瘦，越瘦越垂，嗝，死了。最后，吃完饭的时候谁都不想刷碗，假如我们又不断地告诉自己非要刷碗，就等于长时间扭曲个人的心理意愿，长此以往，人将容易患上心理疾病，殃及身边人，身边人又殃及身边人，世界秩序就毁于一个由不想洗碗却非要去洗而发生的惨案。所以，综上所述，我方观点是，吃完饭后不应该立刻刷碗。谢谢大家。

大家会发现，第二种方式更强调的是结论推导出来的思路和过程，但它的坏处是，读者在你论述的最后才能知道你的主要观点，而且推理过程较为琐碎，需要读者从简单明了的思想中推理出复杂思想。由于这些明显的劣势，在需要说服别人、表明观点的时候使用这种"由百归一"的倒金字塔结构进行论述，就容易给人以缺乏条理、难以跟随的感觉。而这种情况下如果使用"由一生百"的正金字塔结构，情况就会非常不同。

3.4.3 正金字塔结构 vs 倒金字塔结构：你的论文用了哪种论述？

其实正反金字塔结构各有优势，但单从论文写作的角度说，由于我们要论述的是较为复杂的主题，在写具体段落的时候，尤其是在关键句或是文章的更高层次上，我们应该更多地使用正金字塔结构的论述方式，而不是倒金字塔结构的论述方式。

作为初写论文的人，我们之所以经常不自觉地就使用倒金字塔结构进行论述，是因为我们在思考一个问题的答案的时候会自然而然地使用这种结构：因为桌子上、床上、被子里都没有袜子，所以袜子没在我屋子里，这件事是这么想明白的。但是，作为写作者，你"思考的逻辑"不等同于你"写作的逻辑"，你思考的顺序不等于你要呈现出来的顺序，你应该考虑哪一种方式能让读者最容易、最方便地理解你要表达的某一段话，而不是让他必须沿着你的思考路线再走一遍，这就好像在对全世界说：我当初就是这么想明白的，你们也需要这么跟着想一遍。

而使用正金字塔结构的好处是，能够一上来就把要说的观点扔给你，你可以同意也可以不同意；然后我再细细说我的理由，我可能有三个理由，这三个理由你也有的同意有的不同意，那么如果你本身就同意我的某个理由了，我再具体解释这个理由的时候你可能就可以不那么费神听了，如果你不同意我的某个理由，我在展开解释这个理由的时候你就可以重点关注，字字不落地听。所以回过头来看，由于你在我一开始说话的时候就知道我要说些什么了，所以你作为读者或是听众，就更多地有对这个理解过程的控制度，你想把每一个点了解到什么程度，你可以在我说的时候自行决定。这样的论述逻辑让接受信息的人不会被惊讶到，也最能给人的思路清晰、脉络整齐的感觉。

所以总结一下，本节是想进一步向大家推荐金字塔结构，并说明它的重要性：

（1）**倒金字塔结构的逻辑顺序，是"由百归一"**。先列很多具体的点，最后由这些具体的点得出结论，这种方式适合于去讲故事、叙事或者目的是突出思考过程的论述。

（2）**正金字塔结构的逻辑顺序，是"由一生百"**。先给出一个总的观点，然后列出很多个支撑、解释这个总观点的分论点，更适合用来解释复杂的事情、说服人。

（3）虽然我们思考一个问题时多用倒金字塔结构的逻辑，但**"思考的逻辑"不代表就是"写作的逻辑"**。

（4）在论文中写作具体段落的时候，尤其是在关键句（key line）和更高层次上，**应该更多地使用正金字塔结构而不是倒金**

字塔结构。

最后我想说，能把文章写得有条理、逻辑清晰、结构连贯，这是我们作为作者对读者的尊重、理解和关怀，是能把话说明白的时候不把它说糊涂，能让读者读着舒服就不去让他读着难受的基本素质。新手在刚开始写论文的时候要常常提醒自己这一点，而后经过一段时间的练习，就会在不知不觉之间将这种讲述逻辑变成写论文的习惯，让写出有条理的论文不再是一件难事。

3.5 打造清晰流畅的论文结构：学术写作中如何巧用"关键句"搭建文章筋骨

学术论文的一大重要功能是阐述学术观点，因此学术文章是否能够清晰、流畅、有逻辑地表述清楚每个具体观点就成了一篇论文成功的基本要素。本节我们来介绍学术写作中打造清晰论文观点的一个重要技能：设置和使用"关键句"（key line）。如果你经常苦恼于如何清晰流畅地展现观点和有逻辑地搭建论文结构，那么相信本节的方法你一定能用得上。

3.5.1 什么是"关键句"？

"关键句"也是《金字塔原理》中提出的一个概念，是指在写文章的时候应该经常在一个段落、一个章节或一个部分的写作中，提纲挈领地把这一部分的主题拿出来简明扼要地呈现给读者。关键句是对写作中主要内容或观点的进行总结和概括的句子，常常起到引领后文、总结前文、连结上下文的作用。

一篇论文中是否频繁、有效地使用关键句，在我看来几乎是判断作者是否是学术新手的一个标准。成熟的学者能够非常自然、有效地将关键句贯穿于全文之中，让它像核心骨架一样串起一篇文章的筋骨，带着读者不断顺着作者思路向前延伸。

有效地使用关键句能起到以下几个作用：

（1）明确清晰地展现你的观点。

（2）帮助读者联结不同段落、不同部分的论述，指出它们之间潜在的关系。

（3）提醒读者前面一部分讲了什么，趁机重复你的主要观点。

（4）提示读者接下来我们要往哪走，让读者读后面文字时不意外、好跟随。

我们常说"重要的事情说三遍"，其实我们读好的学术文章常会发现，作者对重要观点常常重复不止三遍，而且有时作者会像个唐僧一样以不同的句式反复重复和预告文中各种观点。作者之所以要这么做，是因为深知读者不是作者肚子里的蛔虫，一篇论文中的观点和逻辑在作者的脑中可能早就演示了几十遍、几百遍而变得顺理成章、无缝连接，但优秀的写作者同时清醒地知道，这些观点和逻辑对于一个读者来说很可能是全新的，读者并不知道你的思路是从哪里来要到哪里去，更不知道你每一段分别要讨论什么，为什么要讨论，这些讨论又要引申出什么结果。

因此好的写作者会在文中充分使用关键句来对读者进行一步一步地引导，就像一个体贴的引导者一样跑前跑后地为读者送出恰到好处的关怀："刚才我们是从这里过来的，现在呢，我们要往那边走,是因为……"关键句就好像作者给读者在阅读时提供的指示路牌,它能不断提醒读者刚才我们在讨论什么,现在我们在讨论什么,接下来我们要讨论什么,从而帮助读者在脑中建立一个全景,也能让读者更轻松顺利地沿着作者的思路一步步到达目的地。

3.5.2 有关键句 vs 没有关键句

为了让大家切身感受到关键句的重要作用,我们来看一个例子。假设以下是一个考试中的论述题,小白和小花分别以不同的方式进行了回答,满分是十分,请大家想象如果你是老师,你会分别给他们打多少分。

> ●考试问题:请讨论在你心里猫和狗的三点不同。
> ➢小白:猫真的很可爱,不管是什么种类,我都很喜欢。猫有很多品种,比如暹罗猫,人称"挖煤工",它的鼻子和耳朵灰灰的。狗也很可爱。我没养过狗,我养过猫。猫需要有人照顾,一般很安静。猫在哪里你都不知道,神神秘秘的。猫不太爱巴结主人。有一次我出去旅行了一周猫也没有死,活得好好的。狗每天都要溜,这个我虽然没有养过狗可是我也知道。但是我养过鱼和猫。猫一般一天睡好多觉,吃好多食物。猫有各种花色和品种。
> ➢小花:我认为猫和狗主最大的不同体现在三个方面——活泼程度、对主人的讨好程度和独立程度。首先,猫比较安静而狗多躁动,猫的行动你经常察觉不到,神神秘秘的;其次,猫很少讨好主人而狗非常爱讨好主人,这

可能也是为什么很多狗可以被训练而猫无法被训练的原因；最后，猫比狗更加独立，猫可以长达一周不用陪伴，而狗几乎每天都要有人陪。

同学们，当你在批了 50 份小白这样的答案之后忽然看见了小花这样的答案，你是不是很想握着他的手热泪盈眶呢？而对于小白这样的答案，你到底给不给分呢，给多少分呢？要说他没有回答问题吧，好像也体现出来一些对这个问题的认识；要说回答了吧，好像也不知道他要说什么。于是又要回去再看一遍……

小白这样的论述方式其实是很多学术新人在写论文时常出现的问题。具体来说，小白这样的论述方式有以下缺点：

（1）**缺少关键句**：没有能够明确告诉读者你的观点到底是什么，没有引领性或总结性的话语，因此让读者读得很费劲，也没有办法确信自己的理解到底对不对。

（2）**缺少一定的组织逻辑**：小白从猫有很多品种说到猫很神秘、猫不爱讨好主人，等等。后面再次说回到猫有很多花色和品种，这种跳来跳去的行文方式很容易给人一种缺乏逻辑的既视感。

（3）**明确性不足**：小白在谈论猫的时候貌似是在谈论猫和狗的区别（比如讲到猫神神秘秘的、猫可以离开人一周等），但是同时谈论猫的另外一些方面时，却似乎又是在谈论跟狗的相似之处了，比如，"猫一天睡好多觉，吃好多食""猫有好多花色和品种"……让人怀疑到底你是不是全在谈猫和狗的区别？我如何判断你的观点里哪些是讲它们的区别，哪些又不是呢？

（4）**不相关信息过多**：比如谈到"我都很喜欢"（谁问你了?）、"但是我养过鱼和猫"（谁又问你了?），这让读者很无奈。

而相比而言，小花这样论述的优势有：

（1）**使用了关键句来开头**：你能立刻知道他要说什么，他的主要观点，因为第一句已经给我们概括出来了。

（2）**使用了典型的金字塔原理的方式论述**：第一句总概，后面几句打开第一句的内容进行分论点论述，这样的逻辑顺序最符合人的思考规律，最能显得有条理，最容易被读者接受。关键句后面的部分不会给读者意外的观点，而是支持阐述关键句，帮助读者进一步理解。

看到这你大概已经发现，其实也许你会发现"金字塔原理—使用关键句—使用正金字塔结构论述"这三个技能其实是相辅相成、难以分开的，但为了我们能把"写作中的论述逻辑"这个问题说透，我们连续用了几篇文章来探讨具体的操作。学会了使用关键句能够支持你更好地使用正金字塔结构进行论述，而理解了金字塔原理的论述方法又能帮你更好地运用关键句。

3.5.3 学术论文中常见关键句的不同类型

接下来我们就以几篇英文文献为例，来具体看看在学术写作中我们如何通过利用不同类型的关键句来让文章思路清晰、文路顺畅。

根据使用关键句时在文中的作用，我们可以把学术文章中最常见的关键句分成三大类：

- 总起式的关键句
- 连接式的关键句
- 总结式的关键句

3.5.3.1 总起式的关键句

这类关键句通常出现在段首，开门见山地把一个段落的观点甩给你，直接摆出这一段要说的主旨，而关键句之后的内容都是去具体解释、论述、支持这个关键句的，通过这些后面的句子像剥洋葱一样一层层不断地深入解释这个关键句所陈述的核心观点。

几乎任何一篇英文的学术文章中都能找出几个总起式关键句。比如以下的几个例子：

文章举例	刀熊解说
"Collaborations may take various forms. A number of scholars have attempted to identify different forms of nonprofit collaboration based on degrees or levels of collaboration intensity (Arsenault, 1998; Murray, 1998; Zajac & D'Aunno, 1993). Murray (1998), for instance, argued that the degree of interdependence between the parties (or conversely, the degree of autonomy; Zajac & D'Aunno, 1993) is the key to understanding the difference in forms of collaboration: At one end of the continuum in interdependence is the simple one-time transaction in which one organization exchanges something with the other; at the other end is the full legal merger of the two organizations. Murray further identified five different forms of collaboration, ranging from sharing of	首句是典型的总起式关键句，而这一段全部围绕这一句打开来讨论。首句的句式同时要简要、易懂，让人印象深刻。

续表

文章举例	刀熊解说
information, through joint delivery of programs, to full partner-ships and mergers. In a similar vein, Zajac and D'Aunno (1993) classified inter-organizational relationships in the health care industry on a continuum representing varying degrees of autonomy and resource commitment..." (Guo and Acar, 2005)	
"How to make citizen involvement work is not a new question. Toward the end of the 1970s, Checkoway and Van Til identified five unanswered questions, one of which was, 'In what ways does participation make a difference in the decisions and policy outcomes of government, and what kind of difference?' (1978, 35). In the same book, Langton (1978) writes that the quality of citizen participation is determined by citizenship education, elitism, technological complexity, financing, government agency behavior, and representative-ness. Perlman (1978) emphasizes the organizational characteristics of grassroots or citizen groups, while Rosener (1978b) highlights the importance of planning and matching participation methods to participation purposes. The directions pointed to by these authors are still correct, but they were largely descriptive and prescriptive." (Yang and Pandey, 2011)	第一句就是起总起句作用的关键句，直接提示你接下来要开始讨论 citizen involvement 这个话题相关的文献了。后面的文字果然分别论述了几个文献。 这种典型的由总起句关键句开头的段落在英语文献里几乎每篇都能找得到。
"Organization may be viewed from two stand points which are analytically distinct but which are empirically united in a context of reciprocal consequences. On the one hand, any concrete organizational system is an economy; at the same time, it is an adaptive social structure. Considered	同上，第一句又是典型的总起式关键句，第二句开始全在进一步说明第一句。典型的"归纳法"式论述逻辑。

续表

文章举例	刀熊解说
as an economy, organization is a system of relationships which define the availability of scarce resources and which may be manipulated in terms of efficiency and effectiveness. It is the economic aspect of organization which commands the attention of management technicians and, for the most part, students of public as well as private administration. Such problems as the span of executive control, the role of staff or auxiliary agencies, the relation of headquarters to field officers, and the relative merits of single or multiple executive boards are typical concerns of the science of administration. The coordinative scalar, the functional principles, as elements of the theory of organization, are products of the attempt to explicate the most general features of organization as a 'technical problem' or, in our terms as an economy." (Selznick, 1948)	
"A number of empirical studies have compared structural characteristics of public and private organizations. These studies have examined a variety of structural dimensions, but one of the most interesting issues has concerned formalization (the extensiveness of rules and formal procedures and their enforcement) and red tape. The issue concerns whether, in accordance with stereotypes and endless commentary on the topic, public agencies have particularly high levels of rules and red tape. The issue is surprisingly controversial, as it turns out. Although the controversy is quiet and implicit, since some of the researchers have often worked without knowledge of the others, in many cases they were simply more inclined to try to resolve the issue than engage in controversy." (Rainey and Bozeman, 2000)	这一段中前两句都是关键句,但是跟只有一句是关键句的思路是一样的,都是先把要说的论点概括起来作为总起句,然后再具体解释和支持这个论点。 本段的主论点就是,在很多对比公共组织和私营组织特点的实证研究,formalization 和 red tape 都是重要话题,本段后面的几句都是在解释和细化这个论点。

3.5.3.2 连接式的关键句

连接式关键句是学术论文里最常见的一类关键句，这一类关键句的最大特色就是"承上启下"，使用这一类关键句最大的好处是能够帮助读者在读懵了的时候被拽回到主干道上来——"喂，这位朋友，你可记得刚才我们其实在讨论的是 X，而现在我们要去讨论 Y 啦"。连接式关键句能让段落和段落之间读起来显得不唐突、不跳跃、逻辑不乱，主题始终鲜明，大方向始终统一。

很多时候，我们写文章的一大难题就是不能把不同观点、不同段落、不同部分进行顺畅连接。我们自己写文章的时候可能觉得文思泉涌、文路顺畅，可是如果不能在动笔时做好有效的、有意识的组织，读者就可能完全无法理解作者的文路之美，甚至会觉得作者观点跳跃，读得一头雾水。于是如何恰到好处地连接不同观点和段落，无论在中文写作还是英文写作中都成了一项重要技能，且英文写作由于更讲究文字上的逻辑关系，就使得学会使用连接式关键句更加重要。

连接式关键句还可以根据其逻辑关系细分成转折式、因果式、递进式等不同的连接类型，感兴趣的同学可以尝试自己总结和不断积累不同类型的连接式关键句，用好了这些表示逻辑关系的句子能让文章不同段落之间的关系清晰、顺畅。

以下是几个连接式关键句在学术文章中的应用：

文章举例	刀熊解说
"While scholars have proposed compelling prescriptive models (Ebdon and Franklin 2006; Kweit and Kweit 1981; Thomas 1995; Walters, Aydelotte, and Miller 2000), these models rarely have been tested with large-scale data. Scholars also have used case studies to illustrate how citizen involvement can work in a particular government, with a particular mechanism (e.g., Adams 2004), or in a particular policy area (e.g., Kweit and Kweit 2004). However valuable these studies are, they are not able to show a general pattern with high external validity. It remains untested how citizen involvement as a general strategy can improve decision making. It is particularly unclear how organizational characteristics affect participation outcomes. This article addresses these issues by focusing on variables such as leadership, political support, red tape, and hierarchical authority and by testing a model that explains their effects on citizen involvement, controlling for community characteristics. As the managerial variables frequently are used in public management research but not in citizen involvement research, we advance a public management perspective on citizen involvement." (Yang and Pandey, 2011)	第一句是连接式关键句，说"虽然学者们提出了非常有说服力的模型……"——这说明前面的一段一定陈述了一些关于这些模型的信息；而后半句说"这些模型很少有被大规模的数据检测过"——这是介绍了接下来要解释的观点，所以这一段后面的部分都是在讲有哪些模型或研究，以及这些现有研究都缺乏大规模数据检验，也就是都是在具体阐述和支持关键句中的后半句内容。（转折式连接）
"Absent from these views, however, is a focus on nonstructural outcomes of the network as a whole. Even in the general network literature, which places a heavy emphasis on network-level properties and structures (Aldrich and Whetten, 1981; Knoke and Kuklinski, 1982; Marsden, 1990; Scott, 1991), issues of network outcomes and effectiveness are mostly ignored. While focus on organizational effectiveness is clearly appropriate when	本段第一句同样是连接式关键句，说"但是，这些观点中所缺乏的，是对网络的非结构化结果作为整体的关注"。同样的，在这里使用关键句的好处是，哪怕不看上面一段，我们也知道此前一定已经罗列了

续表

文章举例	刀熊解说
outcomes can readily be attributed to the activities of individual organizations, not all problems can be solved by the actions of individual organizations. Particularly in the area of community-based health care and social services for such groups as the homeless, people with severe mental illness, drug and alcohol abusers, and the elderly, a focus on organizational outcomes is insufficient, because such outcomes reflect only how well individual providers are performing their particular component of the many services needed by their clients. If the overall well-being of clients is a goal, then effectiveness must be assessed at the network level, since client well-being depends on the integrated and coordinated actions of many different agencies separately providing shelter, transportation, food, and health, mental health, legal, vocational, recreational, family, and income support services."（Provan and Milward, 1995）	一些文献或者关于社会网络结果的观点；而这一段接下来会讨论其中缺失的重要的内容，就是"网络的非结构化结果"。 所以这个有连接作用的关键句再次起到"承前"和"启后"的两个作用，把两个段落之间的逻辑关联给我们提示出来，方便读者在脑中将碎片连接成整体。（转折式连接）
"Moreover, economic historians such as Chandler (1977) and institutional economists such as Williamson (1975) contend that industrial structure evolves in determinate ways. The general thesis is that a competitive economy driven by market transactions among many small traditional enterprises has evolved into a regulated economy dominated by the internal, hierarchical transactions of big business. This has occurred as a response to changing environmental forces over which individual organizations have little control. In the view of those authors, structural transformations of the modern industrial environment are governed by impersonal	本段第一句是递进式连接的关键句，通过用"Moreover"（进一步说）这样的提示词，作者提示我们上一段已经讲过了一些类似观点，但是作者觉得还不够，所以这一段继续进一步要加强、丰富这个观点。 第一句话通过使用连接式关键句，作者既提醒我们之前的内容已经讨论了相关主题，又清晰

第三部分　深耕学术写作：从风格到结构　/　211

续表

文章举例	刀熊解说
economic laws and the dictates of administrative efficiency, not contrived through management strategy. Big business prevails not because it has succeeded in amassing and exploiting market power, but because it is a more efficient instrument than the market for minimizing transaction costs (Williamson, 1975) or for coordinating the flow of goods and services in the economy (Chandler, 1977)." (Astley and Van de Ven, 1983)	地向读者指明了这一段即将要讨论什么。(递进式连接)
"In addition to the stream of research on work satisfaction, there are now many studies that compare the work values and motives of public and private employees. These studies have consistently found that public-sector respondents, particularly those at higher professional and managerial levels, place higher value than do their private-sector counterparts on the rewards and motives that one would predict they would emphasize. Public managers place higher value on public service; on work that is beneficial to others and to society; on involvement with important public policies; and on self-sacrifice, responsibility, and integrity. Especially at the upper management and professional levels, public-sector respondents place lower value on money and high income as ultimate ends in work and in life (Crewson 1995b; Hartman and Weber 1980; Khojesteh 1993; Kilpatrick, Cummings, and Jennings 1964; Jurkiewicz et al. 1998; Lawler 1971; Rawls, Ullrich, and Nelson 1975; Rainey 1983; Siegel 1983; Sikula 1973a and 1973b; Wittmer 1991)." (Rainey and Bozeman, 2000)	此段前两句都可以看成是关键句。第一句是连接式关键句:"除了关于工作满意度的研究,现在还有很多比较公共部门员工和私营部门员工的工作价值和工作动机的研究"——这里通过关键句,作者提示读者,上一段我们讲的是"关于工作满意度的研究",而接下来我们要谈及那些"对公共部门和私有部门员工的工作价值和动机进行比较的研究"。第二句则是总起式关键句,概括这些研究的主要发现是什么,后面几句同样都是在解释这个论点。

3.5.3.3 总结式的关键句

总结式（或者结论式）的关键句，一般用在一个段落的最后一句，它的作用是提醒读者这一段的主要观点和结论是什么，尤其可以用在比较长的或者逻辑比较复杂的段落里，属于谨防读者记性不好的有效技巧，请看以下的例子：

文章举例	刀熊解说
"A key challenge for an individual organization in choosing among different collaboration forms, therefore, is to keep the dynamic balance between managing resource dependence and sustaining organizational autonomy (Gray & Wood, 1991, p.7). Given their greater resource scarcity, smaller organizations might be more inclined to give up their autonomy and develop formal types of collaborative activities to gain better access to critical resources. Empirical findings lend some support to this argument. In a study of nonprofit mergers, acquisitions, and consolidations, Singer and Yankey (1991) found that financial stability, particularly among smaller organizations, emerged as a primary incentive for this most formal type of collaboration, with almost half of the participants indicating that the decision to enter in merger negotiations was based on their organization's inability to compete because of its small size (Singer & Yankey, 1991). In sum, the resource dependency theory suggests that organizations with greater resource scarcity, as indicated by their smaller organizational size, might be more inclined to collaborate formally; conversely, organizations with greater resource sufficiency, as indicated by their larger	首句为起连接作用的关键句，更具体地说是因果式连接："因此，对于一个组织来说选择合作形式的一个重要的挑战，就是在管理对资源的依赖和保持组织独立性之间保持动态平衡"。通过在关键句中使用"therefore"这样的词，提示读者，上面我们说了一些这个观点的理由，暗示读者你要是没理解可以回去看看；而本段主要会讨论的观点就是这个"在……保持平衡"。尾句是总结式关键句：在一长串的论述（包括前面几段的论述）之后，作者给出这个结论来帮助读者重新找回文章思路的主干道——刚才说了半天我们就是为了解释这个结论。

续表

文章举例	刀熊解说
annual budget size, might be less inclined to collaborate formally."(Guo and Acar, 2005)	
"The use of the public management terminology is purposeful for some and accidental for others, but this does not devalue the systematic need to examine the state of the field's research. It warrants a caveat, to be sure. Given the interconnectedness of these fields, it is impossible for us to claim that the results we discuss here reflect only public management and not public administration or public policy. However, these results do shed some light on the progression of a field that is a key part of public service education. For example, a number of faculty have 'public managemen' in their title. Some departments are named 'Department of Public Management and Policy' or have a 'public management faculty'. Students at many universities can elect an MPA, MPP, or PhD concentration in public management. Almost all will take a course with 'public management' in the title. What does it mean for faculty to carry these titles and work in these departments? What does it mean for a student to earn a degree with this concentration? **A thorough and unforgiving examination of research is key to understanding how the field of public management is taking shape.**"(Pitts and Fernandes, 2009)	仔细来看，这一段第一句关键句和最后一句关键句是不是说的都是一个意思？第一句是先扔给你一个观点，最后一句是在总结重复这个观点（即"系统彻底地研究公共管理的发展和现状是非常有必要的"），而中间几句都是在解释和支持这个观点。前后的两句关键句帮助读者领会作者的主要观点，起到"前后夹击，双层保障"的作用。

续表

文章举例	刀熊解说
"According to the system-structural view, the manager's basic role is a reactive one. It is a technician's role of fine-tuning the organization according to the exigencies that confront it. Change takes the form of 'adaptation'; it occurs as the product of exogenous shifts in the environment. The manager must perceive, process, and respond to a changing environment and adapt by rearranging internal organizational structure to ensure survival oreffectiveness. The focus of managerial decision making, therefore, is not on choice but on gathering correct information about environmental variations and on using technical criteria to examine the consequences of responses to alternative demands."(Astley and Van de Ven, 1983)	最后一句是典型的总结式关键句——就怕你忘了我刚才说了什么,作为段尾句把刚才这一堆东西想要得出的结论总结给你:"因此,(根据系统-结构派的观点)管理中决策的重心并不是管理者的主动选择,而是去收集环境中变化因素的正确信息,并通过使用技术性标准去检查根据不同需求做出反应时的结果"。"therefore"这个词很有效地提示了读者——这句话是要说一个重要的结论式的总结。

3.5.4 训练使用关键句的具体操作方法

看完了这些例子希望大家脑中至少形成一个意识:关键句是写好学术论文的利器。

接下来我们来具体谈谈关键句的实操方法。如果你刚刚迈进学术写作不久,希望以下几点建议可以对你有用:

(1) 通过写关键句来训练你的归纳能力。如果你发现自己的某篇文章里很少有关键句,可能有一个重要的原因——你在写文章的时候并没有完全想好你要写的观点是什么,也就是出现了边写边想的情况,你"思考的逻辑"于是就成了你"写作的逻辑"。所以这个时候我们可以做的是有意识地归纳每一段的大意：这一段我到底要说什么？是不是说了很多没用的东西？哪些话跟我的主题并没有关系？哪些话是可以删掉而不影响一段话主旨的？

（2）通过写关键句给文章搭建提纲。用关键句来写提纲是一种很好的学术写作习惯，用好了能受益终身。我自己最开始写论文的时候因为没有写提纲的好习惯，文章每每写到细节处就觉得前面思路不畅通，导致不断反复修改文章结构，而写好的部分又常常推翻了重写。这就像盖房子时因为缺少图纸，搭好了厨房才想起没给厕所留地方。正确的做法是在要盖房子的时候就利用关键句把每一部分或每一段的主旨写出来，把图纸先打出来，并且把关键句连接起来看整体逻辑是否顺畅，是否缺少对某个问题的阐述，是否逻辑过于跳跃。当关键句之间的逻辑调整顺畅了，你再开始把每个段落打开来写，具体扩展成完整的支持性文字，整个文章的结构就趋于稳定，写出来的文字就流畅了。

（3）从现在开始关注你领域内、引用率高或者公认为比较重要的文章，有时间的话建议找几篇文章从头到尾找出作者在哪里使用了关键句、使用了哪种类型的关键句、关键句起到了什么具体效果、如果拿掉这些关键句会怎样。

（4）"连接式关键句"往往值得更多的关注。如何找到最好的方式把上下段、前后文、每个观点有逻辑地连接起来，这个在我看来最需要常年的阅读、练习和体会。在写英文文章的时候，恰到好处地使用表示不同逻辑关系的副词非常重要（比如 however, furthermore, next, meanwhile, first, second, finally, consequently, in comparison, 等等）。

3.6 以终为始的写作法
——你论文的"研究贡献"是什么?

想象这样一个场景——你被邀请去一个学校给同学们分享你的研究,可能是大学也可能是高中,你有半个小时的时间,学生们对你的研究题目很感兴趣且非常期待你的演讲。在这半个小时里,你打算给大家带来些什么新的认知?为什么大家应该花时间听你谈论这个研究?你又如何能让听众听懂你的研究价值?

论文写不下去的时候,我常常会用这个办法,想象自己面对着眼神热忱的观众,想象他们期待的目光,想象演讲的场景,想象如何交给他们一些能让他们眼前一亮、耳目一新的东西。后来我听见过几次其他学者分享类似的办法——遇见论文写作瓶颈时,他们就会回到自己论文最想表达的东西上去,去思考究竟为什么要写这篇论文,这篇论文最有价值的东西到底是什么。

这个办法之所以有效,是因为它引导我们在写作中去关注研究的价值和核心贡献。论文写作中的很多困难之所以出现,常常在于我们没有想明白论文最重要的目的是要干什么,在于缺乏一种以终为始的思维,在于我们想不清楚自己写这篇文章的价值究竟在哪里。

以下我想来谈一个对我们写好一篇论文至关重要但常常被我们忽视的工具:对一篇论文"贡献"(contribution)的思考和

书写。

这一节我们会讨论以下内容:

- 什么是一篇论文的"研究贡献"?为什么突出论文贡献很重要?
- 好文章是怎样体现文章贡献的?
- 怎样确定自己论文的贡献?

3.6.1 什么是一篇论文的"研究贡献"?

在写一篇论文之前,你清楚它的贡献吗?如果让你立刻说出一篇文章的三个贡献,你是否能对答如流并言之有物?

所谓一篇论文的"研究贡献",是指因为你这篇文章的存在,而对现有理论或指导实践做出的启发、促进、改善。它也可能被叫作"研究意义""研究价值""研究特点"等。但无论叫什么名字,论文贡献就是你的这篇文章价值的集中体现,是你要清晰地告诉读者为什么你的论文重要,为什么它是一篇有价值的好论文。

论文贡献这个问题看起来流于形式,但其实是一个非常重要、非常值得花时间去反复思考的问题。简单来说,你的论文之所以有写必要,就是因为它一定做了其他研究还没做的事。去弥补其他论文还没有弥补的"文献缺口"(literature gap),就是你的论文最大的贡献,也是最大的特色。

思考论文贡献之所以重要,是因为:

- 你只有非常明确你论文的贡献,才能在论文的开头、结尾以及各个部分突出这些贡献，才能最好地凸显你论文的价值，才知道什么该详写什么该略写，才知道怎样布局全文结构能最好地达到这篇论文的目的。

- 一篇文章要是想做出贡献，那就意味着它不是自说自话，而是建立在现有理论或实践的基础之上被创造出来的。换句话说，对研究贡献的描述必须通过比较而得来，比较的基础就是现有的文献和实践。也就是说，如果你能明确地说出你的文章做出了什么研究贡献，就说明你对现有的理论、文献、实践情况至少大体有所了解，并且思考了哪些环节存在知识缺口。

- 能恰如其分、有理有据地突出自己论文的贡献，是一篇文章被看到、被接受、被阅读、被引用的必要前提。如果你自己都说不出你这篇文章为什么重要，怎么能保证其他学者觉得你的论文重要？从这一点来说，知道如何突出"研究贡献"有点类似创业公司知道怎么在投资人面前进行自我宣传。

我们的目标是以终为始，在动笔之前就知道要去哪，就知道这个地方别人有没有去过，就知道自己的研究新颖在哪、不同之处为何。这种认识应该是在写这篇论文之前就了然于胸的，而不是开始写了之后才慢慢摸索的，否则必然会做很多原地转圈的无用功。

3.6.2　好文章是怎样体现文章贡献的？

好论文不仅能非常有效、清晰地表述出自己研究的贡献，而且会做到在一篇论文中多次重复、前后一致、全文贯通。

我们来看一个例子，Guo and Acar（2005）的经典文章"Understanding Collaboration among Nonprofit Organizations: Combining Resource Dependency, Institutional, and Network Perspectives"，感兴趣的朋友建议找来全文来阅读，此文书写非常规范、流畅，会给你构思行文结构带来很多启示。

接下来请大家品读这篇文章的作者在全文不同段落的书写里，通过哪些方式展现了自己论文的价值和意义。这些贡献是如何前后对应，彼此辅助的。以下我摘录了作者在全文的各个环节凸显自己文章贡献的语句，分别出现在摘要、引言和结论部分。最右边一栏是我对文字的简要讲解。

Guo and Acar (2005)	原文摘录	刀熊讲解
Abstract（摘要）	Existing research stops short of explaining why nonprofit organizations develop certain forms of collaborations instead of others. In this article, the authors combine resource dependency, institutional, and network theories to examine the factors that influence the likelihood that nonprofit organizations develop formal types of collaborative activities vis-à-vis informal types…	⇐摘要里明确说明，现有的研究缺乏对非营利组织不同合作方式的清晰解释；而本篇文章会弥补这个缺口，而且会将三种理论结合在一起弥补这个缺口。这里非常清楚地突出了自己研究跟其他现有研究相比的独特性。
Introduction（引言）	…The existing scholarship in this field, however, tends to overlook the differences between within-sector and cross-sector collaborations (Anheier & Seibel, 1990; Milne et al., 1996) and stays short of generalizing the unique features of collaborations within the nonprofit sector (Murray, 1998)…	⇐引言部分一上来就指出现有的文献缺口：很多学者开始关注非营利组织的合作，但是，目前的研究倾向于忽略同部门合作和跨部门合作，而且缺乏对非营利

续表

Guo and Acar (2005)	原文摘录	刀熊讲解
Introduction（引言）		组织合作独特性的探讨——言下之意，本篇文章会弥补这些不足，在这些方面做出贡献。
	... Another limitation associated with the emerging literature focusing on nonprofit collaboration lies with the theoretical frameworks that guide the majority of the scholarly work.... Despite their explanatory power, these theoretical perspectives have been criticized for their insufficient attention to those constraints on strategic choice that are embedded in an organization's institutional environment (Galaskiewicz, 1985; Oliver, 1990), its structural context (Baum & Dutton, 1996; Galaskiewicz, 1985), as well as other contextual and organizational process factors (Cigler, 1999).	⇐接着又指出第二个缺口：现有理论存在不足，理论框架对制度环境、结构环境等因素没有足够重视。
	...In response to the above two limitations, our study draws on Galaskiewicz and Bielefeld's (1998) argument and extends it to the context of nonprofit collaboration. ... Following their lead, we combine resource dependency, institutional, and network perspectives to explore one important issue regarding collaboration among nonprofit organizations: What are the factors associated with the extent of formality of the collaborative activities among nonprofit organizations? In other words, why do some nonprofit organizations develop more formal types of collaborative activities that involve some sort of strategic restructuring whereas others collaborate only informally? ...	⇐表明为了回应以上提到的现有的缺口，我们才设计了这个研究；在现有文献认知的基础之上，本文的特点是将资源依赖理论、制度理论和网络视角（network perspectives）相结合来解释非营利组织的合作。此处顺带直接阐明本文的研究问题。这种论述方式自然而然让人觉得这个研究问题很有意义。

续表

Guo and Acar (2005)	原文摘录	刀熊讲解
Introduction （引言）	This study extends research on nonprofit collaboration on two major dimensions. First, it is among the first attempts to develop a systemic understanding of why nonprofit organizations develop certain forms of collaborations instead of others… …By categorizing and comparing collaborative activities based on their levels of formality, this study provides interesting insight into the prevalence of a spectrum of collaborative activities among nonprofit organizations as well as the contextual circumstances under which nonprofit organizations increase the degree of formality of their collaborative activities. Second, in light of the unique features of the interorganizational relationship within the nonprofit sector, we build on the resource dependence perspective, which dominates the existing theoretical explanations on preconditions of nonprofit collaboration, and combine it with institutional and network theories to achieve a better understanding of the factors associated with the choice of collaboration forms by nonprofit organizations.	⇐在引言部分的结尾，作者再次阐述本文的贡献：本文将会从两个维度扩展现有关于非营利组织合作的研究：第一点贡献，这是最早系统探讨非营利组织不同合作模式的文章之一（体会作者在反复重申本文的贡献）。 ⇐进一步阐释本文具体的第一点贡献，此处用句用词值得学习。 ⇐第二点贡献，继续重申，是建立在资源依赖理论基础上，但是结合了制度理论和社会网络分析理论来研究问题。
Conclusion （结论）	In this article, we combined resource dependency, institutional, and network theories to explore the factors associated with the likelihood that non-profit organizations would develop formal types of collaborative activities vis-à-vis informal types…The findings suggest that…	⇐结论部分的第一段，作者在此总结突出本文的特点和贡献：结合了多种理论。接下来具体重述了本文的主要发现。

续表

Guo and Acar (2005)	原文摘录	刀熊讲解
Conclusion（结论）	This study makes significant contributions to the current scholarly literature. First, the meager existing literature has revealed that it remains poorly understood why nonprofit organizations choose to develop certain forms of collaborations but not others. This study represents one of the first attempts to fill this important void by exploring which nonprofits are more likely to develop more formal types of collaborative activities, with an eye toward theories that suggest reasons for those systematic differences. …Holding that environmental and contextual factors are critical to a better understanding of the choice of collaboration forms by nonprofit organizations, we have made efforts to contextualize the circumstances under which a nonprofit organization increases the degree of formality of its collaborative activities. Second and relatedly, we highlight the unique features of collaboration within the nonprofit sector in our efforts to understand the contextual circumstances under which nonprofit organizations choose among different types of collaborative activities, with a particular emphasis on the roles of institutional mandates (Bailey & Koney, 1996; Galaskiewicz, 1985) and interorganizational linkages (Blau & Rabrenovic, 1991). Accordingly, we build on the resource dependence perspective that dominates the existing theoretical explanations on preconditions of nonprofit collaboration and combine it with institutional and network theories in developing our theoretical framework. As Galaskiewicz and Bielefeld (1998) have pointed out…	⇐结论部分浓墨重彩地再次具体描述出本文的两个贡献：第一，现有理论缺乏对非营利组织合作模式的解释；我们的研究是最先弥补这个空白的文章之一。 ⇐继续浓墨重彩地再次描述出本文的第二个贡献：突出了合作过程中环境因素的考量，同时多次引用现有文献加强论述自己的研究的意义（说明文章不是在自说自话，有其他文献的支持）。

仔细阅读这篇文章，你会发现高质量论文对研究贡献的书写有这么三个值得我们学习的特点：

（1）**反复性**：作者在文章不同部分会多次阐述文章的贡献，而不是只说一次。

（2）**一致性**：作者在不同部分提到的贡献是一致的、前后对应的、全文贯通的。

（3）**支持性**：作者讨论自己文章贡献是建立在紧密结合现有文献的基础之上的，不是作者自己说这个文章重要，而是指出早有学者提出此类文章的价值。

3.6.3　怎样确定自己论文的贡献？

作为学术新手，我们常常会把研究的论文贡献想得非常严重，以为一定要在论文中做出什么前无古人后无来者的惊世大发现才算是有贡献。

其实知识的阶梯从来都是一尺一寸地搭起来的，你的一点贡献加我的一点贡献加他的一点贡献，才能促成某个"惊世大发现"（如果存在的话）。但在这推动知识进步的过程中，大多数学者都是以一砖一瓦的方式在做微小的贡献，正应了"不积跬步无以至千里"那句话。而这一砖一瓦的小贡献，就是99%的学者做出贡献的主要方式。

所以你会发现好的研究往往看上去并不是野心勃勃的，相反，它们非常关注小而具体的问题、小而具体的贡献，一旦瞄准一个点，就会深挖下去，把这个点做透、做好。而你在突出自己研究贡献的时候，也应该能看到你的这个研究能够给之后的学者们带来哪些有意义的灵感。

具体来说，你可以试着思考自己的论文是否在以下方面对现有理论、方法、实践做出了贡献，比如：

● 你发现了某个重要的研究问题很少有人关注，你结合以前的研究和理论推进了对该问题的解释。

● 你发现了现有某个理论的一个没有说清楚的地方，你通过结合其他理论或学科的知识，把它说清楚了。

● 你发现某些理论缺少实证数据的检验，你去收集数据，做了实证验证。

● 你发现某个理论只是在某个小样本里做了检验，你扩大了样本，增加了样本多样性，改良了抽样方法。

● 你发现某个研究问题相关的实证研究总是得出不统一的研究结果，你系统分析了这些文章，找到了得出不统一结果的原因，并在自己的研究设计中做了改良。

● 你发现以前的研究把两个不同的构念混为一谈，你通过数据验证和理论支持证明它们是不同的两个东西。

● 你发现以前某个问题的研究都是使用同一种分析方法（比如线性回归），而这种分析方法存在一定的限制，而你使用了不同的分析方法来弥补这种限制（比如质性方法）。

● 你的研究通过数据验证了某种实践、工具、政策、方法的实际效果，并弥补了此前文献对这方面理解的不足等。

● ……

3.6.4　还是难以确定自己论文的具体贡献，怎么办？

如果你做了上面的练习还是找不到自己论文的贡献，那么一般最有可能的原因是：你文献读得不够。具体来说，文献读得不够，你就无法知道某个领域的学者都在关注什么；文献读得不够，你就无法知道现在的"缺口"在哪，什么东西还没被充分研究、哪些方面做得不够好；文献读得不够，你也很难对现有文献中研究方法的使用做出判断。

所以，最有效的办法是尽快开始大量读文献和做文献笔记，并且在阅读当中重点关注：

- 哪些题目是学者们重点关注的，哪些还没有？
- 文献中作者指出现在领域内还有哪些不足、哪些空缺？
- 文献中作者有没有提出理论进一步构建的方向是什么？
- 具体论文中"今后研究"（future study）部分所讲的今后的研究应该关注哪些方面？
- 具体论文中作者指出自己研究的局限性（limitation）是哪些，你能不能通过你的研究弥补这些不足？
- 你自己判断现有的具体研究都分别有哪些不足，它们在数据规模、抽样方法、采访对象、问卷方式、数据分析工具以及整体设计上有哪些可以进一步加强的地方？（请参见本书 1.2 和 1.4 关于文献阅读的方法。）

另外，在读文献的过程中，我们应该养成去关注作者提出的现有研究中的"不足""局限性""研究缺口"以及"今后研究的建议"的习惯，尤其记录与自己研究方向相关的段落语句，以便今后写论文时引用。

最后，读完这一节，给大家两个思考题：

（1）找出你正在写或准备要写的文章，认真思考这篇文章的三个最大贡献是什么？（包括理论贡献、研究方法上的贡献或实践指导上的贡献。）有机会的话可以问一问自己的导师或其他学者，同不同意自己所列出的该论文贡献点。

（2）如果能够确定出这篇文章的三个贡献，把它们分别列在纸上，然后问自己：

（a）我的每个贡献的重要性，有哪些文献曾经指出过、支持过？（找出来，准备在文中引用）

（b）我在写这篇文章的时候应该如何在文章的各个环节突出我的贡献？

（c）我在写导入、文献综述、文章发现、结论的时候所强调的论文贡献，是否能够做到前后一致、各部分相互照应？

3.7 学术写作中关于如何正确引用的那些事儿

很多刚做研究的同学常会对论文中关于文献如何引用、为什么要引用、怎么引用一头雾水。我的网上专栏经常收到读者与此相关的各种问题，其实这部分是比较操作化层面的问题，所以成熟的学者们仔细讲解的不多。下文我就用一问一答的形式来回答一下学术新人们关于文献引用方面的那些常见问题。

● 写学术论文为什么一定要使用引用和提供参考文献列表？

我们常见的教科书中关于为什么要引用的学术化解释很多，我这里只谈我自己切身体会到的几个重要的原因：

（1）任何学术研究都是基于前人大量的研究之上的。无论哪个学科，没有人能脱离了自己学科的其他研究而独立招牌。我们要在自己的文章中引用，是因为我们要承认前人的研究成果、发现、贡献；我们在文章中引用，也是因为要体现出自己的研究与领域内正在进行的"大话题"（big conversation）是有紧密关联的。完全脱离了领域内现有研究的论文是没有意义的，或者意义极其有限，也很难引起其他学者的关注。（关于我们的研究为什么需要"紧密联系大话题"，请见本书第一部分中关于文献阅读的讨论。）

（2）在论文中引用会增加你的研究整体的可信度、严谨度、关联度。写完一句话后面的括号中如果标明了文内引用（in-text citation），说明这段话不只是作者自己的个人判断，而是基于其他几个研究共同得出的结果。一篇文章中大量出现文内引用，是一篇论文从基本盘上看旁征博引的一个指标。当然，所有的引用都应该是准确的、相关的，而不是为了让文章看起来可信而生硬堆砌的引用。

（3）由于你的研究应该是建立于现有研究成果之上的，你引用了哪些研究本身也体现了你研究的水平，甚至可能会影响由谁来审阅你的文章。比如，《文思泉涌：如何克服学术写作拖延症》（*How to Write a Lot*）的作者保罗·席尔瓦（Paul Silva）

就说，有一些期刊的编辑会通过翻你的文献引用列表去为你的文章寻找审稿人。这是另一个为什么引用和参考文献不容忽视的原因。

（4）你文章里的引用和文献参考能提供给读者相关文献的出处，让他们得以方便地找到相关的研究，这是作者的一项义务。举个例子，研究自发式志愿行动对志愿者心理影响的文献并不多，一篇文章如果引用了这方面以前的重要研究并且在文献参考部分正确地提供了这些研究的题目、期刊名称、期刊年份等，读者就可以顺藤摸瓜找到与这些相关的其他研究。因为任何好的研究都是要基于一系列现有研究而不只是单个现有研究而建立起来的，因此一篇论文的作者有义务告诉读者，我引用了谁，你上哪里去找到他们的原文。事实上，对于我个人而言，平时找到重要文献、进行文献综述、构思论文主题和研究过程的重要的信息来源，都是某些极为相关文献中的参考文献列表。

（5）正确地引用和完整地提供参考文献列表也是为了避免论文被认为"剽窃"或"抄袭"了某篇其他论文。如果一个观点不是我们的，我们要在文中告诉读者这个学术观点或者学术发现是谁的；如果你不加入文内引用，不列在参考文献里，读者就会假定这个观点是你的，这是对读者的一种误导，也是对于最早提出这个观点的学者的一种不尊重。换个角度想一下，如果一个观点和结论是你通过几年的研究证明出来的，而有一位学者在他的研究中虽然用到了这个结论但并没有指明这是引用的你的结论，你会不会觉得委屈和不痛快呢？学术论文中对于某个理论、思路、观点、概念最先是由谁提出来的、哪些文献应该被引用是非常有规矩的。

总结来说，正规、完整、准确的引用体现了一个学者的基本素质和论文的基本水平，是每位学术新人必须要养成的习惯。

- 一篇学术论文中有多少引用是合适的？我文章里有太多的引用要不要紧？

论文中应该有多少引用没有绝对的答案，但是我问大家两个问题你就会有一些答案了：其一，如果一篇论文全篇一个引用都没有，会怎样？其二，如果一篇论文从头到尾的每一句话都是在引用其他文章的，会怎样？

第一种情况体现的问题我们在上一个回答中涉及了，即不能体现出这篇文章结合了现有该领域的重要文献、不能体现出该文章的可信度和严谨程度，这是不行的。对于社会科学来说，我几乎不相信有任何天才学者可以写出一篇完全不需要引用任何其他文章的文章，不引用的潜台词是，我的文章中每一句话所表述的观点都是我原创的，这显然是过分自大或者过分无知的表现。因此，第一种情况是行不通的。

第二种极端情况中会出现的问题是，读者会问，作为作者你自己的观点是什么？你的原创性在哪里？你的这篇文章有什么贡献和意义？一篇学术论文之所以有存在的意义就是因为其创新性和独特的贡献（具体见本书3.2"学术论文的黄金标准及分步式写作法"），如果一篇文章东拼西凑，所有的语句和观点都只不过是把其他论文的观点拿过来重新排列组合，那么这篇论文的创新性可见一斑。

所以一篇好文章的基本特征是，其核心观点和思路是基于现有文献基础上创新而来的，在沿着创新性的思路向前阐述的过程中，不断告诉读者我这些思想和创新跟现有其他文献和研究的联系，提供辅助性、支持性的参考和引用。

- **在什么情况下应该使用"直接引用"？在什么情况下应该使用"间接引用"？**

以下的解释是基于英文学术论文的主流标准。

学术论文中的"直接引用"，是指把另一篇文章的某个段落、某句话或某个名词直接拿过来放在作者自己的写作中，并且在上面加上双引号（""），在其后通过文内引用加上出处，暗示读者这是把别人的话原封不动地拿过来。如果你想使用直接引用，你不应该更改原文的任何语义、句式、用词，你应该把相关语句原封不动地搬过来放在双引号里，你还应该注意一定要清楚地使用文内引用并在文章末尾提供文献参考列表，从而让读者清楚地知道你这是在用别人的文字，否则你的文章就有被人指责抄袭的风险。

"间接引用"则是不直接使用原文的语言和文字，而是通过总结、概括、转述等方式重新说出另外一篇文章中的观点、主题、概念、意思，用以支持自己文章的主要论述和观点。有些学术新人以为间接引用就不需要提供文内引用，这是非常错误的做法。只有在文本中提供了引用，读者才会知道你的某句话、某个观点是有佐证的、有支持的、有证据的，是借用了别人的。

通常情况下，一篇论文中使用间接引用的次数应该远远大于直接引用；一篇论文中使用间接引用几乎是必然的事情，但直接引用不是。这跟两者不同的作用有很大关系：间接引用能让作者在论述自己主要论点的时候顺便提出具有辅助性、支持性、相关性的其他作者的文章，但又不影响作者对于文章思路的引领。直接引用则用于作者想要重点强调另一篇文章中一个作者的原话、逻辑、名词等情况，因为这些原文对于读者理解这一篇文章非常的重要。这一般有几种不同的情况，或因为所引用的文字是出自该领域非常重要、很经典的文章，或因为作者想要批判或不同意所引用文字中的观点、思路、论述。无论哪种情况，使用直接引用的目的是突出这些引用文字的原文，那么作者一定是因为觉得只使用间接引用不能达到现有目的才这样做的。

总结一下，直接引用在一篇论文中的使用应该是非常有限的，大部分的引用都是间接引用，也就是不会把某篇文章的原文大段地拿过来，因为这不能体现写作者自己的思考、理解、整理，对新的观点的贡献非常有限。这一点学术新手应尤其注意，避免在学术写作中大段大段且没有明确目的地使用直接引用，这样的文章不是论文，而成了其他学术文章的集锦。

● 学术引用的格式手册（manual of style）或格式指南（style guide）是指什么？学术写作中都有哪些常见的格式？应该怎样选择和使用？

在一篇论文中以怎样的具体格式进行引用是有说道的，不同的学科领域在长期的发展中逐渐形成了几套被广泛接受和使用的论文格式，最常见的包括 APA、MLA、Chicago、Harvard、ASA、CSE 等，每一套格式都有一些异同，都出版了相关格式的具体指导手册，网上也能找到大量信息和参考标准。请注意，这些格式没有优劣之分，只是不同专业领域、不同学校、不同期刊有自己的偏好而已。对于学术期刊来说，期刊的网页上会明确标明需要投递来的论文编辑成什么格式、按照哪一个格式指南来编辑。对于学生来说，不同教授也会在留作业的时候明确要求，某个课堂的作业请统一使用某一种具体的论文引用格式。

这些统一的论文格式保证了论文引用的统一化、标准化、规范性、易读性。论文格式中关于引用格式的规定包括相关的两个部分：①在文中段落里以什么样的格式进行引用（文内引用）；②在论文末尾以什么样的格式进行文献列表。文内引用可以理解为一个简短的对某个引用的文中提示，而文末的文献列表是这个文中引用的具体、完整的文章信息。一旦文中出现了文内引用，文末的文献列表一定要把这个引用的详细信息列出来，反之亦然。比如，以 APA 格式为例，假如我的文章中引用了"The Structure of Effective Governance of Disaster Response Networks: Insights from the Field"这篇文章去支持某个观点，那么在文中论述这个观点之后，我应该在该句话后面标明文内引用，即"（Nowell et al., 2018）"，并且在文末的文献引用列表中提供这篇文章的题目、期刊名称、期刊号、页码等详细信息：Nowell, B., Steelman, T., Velez, A. L. K., & Yang, Z. （2018），"The Structure of Effective Governance of Disaster Response Networks: Insights from the Field"，*The American Review of Public Administration*, 48 (7), 699-715. 请注意，格式要求是非常具体和需要准确的，比如 APA 有明确规定在文内引用中，作者的姓和发表年份之间要有逗号；而完整的参考文献条目中哪些部分应该斜体、哪些部分应该大写、作者的姓名是否可以省略、出版年份应该放在前面还是后面……这些都有非常细致的规定，不可以按照自己的喜好随便改动。

除了对引用格式有规定，每个不同版本的格式手册还提供了文章段落格式、行间距、缩进格式、页边距、标题格式等林林总总的格式要求，在每个格式出版的手册或官方网站上都能找到对于每一点的详细说明，都是我们在调整格式时需要遵循的方面。网上也能下载到一些已经调整好的某个格式的模板，供作者们使用和参考。

- 调整论文的引用格式常常占用大量的时间，有没有什么高效省时的方法？

首先，应该熟悉相关领域内最常使用的那几种引用格式，比如对于社会科学来说，APA、Chicago、MLA 都非常常见。还要明白使用论文格式的大体目的和原则。

其次，在写文章的具体过程中你应该逐渐形成自己的引用习惯，意识到文章最后需要建立参考文献目录，所以在读文献和进行文献综述的过程中就应该有一套自己的系统来记录和管理即将被引用的文献。这一个环节对于不同学者来说可能有非常不同的步骤和方法。我自己的方法是，在写论文的时候会把某篇文章的作者姓名和年份直接写到文内引用的括号里，并且把该文章的完整信息放到手稿的最后面，但是在写论文的过程中并不去调整具体的格式、引用文献的顺序，只是把信息记录下来。等到文章内容都已经写完不会做太大修改，并且在已经决定好要投向哪个期刊之后，再根据期刊所要求的论文格式，从头到尾对文内引用和文末文献列表进行清理和格式调整。这样的方法对我而言既能保证不丢失所需要引用的文章的信息，又不至于因为总要调整引用格式而打断了写作的思路。

最后，网上可以使用的管理引用、生成引用格式的软件和工具非常多，英文论文写作中常见的包括 Google Scholar、Refworks、Endnote、Mendeley、Zotero，等等，都能帮我们高效便捷地转换引用的格式。许多文献管理软件大同小异，只要认真地选择并使用一个适合自己的就好。

• 从哪里能找到高质量、适合我论文主题的参考文献？有时候在搜索某个题目时找不到太多可用的参考文献怎么办？

搜索和找到参考文献是一门必备基本功，我们对于自己学校图书馆所拥有的资源以及如何使用现有数据库和文献库应该非常了解。一般大学的图书馆都有专门的课程或培训，也有的提供手册或网上指南，记得如果有问题要去问图书管理员，他们的工作就是帮助你找到你需要的资料。

在美国多用 Google Scholar，登录某个大学的图书馆账户之后，就可以链接到 Google Scholar 的学校数据库下，在搜索某个关键词之后就会出现最接近主题的文章，而且可以按引用数高低、发表年份等项目排序，同时可以下载该文章，非常方便。使用 Google Scholar 还能非常方便地查找到相关文章，在每一篇论文下面都有"引用自"（cited by）和"相关文章"（related articles）选项，如果有一篇文章对你研究的主题非常重要，你可以翻阅有哪些文章引用了这篇文章，然后以被引用次数排序，往往能找到此类话题下非常重要的其他文章。"相关文章"选项也是一样。

不管你使用的是哪个数据库，你要重点去读一下那些引用次数很高、跟你题目有很大关联性、权威学者所写、最新几年出版以及新近文章中所引用的那些文章。这些都是能帮你顺藤摸瓜找到重要文献的方法。我的经验是，只要你对某一个题目抱有明显的好奇心，任何技术上的困难都没办法阻止你去找到相关的文献。

● **我在搜索文献的时候发现很难找到跟我研究题目相关的文献，这种情况怎么办？**

这种情况的出现可能有两种解释：一是这方面的研究确实很少，二是你搜索时所用的关键字没有准确地表述出相关的文献。

首先，你应该学会改变关键词进行搜索。由于我们对某个领域缺乏了解，可能我们研究的这个东西被叫作其他名字而我们并不知道，这对于社会科学领域是很常见的情况，因为学者们经常制造出各种名词去描述相关或类似的概念。比如我要研究"合作关系"（partnership），而很多研究合作关系的文章会称之为"alliance""coalition""collaborative"或"network"，所以如果我只是在关键词中搜索"partnership"，就很难找到这个大题目下相关的所有文献；而对这几个词分别进行搜索的时候就会出现更多的新文章。再比如假如我想研究"绩效管理"，那么我就不能只搜索"performance management"，我还要搜索"pay for performance""merit pay"等词，因为不同的文献会使用不同的名词去讨论这一类似的概念。当然，随着你阅读的文献越来越多，你也会对应该使用哪些关键词进行搜索有越来越准确的了解。另外，你还可以使用一个 Excel 表格对自己搜索过的关键词进行记录，这样能确保自己知道在进行文献综述的过程中有没有遗漏掉搜索某些重要的关键词。

其次，你应该扩大相关话题的搜索，从多个接近的领域找到一个能帮助解答你的研究问题的相关文献。举个例子，假如我的研究问题是"中国高校的绩效考核制度对老师教学效果的影响",这个题目在网上搜索之后,我们会发现英文文献直接讨论这个话题的较少,但可以找到关于"中小学绩效考核制度""绩效考核在教育中的使用效果""美国及欧洲国家大学对绩效管理的使用"等文献。那么在缺少某个话题的完全对准的文献的情况下,在你的论文中对这几个领域进行综述,同样可以帮助你并为你的文章做出支持。

再次,有些时候找不到文献可能是因为你的研究问题太窄、太小了,这可能需要你对研究问题进行调整,因为太窄的研究问题缺乏可推广性(generalizability),在学术上的贡献往往有限。举个例子,如果你的研究题目是"论 XXX 大学体育课学生人数的合理设定",那么找到完全研究同一个大学体育课的论文就非常困难,但是你可能会找到研究其他高校、其他课程在不同情况下学生人数设定的文章,这也是对你论文题目是否过于具体的一种提示。也许你可以将论文题目改成"论高等院校体育课学生人数的合理设定",甚至"论高等院校不同学科课程学生人数的合理设定",这些题目的可推广性都会比最开始的题目高。

最后,如果以上几个步骤你都试过了还是找不到相关文献,那么也有可能这个领域的文献就是不多。这种情况下先不要急着撸起袖子从头干起,而是要先思考一下为什么这个题目没有人做过,以及是否有相关文献也提出过这个话题下的文献很稀缺的问题。你还应该问一下自己的导师怎么处理找不到太多文献的这个问题,老师的经验往往能帮助你少走弯路。

3.8 轻松读懂国际期刊投稿流程：从选刊到同辈审阅

如何在高质量的学术期刊发表论文是每个学者都关心的事情。对于学术新人来说，越早了解到学术文章的投稿流程、发表过程、领域内期刊的特点，就越有的放矢、心有沟壑。这一节我想结合自己的体会来跟大家聊一聊关于国际期刊投稿的那些事，包括如何选刊、双盲审阅以及如何应对审阅结果等。

3.8.1 发表学术文章的本质

让我们首先使用"第一性原则"，来思考一下发表一篇学术论文的本质是什么。

学术论文的本质目的，简单来讲，是提出这个世界上人们还没有意识到、此前没有理解或者没有想明白的事情。学术论文的目的是依据科学的方法和思维方式，去把人类在某个领域的认知向前推动那么一小步。我们写文章不是写给自己的，而是写给这个世界的。我们写学术论文，不是为了彰显智商，而是希望它给世界带来认知或实践层面的价值。很多科研者最初做研究的动因都是好奇心和内在驱动力，这是没有问题的，但当一个研究花了很多人力、时间、资金的投入，我们作为学者就有某种义务把研究结果和研究得出的启示去跟这个世界分享，而不是个人好奇心被满足了就收工大吉。这个把研究结果跟世界分享的过程，在英文中叫"传播"（dissemination），在美国申请学术基金的时候必然会问研究者打算使用什么途径去传播研究的结果，从而让资助人的钱最大效用地作用在对社会的改进上。传播不只限于发表学术论文这么一种，比如去学术会议上做报告、给利益相关人做实践启示的分享、出版学术书籍、在学术类网站投递介绍自己文章的新闻稿……这些都是在跟世界分享你研究成果、让研究为世界带来更大价值和变化的方法。然而这些方法中，最严谨、影响力最大且深远的方法还是把论文发表在高质量的学术期刊上，学术文章不仅是给当下读者看的，而且也是给数年、数十年之后的学者看的；学术文章以最凝练、精华、准确的表现形式去把研究中的核心展现给这个世界，从而让其他学者、实践者、相关者能够有效借鉴。

然而我们写好的学术文章为什么非要投给期刊呢？换句话说，如果学术发表的本质目的是跟世界分享我的研究发现，那我为什么非要经过学术期刊来分享，而不是自己放到自己的博客主页、朋友圈、自建网站等自媒体平台来跟世界分享呢？这就涉及投稿到学术期刊，尤其是优质学术期刊的好处，以及学术期刊中双盲同辈审阅（double-blind peer review）的特点。你当然也可以利用自媒体来分享研究成果，但一方面你没办法收到结构性、权威性、严谨性的学术反馈，从而不知道自己想得对不对、有没有漏洞和问题；另一方面，优质学术期刊因为其口碑、权威性和长久的影响力，能够帮助你让研究成果被更多优秀的学术同行、读者、从业者看到，从而产生更深远的对人类知识和社会进步的影响。

想明白这些问题，你可能就很容易理解投稿过程中的复杂性以及双盲同辈审阅的特点了。

3.8.2 什么是双盲同辈审阅?

双盲同辈审阅（有时简称为"同辈审阅"），简单来说，就是你的文章是否被期刊接受并不是由期刊的编辑一个人做主，而是由编辑找到的几个跟你做相似领域的学者，也就是你的"同辈"（peer），来分别独立地审阅，编辑在收到他们的反馈之后，会综合这些审稿人的意见来做出一个是否接收你的投稿的最终决定。双盲同辈审阅已经成为优质期刊的基本标配，学术界的普遍共识是只有经过了双盲同辈审阅的学术论文才是严谨的、优质的、可靠的。

双盲同辈审阅是个聪明的设置，它同时实现了以下几个目标：

（1）期刊编辑不可能对所有某个领域相关的问题都是专家，因此他需要智囊团给他意见告诉他某一篇文章到底是满纸胡说还是惊世杰作，所以你可以把审阅者想象成编辑伸出触角去找到的咨询师。

（2）有了同辈审阅，一个研究者就能收到2~3个同领域学者的认真、细化、结构性的反馈——好的审稿人会详尽而真诚地对你的稿件给出自己的思考和意见，即便你的稿件被拒，这些意见也能大大帮助你了解到自己的研究中是否存在重大漏洞，以及同行专家都是怎么想的，具体应该如何改进等。

（3）"双盲"保证了审稿人不知道是谁的稿子，投稿人也不知道是被谁审阅的。这个过程就跟淘宝买家匿名留了差评一样，防止卖家看到反馈后报复心上身。另外，因为审稿人不知道具体的作者是谁，也保证了更加公正、客观、中立的意见，不至于被某个作者的头衔、领域内的地位左右观点。（这个过程中只有编辑有"上帝视角",对一切了如指掌。)

同辈审阅的具体流程是怎样的呢?不同学科、不同的期刊都会有少有差异,但大体来看一般的过程可以分这么几步:

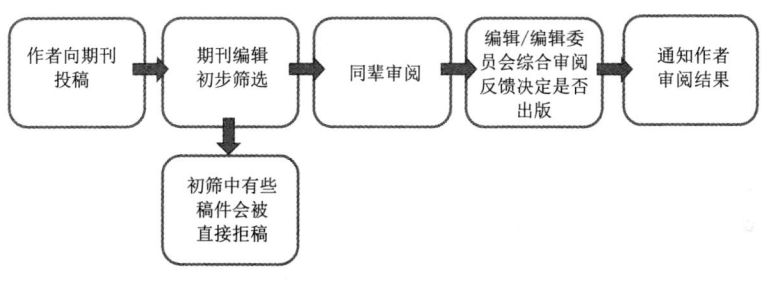

图 3-8 同辈双盲审阅的一般流程

(引自 https://www.editage.com/insights/peer-review-process-and-editorial-decision-making-at-journals)

第一步,作者向期刊投稿。这个步骤里作者要按照期刊在网上罗列的对字体字号、文本格式、引用格式、字数限制、图片表格等要求进行一一对应地调整,按照期刊投稿网站的要求填写关于文章和作者的各方面信息(如摘要、关键字、作者所在机构、是否有基金资助等)。

第二步,期刊收到你的稿件后会首先送到编辑的手里,决定是要"直接拒稿"(desk reject),还是找专家来进行同辈审阅。所谓"直接拒稿",就是编辑还没有让稿件离开桌子(送到审阅者手中),就决定可以拒掉了。好的期刊的直接拒稿比例通常高达50%~80%,而且直接拒稿率近年还在不断攀升。直接拒稿对于投稿人来说最大的坏处是没办法看到来自同行的详尽反馈。当一个编辑决定直接拒稿,通常在通知作者的邮件中都只会简单告知作者对不起你的文章不适合,而较少给出具体缺点和如何改进的反馈,这就让作者有时候丈二和尚摸不着头脑。但从编辑的角度讲,之所以要进行直接拒稿是因为审稿人是需要珍惜和保护的资源,如果一个期刊一年收到1000份来稿,那么如果每份文稿都找人审阅的话就大概需要找到3000个审稿人,这无疑是既困难又浪费资源的事情。因此编辑会对所有来稿进行第一轮基本的审阅,拒掉跟期刊主题不贴合、文章格式不合规、研究主题不在期刊兴趣内以及整体研究设计或写作水平不符合期刊预期的文章。

第三步:你的稿件一旦通过了编辑的初审,就会被编辑转发给他所选择的2~4个同领域学者,由他们分别进行审阅并各自提出对该论文的意见,时间一般在2~4个月。每个期刊对审阅稿件的标准和具体要求也不尽相同,有的有非常结构化的表格让审稿人来参照,有的只是告诉审稿人一个截止日期。编辑给审稿人的时间依学科和期刊而差距很大,有时候审稿人超过了截止日期还是没能上交意见,编辑就不得不延长一段时间给审稿人。由于这一步编辑必须要依靠审稿人来完成,所以其所需的时间往往不在编辑的控制之内。编辑也希望每个审稿人都能快快地把意见交上,无奈这是一份服务而不是一份义务,因此编辑能做的也只是催促审稿人、尽量找靠谱的审稿人、出现问题赶紧换审稿人。

第四步:审稿人完成了审稿意见并返回给编辑,编辑会阅读大家的意见,综合这些结果来做出一个该期刊是否接受这篇文章的决定。事实上,大多数情况下不同审稿人对同一篇文章的意见经常有出入,有的看了拍案叫绝,有的不屑一顾,当然还有一些审稿意见三言两语而不具有太多的可参考性，所以对于编辑来说如何综合这些意见而做出最终的决定不见得是一个完全讲得清的过程。有的期刊有自己非常量化的标准，比如至少需要三个审稿人中的两个人认为可以 R&R（revise and resubmit，修改后重新提交）才会给出 R&R，或者规定只要有任何一个审稿人提出应该拒稿，就会给出拒稿。而另一些期刊中，如果审稿人之间出现了矛盾的意见，编辑可能会更多地介入，依靠自己的判断和经验来做最终决定。这些都会因为期刊不同、做事方式不同而各有不同。

第五步，编辑会给投稿人发邮件通知对稿件的审阅结果。一般编辑给作者的邮件里面会有这么几种可能：①接受（accept）；②校正后接受（accept with minor revision）；③修改并重新提交（revise and resubmit）；④拒稿（reject）。除此之外有些期刊还会给"重写并重新提交"（rewrite and resubmit），其实可以看作是拒稿的一个变种。（对于如何应对审稿结果，我们会在后文专门进行讨论。）

3.8.3 如何选刊

讲完了上面这些基本流程，大家应该能够意识到投稿时选择合适期刊的重要性：期刊的定位和读者群、刊物的影响因子、审稿周期长短、对论文字数的限制、哪些人是期刊的主编和编辑委员会，都可能会影响到什么样的论文更容易被成功接受。对于有经验的学者来说，往往在撰写一篇文章的时候，就心里有数要把文章投到哪里，从而在撰写的时候能让文章的行文风格和结构能够更贴近于相关期刊的风格。

选择期刊的时候最重要的是要了解刊物的定位和关注点，这一部分在所有国际期刊网站上都能够非常容易地找到（在"About the journal""Journal description"或"Aims and scope"里面）。从这些信息里你应该注意找出两类信息，其中一类是"领域"（area），也就是某个期刊所关注和感兴趣的话题是什么；比如，我去年有一篇文章是研究志愿者行为的，投到了非营利组织管理为焦点的期刊就被直接拒稿了，因为编辑认为文章中并没有讨论非营利组织管理方面的实质性内容。拿公共管理领域举例，公共政策（policy）方面的论文如果投到以管理（management）为关注点的期刊上就不合适，反之亦然。

除了关注的领域，你还应该找出该期刊所强调的其喜欢看到的论文的特点。比如，你会发现有些期刊明确说了自己是以面向实践者（practitioner）为导向的，有的说明了自己是关注定量研究方法的，有的说明了自己致力于推动综合多个学科视角的文章，有的说明了自己只关注理论型文章……这些都是非常重要的信息，如果你打算向某一类期刊投稿，那么你就要思考阅读你文章的人是谁，他们熟悉哪些语言和理论，他们平时都读哪一类文章，他们怎么表达学术观点。

除了看期刊官方网站上的期刊介绍，你还应该去找一些该期刊近期发表的文章看，稍看几篇你就会发现这些文章的一些共性，比如有一些期刊中文章的定量研究的样本非常大，有一些期刊可能从来没发表过你研究的主题的论文，有一些期刊中的文章对研究方法部分的论述非常丰富和细致。去看这些论文相当于是你收集到的一手数据，有时候期刊对自己的介绍可能跟实际发表出来的文章稍有出入，这些都是比较重要的信息。

对于学术新人来说，我们需要逐渐积累对领域内主要期刊的认知，越早开始积累越好。如果你还没有系统研究过你们领域的期刊，我建议你从现在起建立一个表格，从几个最重要、最出名的期刊入手，把不同期刊的基本信息都分门别类地记录下来填到这个表格里，以后为论文选刊的时候就可以手到擒来。以下是一个你可以借鉴的表格结构，上面列出了各个期刊关注的主题、长度、分领域、影响因子、研究方法特点、面对的读者群等方面。你也可以把它建到 Excel 表格中，在以后信息逐渐增多的时候，使用"筛选"功能可以方便地找出适合某种文章的期刊。

表 3-1 期刊信息收集格式

序号	期刊名	期刊主题	期刊宗旨及范围	文章篇幅限制	文章的典型结构	从投稿到发表的时间长度	编辑委员会成员是谁	主要面向的读者群是谁	其他该期刊的特征及关键字
1									
2									
3									
4									
5									
6									
7									
8									

以上我们介绍了国际期刊投稿的基本流程，下文中我们专门讨论一下投稿没有被直接接受，你该怎么办。

3.9 高产学者的必修课：如何有效应对投稿后的改稿和拒稿

现代教育急于教人成功，却很少教人失败——如何正确地失败和有效地失败，如何面对失败和化解失败，这其实非常值得一个终身学习者、一个学者不断地总结和反思。学者通常是从小到大学习成绩最好的那一批人，大多是学校里的优等生，如果说学者有什么弱项，那么我猜是面对失败的经验。但随着阅历的增长你会发现，那些产出最多的学者也常常是那些改稿和被拒稿次数最多的人，那些心态平稳、目光宽广的人，那些懂得如何面对事业上和生活上所谓"失败"的人。

这一节我们谈一个现实的话题——投稿之后如果没有被期刊直接接收，我们该怎么办。论文没被接收通常有两种情况：一种是 R&R，一种是拒稿。我们就从第一性原理出发分别看一下这两种情况的本质是什么，以及其具体应对方法又分别是怎样的。

3.9.1 R&R 的本质以及应对方法

所谓 R&R，全称 "revise and resubmit"（修改后重新提交），是指编辑告知投稿人他的稿件在现在的状态下不能被直接接收，但是该期刊愿意给作者一次机会来按照审稿人的评语修改文章，修改完之后再次投到该期刊来进行新一轮的审阅。

R&R 不是拒稿，因为期刊给了作者修改后重新提交到期刊的机会；R&R 也不是一定会接收该文章的承诺，如果作者修改后的论文还是没办法让审稿人满意，那么最后的结果还会是拒稿。R&R 有可能连续出现好几轮，最后编辑得出结论该文章是应该被接受还是应该被拒掉。

收到 R&R 到底意味着什么呢？我们投稿之后最希望看到的结果当然是"接受"或者"校正后接受"，然而现在社会科学类稿件第一次提交就被直接接受的概率小之又小，尤其是投稿给好期刊的时候。所以对大部分投稿人来说，如果投稿之后收到的是 R&R，也就是修改之后重新提交，那么其实就应该看成是一个巨大的胜利。对于大部分期刊来说，R&R 之后第二遍提交的文章被接受的概率都要远高于第一轮。我听不少编辑说，自己期刊现在几乎完全不会给直接的"接受"选项，而是都会先给 R&R。所以 R&R 是非常好的结果，它意味着你的文章现在有更高的可能性会被接收，是值得庆祝的事情。

收到 R&R 之后应该怎么办呢？首先你应该找一个自己心情不错、头脑清楚、心态平稳的时间，安下心来去读审稿人的意见。之所以要找状态好的时候去读，是因为我们知道审稿人意见里指出文章问题的内容一定会多于表扬文章的内容。由于学者的论文都是通过少则几个月长则几年的时间写成的，这些批评性、评判性的语句常常会让写作者感到气愤、不服气、不同意甚至委屈。这种情绪本身对写出好的修改文章没有任何好处，所以如果你发现自己出现了类似情绪，你应该先把它缓解掉再来看审稿人的意见。

事实上，我认为 R&R 是非常好的学习机会和跟业内同行进行学术交流的机会。学术不是一家之言，不应该是闭门造车，你的这篇文章也不会成为你最后一篇文章，而应该是通向将来更好研究的开始。一般一篇论文会有 2~4 个审稿人每个人花数个小时认真来审读你的文章,这些时间和意见不应该被白白浪费,这就跟我们做审稿人时提出意见,希望对写作者有所帮助是一样的道理。

其实我们之所以有时候对审稿人的意见有情绪,常常是由于我们潜意识里觉得审稿人逼自己把论文改成某个自己不想改或不应该改的样子,但事实上这是一种很大的误解。你其实完全不必也不应该毫无保留和毫无思考地把审稿人的意见当成指令去执行,而是应该去理解审稿人提出某个意见背后的原因是什么,论文中是不是真的有这个问题,审稿人是不是有某种误解,如果是的话能有什么办法改进,如果审稿人说的不对你应该如何通过解释让他理解。事实上,任何审稿人都不会预期作者必须接受自己所有的意见,大部分的审稿人都是希望通过提供自己的意见和问题来引起作者对某个方面的思考和重视,从而能够解决掉文章的某个缺点或短板,让文章变得更好。真正好的修改是去解决这个问题来提升文章质量,而不是对审稿人的意见唯命是从。

当然,另一种极端也是不行的,即对诸多审稿人的意见置之不理、置若罔闻,这种做法很可能会激怒审稿人——人家花了好几个小时好不容易给你提出一些意见,你完全无视且提都不提,这是对别人付出的不尊重。所以总的来说,我们要在这两种情况中找到一种平衡。我们应该记得,作者和审稿人最终的愿望是一致的,就是把这篇论文改得更好,为现有的领域做出更大的贡献。作者不应该把审稿人看成发表路上的绊脚石,而应该看成是提升文章质量和学术水平的好帮手,这种心态能帮助我们更好地进行改稿。

接下来我们来说具体的操作方法。R&R 是让我们修改后重交，但是对于社会科学类期刊的 R&R，大部分时候我们除了重新提交修改的论文稿以外，还需要提交一个叫作"Response to Reviewers"的东西，就是一个去回答审稿人意见的文稿。这个文稿可长可短，结构也没有固定限制，但是却常常对论文的结果起到决定性的作用。这个文稿的作用是对审稿人提出的意见一一进行回应，告诉审稿人他提出的某个建议你是否采纳了、修改了，如果没有采纳是为什么。你还可以在文稿中引用其他文献来支持自己的解释。在回应当中表明某一点在新的改稿当中哪一页哪一段有更改的体现。

大家千万不要小看了这份 Response to Reviewers 文稿。其一，审稿人一定会看这份文稿，而且往往会先看，因为他们想知道作者到底改了哪些方面，有没有按照他们的建议改；其二，这篇文稿能够很好地体现出一个作者尊重审稿人付出、尊重学术严谨性的态度，写得好的话能够大大提升文章被接受的概率。有些情况下，一篇对审稿人的回复文章的长度甚至会大于原来论文的长度，当然学者们对长度问题没有统一的偏好，但是一份认真、详细、清晰的反馈文稿至少能很好地体现出作者尊重审稿人时间、重视审稿人意见，以及对学术问题严谨的态度，拿到一个印象分。

每个学者对文章修改的步骤都会有自己的习惯，这里简单分享一下我个人认为比较有效的几个步骤，供大家参考：

（1）第一步，通读每个审稿人的意见，把重点语句做标记。

（2）第二步，在读过所有审稿人意见之后，把自己的文章重新拿出来，以审稿人的视角从头到尾看一遍，从而真正理解审稿人为什么会有这些意见。

（3）第三步，把审稿人的意见分成不同的小点，根据其关于文章哪部分的意见进行分类，比如有关于增补文献、概念重述、研究方法、分析方法、结果讨论等各个部分的意见，你可以使用一个表格，每一纵列是文章的一个部分，每一横行标出是出自哪个审稿人的。这种归类方式的好处是，可以让你直观地看到审稿人对文章的哪一部分的意见最多，并且审稿人之间有没有相似的意见，如果有的话这些方面是可以在写反馈文稿的时候合并来回应的。

（4）第四步，把比较根本性、改动会比较大、比较重要的审阅意见先挑出来，考虑先改这一部分。改稿应该分主次、分先后，重要的部分改动之后有可能次要的部分已经变化了，所以我个人感觉应该先改大问题。比如，你可能需要重新更改一个研究设计，那么跟这相关的所有意见可能就不再相关了。

（5）第五步，开始写 Response to Reviewers 文稿。你可以以"第一审稿人—第二审稿人—第三审稿人"的顺序一一回复，也可以按照相同的主题为顺序进行回复，这有时候要看审稿人在多大程度上有一致的意见，如果类似的意见很多，那么可以按照主题归类，统一回复。

（6）写 Response to Reviewers 文稿可以跟改稿工作同时进行，也就是两个文件都打开，在改稿的同时就在 Response to Reviewers 文稿里面写上我在第几页针对这个问题做了怎样的修改。

（7）回应完所有的意见之后，再重新逐条确认一下，保证对审稿人提出的重要意见全都给了回应。

对于学术新人来说，这里尤其要注意回应用语的使用，对审稿人应该是尊重的、感谢的、耐心的，而不应该是不礼貌的、傲慢的、轻视的。初次写 Response to Reviewers 文稿的话，写完之后最好拿给自己的导师或学术前辈看一下，确保自己写得没有大问题，然后再发出去。

改稿和写 Response to Reviewers 文稿的过程可能是漫长的、艰难的，甚至是痛苦的，但你要知道改稿是学者正常工作的一部分，你应该永远留一部分时间给改稿。而改稿本身也是学术交流和个人学术成长的重要工具。所以摆正心态，做能做的事情，以提高文章质量为目标，总能慢慢地把稿子改完。

3.9.2　文章被拒怎么办？

在《文思泉涌》一书中有这样一段话：

> 人们为了躲避失败而经常会问这样的问题"如果他们拒绝了我的论文可怎么办？"，他们当然会拒掉你的论文。你写论文的时候就应该假定他们会拒掉你的论文。如果一个期刊会拒绝掉 80% 的投稿，那么一篇论文被接受的概率就是 20%。从理性上思考，你的论文被接受的概率就是 20%。由于没有哪个期刊的拒绝率会低于 50%，所以我在投稿的时候就会假定我投出去是会被拒的。这是唯一理性的结论，而我被拒的次数又证明了我的这个被拒稿的预期的正确性……刚开始写论文的人似乎认为他们是世界上唯一遭到拒稿的人。然而，常年发表大量论文的研究者也必然会收到

大量的拒稿。心理学领域最著作等身的学者们在一年时间里收到的拒稿信数量比普通学者十年内收到的拒稿信还多。

这段话放在这里与大家共勉。漫漫学术路,我相信你会跟我一样,多次把这段话找出来重读,不断提醒和鼓励自己。

我刚开始学术工作的时候脑子里面有一个迷思:优秀的学者都不会被拒稿。因为有这个害人的迷思,一方面非常怕被拒(因为被拒了就说明自己不够优秀嘛),另一方面写论文的时候容易犯完美主义、焦虑症以及拖延症,迟迟不敢投出去,其实是害怕收到拒稿的潜意识在作祟。

后来随着了解了更多的学者,慢慢地信服了保罗·席尔瓦的这个观点——越是高产的学者,经历的拒稿次数也就越多。由于我们通常了解到别人发表的都只是在看到论文上线和刊出的时候,我们的大脑会自然形成一个认知偏差,默认别人都能很顺利、很快速地发表一篇高质量文章,默认这就应该是成功学者的常态。但是如果你有机会去跟这些作者坐下来聊一聊,你会发现很多发表在非常好的期刊上的稿子经常是在收到多个期刊的多次拒稿信之后才被某个期刊接收的,这不仅不是罕见现象,甚至可以说是学术发表的常态。一个成熟的学者面对一篇稿子被多个期刊连续拒绝四五次、不断地改稿和重投新期刊,这简直就是家常便饭。坦诚而自信的学者会告诉你,他们平均每篇文章被拒的次数都不下三五次,有些时候甚至高达十次。可是这样的连续被拒的文章在发表出来以后,却有时能成为某个学者被引用次数最多的论文之一。

如果你是这位学者,在不知道最后论文能不能被某个期刊接受，并且已经被不同期刊拒绝五次以上的情况下，你能做到不抛弃不放弃吗？你会心态上完全不受影响吗？你能做到耐心看不同审稿人的意见，不断地继续修改文章吗？你能避免因为被拒稿而影响自我效能的判断吗？

所以在学术圈里越久，你就越会佩服那些著作等身的学者，因为你不仅知道创作一篇好论文的难度，也理解了他们必然是那些最能坚持、最坚韧、最不放弃的一批人，这样的人无论是在学术圈还是在其他任何领域都不会做得差。

说完了心态上应该摆正，我们来说说行动上该怎么做。

拒稿的情况一般有两种，第一种比较常见的情况是编辑给你发信说，由于某种原因，我们的期刊不能接受您的文章，祝您接下来好运。这种拒信的意思是，我们不准备再考虑您的文章了，请不要再把同一篇文章改完之后投给我们了，我们期刊对此不看好。遇见这种拒信，我们应该转去投其他期刊，而不应该换个题目、换个方式又投给这个期刊。有些期刊的编辑对于被拒稿后换汤不换药地又投过来是有意见的，容易造成不好的学术名声。

第二种情况是有一些期刊的编辑会跟你说"reject and submit as a new manuscript"——我们现在拒掉你的这篇文章，但是我欢迎你大改一下再投过来，但是你再投过来的时候我们会把它当成一篇新文章来给新的审稿人去看，注意这跟 R&R 是有根本性不同的，R&R 是在现有审稿人意见的基础上让你去改稿，改完了（理论上）还是给同样的审稿人来看，所以就像是双方签了一个半封闭的合同，你做到以下这些点我就发表你的文章。但是拒稿后重新提交新稿则是从零开始。遇见这种情况，你可以选择改稿后再试一下，也可以选择投给其他期刊，最终选择要取决于你有多想在这个期刊发表，以及你觉得这个期刊有多合适。

这里强调一点，在双盲审阅下，编辑的决策权限往往是有限的。审稿人是一个期刊的重要资源，如果一个编辑每次都逆着审稿人的意见给出最后的决定，很显然会让审稿人不开心，导致丧失审稿人资源。但编辑到底会在一个稿件的结果上起多大作用，不同领域、不同期刊貌似情况有很大差别。有一些期刊的编辑是完全尊重审稿人意见的，直到所有审稿人都亮出绿灯才会同意一篇稿子被接受。另一些期刊的编辑会介入得更多一些，尤其是在多轮改稿后，会做出一个到底是接受还是拒稿的最终决定，以节省大家的时间。

无论你收到的拒稿是以上两种情况中的哪一种，我们首先要做的一步应该是去仔细读一下审稿人的意见，看看从审稿人的角度看为什么觉得我们的文章不能被接受，是因为跟这个期刊的主题不契合、研究的设计不完备、对现有文献贡献有限，还是审稿人其实没有看懂、有严重的误解等原因。有时候虽然审稿人的意见未必都对，但你依然能看到可以在哪些方面去改进现有文章，从而尽量避免造成接下来审稿人看不懂、容易误解等问题。有的时候这些意见会促使增加某一方面文献的论述、调整文章导入部分的论述逻辑、减少几个研究假设从而让文章更简单，或者尝试另一种数据分析方法。总体来说，审稿人的意见虽然给你带来了"拒稿"这一结果，但是这些意见依然可以对你起到建设性的作用。

在我们收到一个期刊的拒稿信后，能不能不做任何更改地直接转投给另一个新期刊呢？理论上讲你可以这样做，但是有两重风险：其一，任何领域研究某个顶尖问题的专家往往就那么几个，你的文章有可能在新的期刊又被送回给了原来的某个审稿人，而人家一看你的文章居然没有对第一轮意见做出任何更改，显然仍会直接拒掉你的稿子；其二，如果第一轮审稿人的意见是有道理的，那么相同的审稿意见很可能出现在第二轮新期刊的审稿人意见里，即便审稿人有所更改。

综上，收到拒稿意见后我们不能完全无视拒稿信，最聪明的办法是平静客观地听取意见，思考审稿人说得对不对，有建设性地思考这些意见如何能帮自己提升这篇文章的力量，列出可以做修改的方面，认真改稿，然后再重新投出。

以上过程说得容易，在做的过程中如何不掺入过多的内心戏，如何能不因为被拒而沮丧，如何能始终保持信心，如何能把发表好论文而不是快速被接受作为首要目标——这些都是我们作为学者需要不断修炼、不断学习、不断磨练的。

最后，无论是被要求改稿还是被拒稿，当你感到沮丧、失落、一蹶不振的时候，不妨走出去跟其他人聊聊，无论这些人是你的导师、教授、同学，还是在某个会议上认识的其他领域的学者，他们的个人经验、旁观者视角、更客观的反馈，都能够帮你从个人情绪中走出来，去用更成熟而宽广的视角看待这个结果。我们很多的内心挣扎其实说到底都来自过分把自己的事当回事，而忘掉了更广阔的世界。只要稍微放开眼光，你会发现在人类智慧不断演进和积累的长河里，你的被拒和小挫折甚至小于苍穹中的一朵小浪花。如果你有推动知识车轮向前行进、用自己的研究帮助改进人类生活、让研究结果影响到一部分认知的愿望，那么你暂时的被拒稿和由此带来的辛苦就都变得不值一提。

愿我们终有一天都能把改稿和拒稿看成学者工作中稀松平常的任务，平静而理性地去做艰难但正确的事情。

第四部分

科研周边与研究者心法
——在做学术中见证个人成长

4.1 国际学术会议的正确打开方式
——从如何高效听会到如何做学术报告

开学术会议是在美国的学术人的重要日常工作之一，也被很多人看成是忙碌学术工作的一种喘息。比如，很多大学里的教授会保持每年都去参加某一两个固定主题的年会，年年像看望老朋友一样去见同领域的研究者们，很多科研人之间也因此变得非常熟络，他们会把某个学术协会或年会称为是自己的"学术意义上的家"（academic home）。虽然大家自己所任职的高校才是真正意义上的职业归属地，但一个院里或系里教授们的研究兴趣往往各不相同，而很多教授超过80%的时间都是自己一个人闷着头搞科研，如果能每年有一两次机会去找到一群跟自己研究志趣相投的学者，这些人又愿意在同一时间从美国各地甚至世界各地赶来分享自己最新的研究成果和经验，这怎能不说是科研从业者的一大快事？（此处可以联想武侠小说里华山论剑和武林大会的热闹场面……）

既然要聊学术会议，我想我们就必须侃一侃以下几个比较重要的话题：

关于理解学术会议：

- 为什么会有学术会议？
- 学术会议是如何召集的？
- 学术会议的基本模式是怎样的？
- 为什么要参加学术会议？

关于如何具体操作：

- 如何高效率地参会和听会
- 如何向国际学术会议投稿
- 如何在国际学术会议上做报告
- 如何在国际学术会议上建立社交网络

4.1.1 理解学术会议的本质和形式

让我们先从它是谁以及它是从哪来的这个问题说起。学术年会，轻松一点讲，其实可以理解为某一领域的科研工作者们按期举办的大型知识讨论派对。学术会议主办方一般是一个学术协会（association），这种协会最开始可能是几个对某个共同话题感兴趣的研究者们张罗起来的，然后聚拢的学者越来越多，人数不断增加，往往跟着学科的壮大就逐渐壮大起来成了全国性级别的协会。这种协会一般每年会向会员征收几十到几百元不等的会员费，用于举办和召开各种学术活动、奖励好文章、开展会员活动、支持青年学者等。学术协会可能有几千或者几万的会员，协会里面自己选董事会，组织不同任务目标的委员会（committee），同时可能会雇佣全职工作人员和兼职志愿者，一起组织和管理协会的日常。在美国一般这种学术机构都是非营利组织的性质。

在大多数社会科学学科中，这样的协会一般是一年召开一次学术会议，而且每年举办的时间基本固定。以公共管理领域为例，AOM（Academy of Management）每年都在八月份左右召开，ARNOVA（Association of Research on Nonprofit Organizations a day Voluntary Action）每年都在11月份感恩节之前的那一周召开，PMRA（Public Management Research Association）每年在六月份第一周或第二周召开，ASPA（American Society for Public Administration）每年在四月份召开。这样每年比较稳定的举办时间便于参会者提前做一整年的规划。会议时间一般控制在3~5天，既让大家有充分的参会时间不枉大老远来折腾一把，又不至于让参会者觉得离家太久耽误了生活和工作。很多学术年会一般有两天是在周六日，比如周四是第一天，周日是最后一天，从而充分利用周末时间而减少耽误工作的可能。很多会议也会设置提前场会议（pre-conference sessions），比如周四是第一天会议，但是星期三就安排了不同主题的工作坊（workshop），时间宽裕的学者可以提前赶到并选择多听几场。

学术年会的召开时间虽然比较稳定，但地点一般每年都不一样，尤其是全国性的学术会议，一方面是让大家趁机每年都去不同的地方增加新鲜感，另一方面是为了方便来自全国各地的参会者，比如今年在东海岸，明年在西海岸，对于住在两边的学者都比较方便，不至于每年都跑特别远。对于比较大型的学术会议，其实可以选择的举办城市并不多，比如 AOM，因为参加人数众多，每年只用一个酒店盛不下所有参会者，需要找到相距较近的多个大酒店作为开会地点才行，因此注定了只能在为数不多的几所大城市举办，比如亚特兰大、洛杉矶、温哥华等，因为一般的中小城市没有这么多聚在一起的酒店。最后就变成了每年在这几个主要的大城市轮换着举办。

除了全国性学术会议以外，还有很多地区性的学术会议也很值得参加，比如 ASPA 在美国不同的地区都有分会，分别在每年的不同时间召开地区性年会，比如 SECOPA（东南地区年会），NECOPA（东北地区年会）等，方便在某个区域内的学者参会，不必跋山涉水、跨越时差赶来开会。总体而言，全国性学术会议的声望自然会比地区性的高一些，但地区性的会议对学生和学术新人更友好，尤其非常适合首次做报告的人参加，是很好的锻炼机会。同时，很多地区学术会议上报告的质量也绝不次于全国性会议，还可以认识和结交同一区域内的学者。

在每年召开学术会议之前的几个月里（一两个月到八九个月不等），主办方首先会在网站以及会员的邮件群等平台发出参会申请召集（call for proposal，又称"征稿启事"）的消息，宣布今年会议举办的具体时间、地点、本次大会的主题以及各个方向的主题，其实就相当于一个邀请，告诉所有学者可以开始准备向今年的大会投稿了。同时会议网站上还会登出投稿的详细流程，是需要提交摘要（abstract）、申请（proposal）还是完成稿（full manuscript），投稿需要什么格式、多少字数为宜，以及使用网站提交的具体步骤,等等。大部分会议的申请不需要提交全文(full paper),只需要 1000 字以内的简介(description),写明最重要的几个部分即可(你研究什么问题、显著性、简单介绍相关文献以及你的方法论等);但是这方面不同会议的习惯有所不同,AOM 是我参加过的唯一一个要提交全文来申请参会并且会使用"双盲同辈审阅"来审会议申请的。一般来说,投稿过程的严格程度也能显示出会议在领域内的声望水平。

  你投出去申请几个月之后,主办方就会通知你的论文有没有被会议接收,如果收到一封以"congratulations"开头的邮件那就说明是被接收了。还有的时候你投的是"研究报告"(presentation),但主办方会把它转为"研究海报"(research poster)来接收——研究海报的要求一般会比研究报告低一些,对于演讲者来说压力也小一些,且不需要提交全文稿,对于年轻学者是尤其适合的。申请如果被拒也是很正常的事情,不必纠结。

  如果会议申请被接收,那么下一步就是要按照会议要求的时间完成你的研究并写出文章来,一般主办方会要求你在会议开始之前的几周之内完成全文并且届时以邮件形式发给跟你在同一个论坛的其他研讨者,方便大家有充足的时间提前阅读,会议现场可以更好地发问和讨论。那么这个时间点就成了你的一个 deadline,虽然说如果到时候实在交不出差别人也不会把你怎样,但是如果在同一个论坛上别人都发了论文只有你没有发,那还会是有点难堪和尴尬的是不是?(当然每个会议、不同论坛召集人的风格和要求都不尽相同,也有根本就不记得要完成稿的组织者……)

  到了开会的时候你会被跟其他四五篇相似题目的文章分到

同一个论坛，大家依次做 12~15 分钟左右的讲演，中间穿插提问或者留到最后的半个小时集中讨论。一般一个子会议环节（session）长度为一个半小时。如果是研究海报的话，你会和其他做研究海报的学者一起被安排在某天的某个时段（通常是一个半天）在某个场地摆放好你的研究海报，在这个时段内会有各种学者过来展会场地散步浏览，还会向你提问题或者跟你交流。研究海报的展示过程通常比较随意和非正式，还有很多人只是挨个慢慢看而不会跟你说话。

4.1.2 为什么要参加学术会议？

以上讲了一些学术会议的基本情况，在讲具体的操作细节之前，我想再来讨论一下为什么每年有大量学者即便再忙也要去参加学术会议。当然学者们对会议的态度还是各有不同的，但对于成熟学者来说，除了可以借机去各地旅游一下，可以在简历上多上一两笔的内容，还为了哪些原因要去参加学术会议呢？

根据我近年粗浅的体会，参加学术会议对学者有这么几个重要作用：

（1）**促进自己的论文成型**。这个被我放在第一位，因为我感觉这常常是资深学者们参加会议的最常见理由。写过学术论文的人都知道写论文是件多么消耗体力、脑力、耐力的活儿，做研究最兴奋的点往往都在前半段，比如琢磨一个新研究的题目、设计整个研究过程和收集数据方法、联系受访者和做访谈，甚至数据到手非常期待地跑一下分析……这些，对于一个真心享受做研究的人来说，都是非常令人兴奋和可以满足创造力和好奇心的过程，几乎可以持续刺激一个科研人脑中的多巴胺分泌。然而到了数据到手、结果也分析出来没有悬念了的时候，落笔成文这件事就开启了一个自己跟自己死磕的过程，有时候它变得如此漫长，需要几十个甚至上百个小时静下心一个人思考、关上门没完没了地码字、反复地修改和推敲词句和结构，这个过程自然就没有那么兴奋，也因此而容易叫人一拖再拖，或者注意力轻易地就被其他更新的项目吸引去了，而让老项目的发表就此被无限期搁置下去。

而学术会议为研究者们提供了一个很好的设置 deadline 的机会——既然你的论文被接收了，你也同意要去参加了，就要奔着开会日期这个时间点努力去把自己的论文写出来。因为有了这么个 deadline，学者最开始投申请的时候就会大概计划一下，我这篇论文现在处于什么阶段，到会议开始的时候能不能形成完成稿交上去。比较理想的利用会议 deadline 的情况是，在提交申请的时候你数据已经到手，或者已经有了比较成熟的研究计划，然后在接下来的大半年时间里你就可以以会议时间为 deadline 收集数据、分析结果、写成论文，这样通常能非常有效地促进研究出版发文，防止一个项目走到了最后一步却被漫长地搁置。我之前的博士导师就经常利用学术会议来高效率地完成论文，因为开会的时候已经写出了第一稿，在会议上听取一下大家意见，回来再做一轮修改基本就可以投给期刊审稿了。这种通过会议给自己设置 deadline 的方法看起来还蛮有效。

（2）**了解领域内最新学术观点及研究方向。**做科研的一大魅力就是"终生学习"，你是个努力发掘真相分享给世人的人，你也是个永远向别人学习、向未知探索的人。做科研的人无论是哪个学科都需要知道别的学者在研究什么，了解别人是怎样设计的研究，最新方法有哪些，领域内最新争论或关注的重点有哪些。实现这个目的的方法有很多，比如订阅领域内最重要的期刊或者订阅这些期刊最新的目录（content email），比如在 Google Scholar 或者 Research Gate 里关注某一主题或某些学者而可以收到相关的最新信息等。学术会议是一种特别高效的获取新信息的方式，几天的会议通常会涵盖上百个论坛，每个论坛又经主办方提前为你选出了 4~5 篇最新的、围绕某一主题的论文，在十几分钟之内你就能听到一篇论文的来龙去脉还能膜拜作者本人，这样就省去了你阅读论文的很多时间，还会激发你很多的想法，快速扩展脑中的文献储备，简直是个极为节省生命能量的成长之道。

（3）**拉近跟学术大牛和学术文献的距离**。这一点对于年轻学者来说大概尤其适用。我自己从小到大受的教育经常让我觉得教材、论文是和圣人一样离我们很远的，只适合隔空膜拜，比如读本科的时候被告知管理之父泰勒、科层制掌门人韦伯、决策管理大师西蒙，都是"权威""大师""经典"，这些教科书里面收集的作者虽然不是三头六臂，但也难以想象是个活生生的人。我记得第一次在美国参加学术会议的时候我的一个学长在一个晚宴上悄悄为我指着屋子里的一个人说，这个就是某某文章的作者，那篇文章你记得吗？那个戴眼镜的就是作者……还有那个被引用了好几千次的我们某个课上读的文章，那个端着酒杯的就是作者……我在那一刻忽然惊异地意识到我读的这些文章原来都是看上去跟我们一样的普通人写的！这件事看似没什么了不起，却是个微妙的瞬间，我从此之后看学术文章都觉得是活的，仿佛可以想象作者的面孔和他们写文章时候的样子，感觉枯燥的文章变得亲切了很多。此外参加学术会议还让我们有机会现场聆听学术牛人做报告，看着他讲自己的学术观点和学术文章，看他怎样开玩笑，谈研究当中的一些细节和小故事，你可能还有机会在问答环节看大神之间切磋武艺，甚至可以直接向作者发问。这个过程让你知道原来做学术没那么冷冰冰，大师们也没那么遥不可及，很多大学者还很友善，大部分学者都非常愿意帮助年轻学者。跟他们在同一个屋檐下一起开了几天会，仿佛你也成了这个大家族的一员。我觉得这个过程给年轻学者带来的影响，甚至可能比听取到某个知识点本身的作用深远得多。

（4）**建立社交网络，寻找工作机会**。如果你有意在博士毕业后做教授，参加会议是难得的学术社交和找工作的机会。管理学专业，尤其是商科，经常在学术会议上进行招聘，很多会议会专设招聘场，不同高校如果当年有招聘，招聘委员会的老师会专门到会议上来见一见投这个工作的申请者们，或者直接做一轮面试筛选。哪怕是没有这种专门招聘内容的会议，参加会议的几天里你也有很多机会在各种场合（比如早餐、中餐、晚宴、会议现场，甚至会议酒店的电梯里）遇见各个学校的老师们，很多时候关于一些学校的招聘信息就是在跟他们闲谈中获知的，还有的时候某个学校并没有在当时招聘，可是你认识了系里的某个老师，在一两年后他们招聘的时候你可能刚好毕业可以去那里应聘。我记得在一个讲学术职业的工作坊曾听到这么一句话：你在学术会议上的各种场合都一定要注意言行举止以及穿着，因为你不知道你下一秒碰见的那个人会不会就是你未来的雇主或老板。职业生涯漫长，未来无限可能，即便你现在已经找到工作，但也说不定几年之后想换工作，你永远不知道之前在会议上碰见的哪个人可能会在哪个学校的招聘委员会上等着你。

此外，学术会议上有很多机会能让你接触到有相同研究兴趣的学者，很多人利用这样的机会开始了实质性的合作研究。我自己经验不多，但做过的好几个研究都是完全始于会议上跟其他老师的相识和聊天。如果不是因为当时参加了会议，这几个项目确实都不会存在。

（5）**听取学术同行对于你论文提出的反馈**。我刚开始跟着导师去参会的时候特别不能理解她为什么那么重视会议上学者的反馈意见，让我们记下来之后回来逐条细读，并以此思考如何进一步修改文章。我虽然明白与会者是很好的建议来源，但是不同的学者总是有不同的意见，难道不是把论文投出去之后期刊审稿人的意见才是真的重要吗？这几年逐渐体会反思之后终于好像明白了一点。大家知道在国际期刊上发表学术文章一般都是需要同辈审阅的，你投出去的文章，被期刊的主编发派给三四个你不知道的同领域学者进行审阅，主编最后根据这几个学者的意见决定是否接受你的文章在该期刊发表（详见本书3.8"轻松读懂国际期刊投稿流程：从选刊到同辈审阅"）。因为是同辈审阅，所以了解你所研究领域的其他学者对某一主题的看法就十分重要。比如，如果你的领域里的学者们10个里有8个都觉得你的研究设计有问题，那么最后审阅你投稿的学者也很可能有同样的想法并拒掉你的论文。甚至更极端的情况是，你有没有想过，去你的分会场听你报告的人有可能恰好是之后你文章在某个期刊的审稿人,甚至是该期刊的编辑?(此事真实地发生在了我的一个博士同学身上。)毕竟不少研究领域还是比较小的,研究某一个问题的学者可能就那么些,说不准之前跟你一起讨论过文章的某个人就是编辑所找的审稿人。所以参加学术会议的一大目的是把自己好多个月甚至好几年一直在折腾的东西拿出来示人,听听领域内其他人的意见,想想自己在哪方面还可能做修改,从而为下一步的投稿做准备。在会议上听取其他学者对自己论文的评价非常重要,哪怕有的学者只是提出阐明性的问题(clarification question),也有可能帮你意识到有些问题自己在文章里可以多一些笔墨、阐述得更清楚一些,而可能就是这些改动让你的文章被某个高质量的学术期刊接受。

(6) **向学术界和社会大众传播研究结果,尽到一个研究者的社会义务**。归根结底,一个研究者的社会责任是把自己的研究结果传播出去,我们做研究不是为了做出来之后藏着掖着或者当摆设,我们是希望发表出来启发同行、改进现状、提高人类的认知、减少人类的困惑。你花了那么多时间和精力去做一件事情,有时候还花了资助机构或纳税人的钱,你应该对把研究成果传播出去给予足够的重视。那么如何让更多的人知道你的研究结果呢?发表到某一个期刊当然是一个办法且是一个很重要的指标,而在学术会议上做分享则是另外一个重要的渠道,能让很多人了解到最新的研究进展和结果。不要小看你所做的某个报告的潜在影响力,你可能并不知道哪个学者也许会因为听了你的报告而少走弯路或少走重复路、受到激励、受到启发,蝴蝶效应加起来也许会改变世界。

4.1.3　如何高效听会

想起我第一次听国际学术会议的感觉，怎么说呢，可以用"听天书"三个字来概括。首先是搞不清楚报告者在说什么，其次是搞不清楚底下的观众在说什么，最后是不理解很多程序是为了什么。猜想那时如果有人观察我的话，该是连着几天张大了嘴一副受惊吓状。后来有一次跟一个在国内读博的朋友闲聊，她说她第一次来美国开会，因为有时差的因素，再加上语言和文化上多维度的冲击，她自始至终在会场里觉得自己在梦游，离现场学者很近却很远。所以呢，如果你也在第一次参加国际会议时出现了类似情况，请记得我们曾经的狼狈体验，大家都需要时间去学习和适应，而且这种适应的速度往往会超出你的想象。

对于如何听会这个问题，我认为首先应该选择自己最感兴趣的话题去听，如果还不知道自己感兴趣什么话题，就带着发现自己兴趣点的目的去多听不同主题——毕竟在学术会议上发现新的兴趣点也是一个重要收获。在到达会场签到的时候会议组织者会给每个与会者发一本本次大会的Program Book——相当于节目单加日程表。Program Book是个神奇的东西，上面会列出所有此次会议学术报告所在的论坛，都是按题目把各个论文整理到一块，还会标明每个分论坛的开始时间和地点，简直是开会现场的万能手册。学术会议一般都会设置并行会议（concurrent sessions），就是多个不同主题的分论坛同一时间在不同的会议室里进行，所以在同一时段如果你对两个以上主题感兴趣，那么没办法，就只能做个取舍了（这也是为什么很多会场会看见学者不断出出进进，因为他们在同一时段可能有多个会议想要去听）。像 AOM 这种规模很大的会常常还会在好几个酒店同时举行分论坛，所以你需要提前把地点看清楚，否则临时找可能会耽误听会，时间都花在了盘桓于酒店之间。

建议提前一天看好自己对每天的哪个报告主题最感兴趣，把第二天的安排基本上计划出来，对地点也做到心里有数，然后第二天就按着行程跑就行了，不需要多花脑子。现在很多会议都有专门的手机 APP 了，很方便，勾选感兴趣的论坛和安排日程，APP 直接帮你做成日程表，还可以在里面搜索感兴趣的作者，方便我们膜拜自己的学术爱豆。

在学术会议上每个论坛都会有一个主持人（conveyor or discussant），一般是一个对该主题比较熟悉的学者或者论坛里的一个演讲嘉宾负责主持现场、介绍来宾、引导问答环节。我个人在听会的时候最感兴趣的常有这几点：①其他同领域的学者们最新在关注什么内容；②别人使用了哪些新的研究方法；③有哪些自己以前不知道的重要文献；④我的研究可以借鉴什么；⑤这让我想到了哪些新的研究想法；⑥别人是如何做好一个报告、如何回答问题和控制场面的。

建议去听会的时候随身携带纸和笔，把感兴趣的话题做好笔记，并随时记录自己的一些想法。听见好东西的时候人的思维也是非常活跃的，而且灵感常常过时不候，所以要尽量确保随时记录在案。

4.1.4　如何向国际学术会议投稿

总体来说，向学术会议投稿要比向期刊投稿容易得多，很多会议其实对于稿件的要求较为宽松，所以初次投稿的同学不必有太多畏难心理。

投稿的时候要先在会议的官方网站上找到一个叫"call for proposal"的东西，即征稿启事，告诉大家可以开始投稿了。从征稿启事里面至少要找出来这么几个关键信息：

（1）今年会议举办的时间和地点（conference time and location）。

（2）今年的会议的主题（conference theme）。会议每年都有一个新的主题，理论上来讲如果投稿更靠近当年的主题就更可能被选中。

（3）截稿日期（proposal submission deadline）。需要保证在投稿截止日期之前提交才会被审稿。

（4）会议的分主题（conference tracks）。要在里面找到适合你论文的分主题去投稿。

（5）投稿细节。具体在哪里投稿，稿件要求是什么，是要摘要还是完整全文；有没有字数限制，有什么格式要求等。大部分时候征稿启事里面只提供投稿入口的链接，具体对稿件的要求可能登在专门投稿的那个网站入口，或者另外的一个网页上，需要专门去找，不要在投稿截止日期当天才发现具体的要求跟自己理解的不一样。

写会议投稿（proposal）其实是很好的一个整理思路的过程，因为大部分会议只要求提供摘要或者是1000字以内的研究介绍，也就相当于要求你用非常凝练的语言介绍清楚自己论文的主旨、研究问题、重要性、研究方法、论文贡献等。这种凝练的总结过程有点类似于要求你做一个"电梯演讲"（elevator pitch），在化繁为简的过程中常常最能理清思路。写会议投稿的时候要注意紧贴会议要求，覆盖到所有会议所提出的方面，格式规矩，不要遗漏需要填的信息。另外如果有些会议说明投稿会通过双盲审阅，那么要记得按要求隐去文章中你的名字和学校。会议投稿除了格式上跟期刊论文不同，在语言风格上应该完全相似，即要尽量做到客观、准确和正式。（关于英文论文写作请参见本书第三部分"深耕学术写作：从风格到结构"。）

4.1.5 如何在国际学术会议上做报告

作为一个英语不是母语的学者，第一次在国际会议上面对着外国人用英语做学术报告确实不是件容易的事情。我自己起步比较晚，博士到了第三年才第一次去会议上做报告。当时和我的一个美国同学共同报告一个20分钟的研究，她讲前10分钟我讲后10分钟。我记得那份PPT在会议前一个月内改了很多次，在报告的前一天晚上我们俩一直在会议宾馆的屋子里面演练、计时、修改、互相提建议。那一次我们向来严厉的导师也在会议现场，给这次演讲增加了一些额外的紧张度。我记得当时看见我的美国同学一遍又一遍地操练和重新组织语言，我在心里偷偷地想，原来在学术会议上做报告即便对于母语是英语的人来说也是一件需要学习和练习才能做好的事情。

不但如此，要想做一个高质量的报告，即便是有丰富的报告经验、有多年研究背景的资深学者，也同样需要花一定的时间认真准备和操练。做一场精彩的学术报告并不是一件易事，这主要是因为学术报告具有以下特点：

（1）在有限的时间里面要把可能做了一两年甚至更久的庞

大项目讲清楚，研究者拥有的信息往往浩如烟海，一不小心就可能没完没了地讲起了数据收集中的某个小细节，而听众需要看到是这个项目完整的一个缩影。如何站在观众角度，站在对该项目毫无了解的角度把故事讲清楚，这是挑战研究者同理心和角色转化的一个过程。

（2）在一个口头报告里面所有的词汇和语句都需要使用得正式、规范、准确。学术报告跟学术写作一样要求我们对研究的描述精准而专业，比如两个变量的关系到底是相关性的还是因果性的，显著程度是 0.05 还是 0.01，你用的检验方法是线性回归（linear regression）还是内容分析（content analysis），最终结论说明假设是完全支持还是部分支持……这些具体的表述都需要做到专业、标准、到位。专有名词和固定用法的使用也能体现一个学者的成熟度。

（3）你演讲的时候台下坐的都是业内同行甚至业内大牛，面对同行们的提问如何能不卑不亢地回答、得体从容地回应、客观准确地解释，既表现出专业性又不失礼貌和从容，这对于新人学者也会是一大挑战(此处请同时思考该如何恰如其分地回应小概率情况下出现的粗鲁性发问)。

从本质上想想，"presentation"这个词虽然中文翻译成"学术报告"，然而它的英文意思更多的是指"展示"——你自己闷头做了很久的研究，现在给你个机会用十几分钟时间向大家展示你的研究成果，听取众人的意见。既然是个展示就要考虑听众的情况，因为归根到底你是为听众服务的。你研究里面很多自己觉得重要的事，对于观众来说未必是重要的，所以很多细节都需要狠狠心省略掉。

从内容结构上看，一个好的学术报告的 PPT 里必须要涵盖以下几个方面，并且在各个部分之间合理分配时间：

（1）**研究问题**（research question）：最重要的一个部分，没有之一。一个连研究问题都没说清楚的报告多半会让听众全程一头雾水。

（2）**重要性**（significance）：吊胃口环节，以前的研究有什么不足，现有的文献没有解决这般那般的疑问，那么我的这个研究的重要性就呼之欲出了。

（3）**文献综述**（literature review）：展现研究的主题绝不是平地起高楼，而是受到了诸多学者的关注和讨论。你看谁谁谁曾经发现了什么研究结果，以及哪些学者曾做出了什么推论和假设，然而都还不到位和有欠缺，我的研究就是为了推动这个话题的文献，弥补这些欠缺。

（4）**研究假设**（hypothesis）：立靶子环节，如果是定量研究那么就需要列出重要的研究假设，这是你整个研究的靶心。

（5）**数据收集和研究方法**（data collection and methodology）：样本是什么，哪里收集的数据，使用了什么数据收集方法（这里要去繁就简，不影响观众听明白的内容一律跳过）。

（6）**数据分析**（data analysis）：展示分析结果，如果是定量研究多用数字和表格，如果是定性多用引用或观察笔记。

（7）**研究发现**（findings）：总结分析结果说明什么。

（8）**研究局限和未来方向**（limitations and future direction）：简要指出自己研究可以改进的方面，展望未来研究可以怎样做，或者接下来自己相关的进一步研究计划。

（9）**研究结论**（conclusion）：回顾研究问题，研究的创新性,以及有什么重要的发现、结论、贡献。

也许你已经发现了,学术报告的结构其实和一篇正规学术论文的主要结构是完全一致的。而这恰恰是学术报告要做的事情,即把一篇论文最重要的环节都挖出来凸显给大家看。虽然涵盖的内容需要包括以上的方面,但很多学者可能会根据自己的偏好对顺序和详略稍加调整,比如 2 和 3 融合在一起说,7 和 9 合并在一起,或者省略掉 8,等等。但无论形式上如何,要想做好一个学术报告,我认为涉及以上九个方面是必不可少的。那么算一算时间,一张 PPT 一般至少要给 1~2 分钟时间,以上九个方面就已经至少 9 分钟了。准备学术报告 PPT 的时候可以以此为基础,先搭 9 张最重要的内容,其中需要更多描述的再多给 1~2 张。总体而言我觉得核心的 PPT 有 15 张左右就够了,如果数据分析结果比较占张数,总数也不应超过 20 张。多出来的一些舍不掉的东西可以放到最后作为附件,回答学者提问的时候如果有需要再随时找出来。

对于第一次做学术报告的同学,以下是我的一些小经验和小教训,供参考:

- 如果是英文学术报告的首秀,建议你提前把要说的话写成逐字稿,反复照着念几遍甚至背下来,上台之后会从容很多。
- 请注意,虽然是提前把要说的话记在脑子里了,但切忌背课文式的照本宣科。你要记得你是在给大家展示,在给大家讲一个故事,就好像向人介绍你自己的某段特别的经历和发现一样。试想,如果你用背诵式方法做展示,那么就失去了"你"在这个研究呈现中最重要的作用。

- 练习、练习、再练习。要想做好第一次国际会议的学术报告除了反复练习别无他法。练习时请母语是英语的同学、朋友或者老师至少听一遍,纠正使用错误的语句和发音不准的词语,然后再操练。此外,还要至少有一遍计时练习,保证没有超时也没有过短。人紧张的时候说话容易变快,但多练几次时间就可以把握得很好。

- PPT 不必太花哨,不必太多图片,不要使用动图,会干扰听众对你核心内容的注意力,也会显得不专业。

- 每一张上面不宜放太多内容,字体也不宜太小,这些基本规矩到网上搜一下能找到很多好的建议。如果觉得网上说法太多无所适从,就模仿你导师的风格,多看大牛的报告。毕竟每个专业都有自己特定的一些规则。

- 你在报告的时候场地里一般会有人进进出出,这是非常正常的,你要有所预期,不要受到干扰。

- 美国博士课上几乎每一门课教授都会要求你为期末论文做学术报告,所以你其实早已经在为学术会议上的报告做准备了。课上多留心学习别人是怎么做的,常用的语句和词汇、报告者的体态和手势、PPT 的模板和风格,等你在会议上报告的时候心里就已经有了很多份模板。

- 战术上重视,战略上藐视——想明白这是第一个学术报告而已,而无论谁的第一次都会有点尴尬。做了三五个之后保你不需要背诵、不需要紧张,做了十个以上学术报告你就是游刃有余的报告达人了。

4.1.6 在国际学术报告中如何回答问题

关于学术报告后的 Q&A（问答）环节我想再多说两句，尤其是我们作为年轻学者都应该注意些什么。先讲一个我见过的一次比较糟糕的 Q&A：

有一次一个博士生在一个会议上做了一个挺不错的报告，我记得她的 PPT 做得很炫酷，过程讲得很流畅，研究问题也很有趣，总体而言在 Q&A 环节之前都是相当成功的。然而到问答环节，有一个在场的教授发言并给她提了一个建议，大体就是说她分析的方法还不够完备，可以进一步尝试使用另一个方法，还具体指出了如何使用另一个方法的建议。这其实是非常正常的一种 Q&A 的交流，因为再优秀的学者也不可能做出百分之百完美的研究，总是有可以提高和改进空间的；而且你来报告的一大目的就是为了得到别人的反馈和建议，所以一般学者都会表示感谢或者简单回应自己的想法。然而这个可怜的博士生听了之后并没有任何接受的态度，她说她觉得自己的这个方法就已经很完备了，最关键的是，她也并没有说清楚为什么自己的方法就已经是完备的了，而只是嘴上反复说我觉得这个方法是可以的。那个教授大概以为她并没有没听懂自己的话，于是就进一步指出她这个方法哪些地方是有漏洞的，她听了之后依然辩解说我觉得这个方法就是好。这一下接着有好几个在场的学者纷纷发言说你这个问题就是需要改进的，除此之外你还需要改进其他几个方面，你的这个方法为什么是站不住脚的，为什么必须要重视。博士生面对所有问题从头到尾都做出了抵抗的姿态，虽然没有很失态地反驳，但是直到最后也没有接受几位发言者的建议，同时也没有解释自己的方法为什么就是站得住脚的，让场面一度颇为尴尬，然后就这样结束了学术报告。

我在底下一边尴尬症发作一边暗暗地琢磨为什么会出现这种情况，明明这可以是个很好的报告啊，可见收尾的 Q&A 环节真是不容小觑的，而且因为 Q&A 是没有办法准备的部分，所以往往可以看出一个学者的水平。

这位博士生报告者其实犯了一个大忌，就是"过于防御"（too defensive），或者说是"太较真儿/过于针对个人"（take it too personally）。美国人平时在工作和生活中经常爱说这一句："Don't take it personally"，意思是你不要把别人对你工作的反馈和评价看成了是对你这个人的评价。大多数时候学者在会议上提的意见是对事不对人的，真的不是针对个人，而只是针对某个研究本身。但是，说起来容易做起来难，谁都有"小我"（ego），我们自己做了很久的引以为傲的研究，当然希望所有人都说我们做得好，当然希望得到肯定，所以我们往往听到批评或建议之后的第一反应就是，这是否定了我的工作，也就是否定了我的方法，也就是否定了我的价值，就是否定了我……于是很容易带着小脾气开始不理智地反驳起来，变成了"为了辩驳而辩驳"，最后进入了停不下来的"防御"模式——这也是那个博士生当时陷入的一种情况。其实成为一个优秀学者的第一步大概就是有胸怀去接受别人的意见。所有你看到的在台上光鲜亮丽、学富五车、举止优雅的学术牛人，我敢向你保证他们无一例外都经历过大大小小数不过来的质疑。美国著名畅销书作家、企业家蒂姆·费里斯（Tim Ferriss）说："一个人将有多成功经常可以从他在多大程度上能进行让人不舒服的对话上看出来"。你甚至可以这样想，接受别人的意见和批评是你作为研究者的正常工作的一部分。

作为报告者，要想做到在 Q&A 环节上从容应对，我们在心理层面上还要想明白 Q&A 的本质，要记得我们在学术会议上的问答环节不是作为学生在为自己的论文答辩，不是在课堂上回答老师的问题，也不是作为某种选手在回答评委提问，我们是在做学者和学者之间的探讨和交流。你可能在报告的时候还是学生身份，可是当你走上学术会议的讲台，底下的人并不会把你看成传统意义上的学生，而是看成一个独立的"研究者"。

以我的观察，学术会议上的提问动机往往可以大体划分成这么几种情况：

（1）提问人对你的研究感兴趣，想针对没能充分说明到的部分有更细致的了解。

（2）提问人对你使用的方法不是很认同或者存在一些质疑，想让你进一步解释自己的选择。

（3）提问人自己心里有更好的设计和方法，想给你提一些进一步改进研究的建议。

（4）提问人可能对你的项目没有问题，但对这个话题感兴趣，想了解你对相关领域一个更大话题的观点（这种问题常常同时提给在场的报告者）。

（5）提问者想通过提问显示自己的聪明才智，或者，极端情况，提问者借机发表他对某一话题的情绪化的看法（只遇见过一次）。

除了第五种情况不太好控制（往往也不需要控制），前四种情况其实都是提问者想跟你做学术上的探讨和交流。无论接到什么问题，能回答什么就答什么，该解释的就充分解释，如果提问人有更好的建议，可以当场拿笔记录下来并表示感谢。如果有关于自己研究记不清楚的细节，坦诚地向提问者道歉，表示"I'm going to look into that. I can get back to you later"。整个过程自信而不骄傲，自谦而不自卑。摆正学习的心态，即使场上出现愚蠢提问或评价也不必太在意，公道自在人心。能用幽默解决的都一笑了之。

此外，多听多看别人如何做 Q&A，尤其是资深学者和优秀学者的报告，这是我们学习最重要的途径。

4.2 如何治疗"不想写论文症"

我猜，每个学者都有过不想写论文的时候，就像每个人都有不想起床的时候，每个士兵都有不想训练的时候，每个演员都有不想登台的时候。

我自己的性格里有很多躁动不安的成分。木心在《文学回忆录》里说过的一句话很好地体现了我身上的这一特点："人类弱，而又不安分……"我的躁动为我做学术的路带来过好多困扰，其中辛苦、困扰、自我挣扎的经历简直不胜枚举。我甚至因此曾很长一段时间严重怀疑自己到底适不适合做学术。

由于不想干活、不想工作而又不得不完成任务，我读博期间自我挣扎的同时也莫名其妙地读了不少心理学、管理学和自助主题的书来寻找出路。而今想来，也算是歪打正着地学会了很多新的视角，算是一种意料之外的缘分。冯唐谈他父亲，说他从来安静从容离佛很近，然而因为自己没经历过拧巴和挣扎，所以也渡不了人；我于是安慰自己说正是因为我自己拧巴过挣扎过，才能更理解别人的拧巴和珍视人类成长的不易。

下面是一些我治疗自己"不想写论文症"的方法，零零散散地写出来，一半用于抵抗生活，一半用于纪念。我们都是肉身做的人，都避不开喜怒哀乐、贪嗔痴慢。面对写论文，有如面对"写报告""开会""见客户""做汇报""写总结""谈合同""备考试""结项目"……它们有时让我们兴奋，有时让我们苦恼，更多时候，我们因为不得不应付它们而体会人生，理解自己，通向成长，同情他人。我想这不断自我调整、寻找出路、自我鼓励、向外探索的过程，也许才是最大的意义。

（1）有人说，不想工作是人反抗做奴隶的标志。随着年龄增长，你会逐渐认识到，即便遇到了自己最心爱的工作也偶尔会有不想工作的时候，that is ok。总有些特别牛的人可以每天都"跳着踢踏舞去上班"，然而对我们大多数普通人来说，不跳着舞去上班不是病，偶尔不想干活不算罪大恶极，自我苛责须慎用，学会休息和放松也需要勇气。

（2）如果从趋近-回避理论（approach-avoidance theory）来思考，人干活的动力大部分可归纳为两种：一类源自对事情做不好的恐惧（回避动力），一类源自把事情做好的向往（趋近动力）。害怕挂科而去复习微积分显然属于1号动力，而熬夜看武侠小说则是2号动力。虽然1号动力常能在deadline之前激发出一个人几倍于平时的工作效率（因为恐惧情绪的大毛怪在追着你跑），但它不稳定、不长久、不愉悦。总被不远处可怕的深渊凝望着，你不可能每次都有能力回头凝望深渊。如何慢慢积累来自2号动力的正向能量是每个打持久战的从业者都应该花时间思考的事情。这期间值得思考的是如何主动给自己设定成事之后的正向反馈和奖励。不要高估我们的意志力而低估了人性，人类几十万年进化而来的心理规律是可以被利用而带来正向反馈的（想想"抖音"如何让我们欲罢不能）。当然，偶尔用一下 1 号动力也挺好。连曾国藩都说："天下事无所为而成者极少，有所贪有所利而成者居其半，有所激有所逼而成者居其半。""激"和"逼"也是有用的力量。

（3）你拖延症的病因是什么？《我们都是拖拉斯基》(The Worrier's Guide to Overcoming Procrastination) 里把拖延分为不知道该怎么出手的 **"决定拖延"** 和知道该怎么做而就是不想做的 **"行动拖延"**。要治病先对症。拖延的病因常来源于"焦虑"，而焦虑又有不同的源头：自我怀疑、害怕失败、完美主义、害怕成功、低自我效能、困难与不确定性、讨厌工作等。每种病因治疗方法不同，但社会科学的可爱在于总相信问题有解。《我们都是拖拉斯基》里细致入微地讲解哪一种毛病用什么药，比如，完美主义的人需要清除"应该思想"，练习接受不确定性；自我怀疑和害怕失败者需要识别扭曲的念头和审视恐惧的根源。此书是科学解决拖延症的一大力作，有理有据，有细节有应对，建议常备身边，治疗拖延症的同时顺便更了解自己。

（4）又一拖延症名书《拖拉一点也无妨》(The Art of Procrastination) 说拖延症是可以利用的：把所有需要做的事情列在纸上，从你最愿意做的事情做起，往最不想做的事情上慢慢移动。躲避写论文的动力说不定会促成你把欠下两个月的书单全看了。亲测有效。

（5）写论文中遇到的瓶颈往往是福不是祸，冲过去就是好汉。送曾国藩语共勉:"凡事皆用困知勉行功夫,不可求名太骤,求效太捷也。尔以后每日宜习柳字百个,单日以生纸临之,双日以油纸摹之。临帖宜徐,摹帖宜疾。数月之后,手愈拙,字愈丑,意兴愈低,所谓困也。困时切莫间断,熬过此关,便可少进。再进再困,再熬再奋,自有亨通精进之日。不特习字,凡事皆有极困极难之时,打得通的,便是好汉。""**再进再困,再熬再奋**",极妙。想起村上春树说,"今天不想跑,所以才去跑,这才是长距离跑者的思维方式。"

(6) 什么都没有成长性思维重要。完成一篇论文不是终点,老板夸一句或贬一句不是终点,投稿被收或被拒不是终点,这世间哪有绝对的终点和目的地?厉害的人看的是自己成长了多少而不是暂时拿到了什么。强推《终身成长》(*Growth Mindset*: *The New Psychology of Success*),读完一遍又想读一遍。它谈如何改变对成功、失败、付出、努力的认识。既然没有终点站,什么最重要?心流,此刻,正念(mindfulness)。学习破除孤注一掷(all-or-nothing)的心态,破除结局式思维方式,破除狭隘的某种自我定义,将来回首向来萧瑟处,必然感谢当年写作瓶颈带来的礼物。

(7) 写不下去论文时,可以读读别人是怎么写论文的。比如以下两本都挺好:

(a)《学术期刊论文写作必修课》,温迪·劳拉·贝尔彻著(*Writing Your Journal Article in 12 Weeks*, by Wendy Laura Belcher):天天写,不间断,哪怕再忙,十二周也能写出一篇论文,有理有据。书里详细提供每周具体做什么、怎么做的指导，据说有同事依此执行，12 周真能写出文章。前几章尤其精华，值得每一个学术人阅读。

（b）《每天 15 分钟写完你的博士论文》，琼·博尔克著（*Writing Your Dissertation in Fifteen Minutes a Day: A Guide to Starting, Revising, and Finishing Your Doctoral Thesis*, by Joan Bolker）忙得没时间写毕业论文？作者说一天写 15 分钟就可以。好处：①每天都写所以避免单次写的时候花很久时间在记起思路上；②每天都写所以无意识之间也会思考论文相关的事（比如跑步的时候想到一个新点子）；③一天 15 分钟是个容易达到的目标，能促使人坐下来开始动笔，而一旦你有了"启动能量"，往往不止是写 15 分钟。

（8）要事优先（prioritize, prioritize, and prioritize）——世界上的事情全在争抢你的注意力，除非花力气守住自己的主线，否则很难成事。任务总是很多，新鲜事总层出不穷，美国博士生常被导师的项目、教课任务、其他论文争抢时间，忘记了只有写完毕业论文才能毕业。切记什么对你最重要，把每天最宝贵的"清醒时间"多留给针对自己的"增值性活动"。除了你可以为自己的时间做主，没人有义务对你的时间负责。学会做减法，学会说不，学会优化日程。

　　（a）增值性活动：创造性的、对你学业或职业上升重要的，构建你核心能力和技能的活动（比如对博士生来说完成博士论文、发表论文、构思和申请新的研究项目、参加研究方法的工作坊和培训、教一门新课，等等）。

　　（b）维护性活动：工作和生活中不做不行，但做了也不对职业发展或个人成长有较大影响的活动（比如，整理差旅的报销收据、教师写给学校的评估材料、做家务洗衣服等）。

（9）采用"自我实验法"找到最适合自己的工作套路——自测早上写、晚上写、每天写、隔天写、集中写、分散写、多人写、单人写……的种种不同，逐渐摸索何种方式最适合你，如何安排计划最能坚持、最有效率、最不容易懈怠。这个实验的过程无法由别人代劳，也无法一味抄作业，别人的方法多半不适合你。《别让无效努力毁了你》（The Productivity Project）的作者克里斯·贝利（Chris Bailey）是拿自己做实验的高手，用一整年时间系统测试了各种情况下自己的工作效率（比如每天早上5点半起床并坚持3个月，断网10天，完全跟外界隔绝10天，完全不做家务10天，完全不喝咖啡或任何饮料1个月，等等）。他说你一定要找到自己的生理黄金时间（biological prime time），并且用来做最重要的事情；说亲测自己一星期头不梳脸不洗任何家务不做的工作效果并没有提升；说每天即便用一分钟做冥想也对工作效率有好处；说自己每天每少睡1个小时，就失去了2个小时的工作力。可想而知，这些自我习得的效率经验可以长久地应用在日后的工作方法上。

（10）工作时间越长越好吗？《别让无效努力毁了你》中说研究表明每周工作七八十个小时的人在3周以后跟每周工作40个小时的人的工作成果是一样的——原因是工作时间长的人的工作效率也会自动下降。另外，为了保持好的状态，作者说一定要留空闲时间给自己的大脑让它"无所事事"（wander around）

比如不带手机不听歌地出去散步。

（11）在两个工作之间不断更换有可能能提高效率，比如写15分钟英文论文后读15分钟中文书籍之类的，但效果会因人而异。更换工作内容的好处是让你跳脱出来，避免"细节沉溺症"。很多任务本身并没那么复杂，沉溺久了会丧失大局感，边际效率递减。工作中多休息也能起到"跳脱"出来的作用，哪怕每次休息只有一两分钟。另外，研究表明在 deadline 来临之前选择帮助别人的人会比选择完成自己任务的人更容易按时上交任务——你看见了别人的困难之后，自己的任务就不是那么大的事了，这就减少了没必要的细节纠结。你如果总是觉得时间不够用，建议你读塞德希尔·穆来纳森（Sendhil Mullainathan）的《稀缺：我们是如何陷入贫穷与忙碌的》（*Scarcity: Why Having Too Little Means So Much*），效率低可能不是由于不够沉溺，而是由于过于沉溺。

（12）别怕犯错，别怕被拒，别怕不适感。不适感次数跟成功率成正比(A person's success in life can be measured by the number of uncomfortable conversations had)。可参见蒂姆·费里斯（Tim Ferriss）的《巨人的工具》（*Tools of Titans*）——别怕老板不满意，别怕别人的批评，别怕期刊的拒稿。你的每一个行动都比不行动更靠近成功。去挑战"我需要是个完美研究者"的想法，这世界上没有不犯错、不被拒、没被批评过的杰出研究者。

（13）写文章常需要一鼓作气。数据收集到以后，别等别拖，把写作时间规划到日程表里面，雷打不动。写文章的战线拉得太长会"解嗨"，越往后越不想写，谈过太多次、想过太多次、报告过太多次、调整过太多次，像反复水洗过的画，味道淡了、兴奋感没了，如果迟迟不出看得见的成果对自我效能还可能有伤害。你如果现在不想写，就告诉自己，你现在遇见的困难如果拖到将来就会变成几倍于现在的困难，你现在的努力是在为将来的自己解决问题。

（14）日行二十里原则（20 miles march）。20 世纪初罗阿尔德·阿蒙森（Roald Amundsen）和罗伯特·福尔肯·斯科特（Robert Falcon Scott）各带队伍去争取成为首个到达南极的人，斯科特的队伍在好天气好状态下会加倍远行，坏天气坏状态下则止步不前；阿蒙森则规定自己的队伍无论晴天雪天日行 15～20 英里，状态好也不多走，状态差也要达到目标。结果是日行 20 英里的队伍最终走到了南极。吉姆·柯林斯（Jim Collins）在《选择成就卓越》（*Great by Choice*）里讲述的公司成长的重要原则——日行二十里，风雪不误，你才不会依赖"好状态"而完成任务，才不会把没状态当作借口而误了行程。

（15）把所需的"启动能量"降到最低，需要意志力的事情往往是需要较大的"启动能量"，一旦你把行动运转起来了就不需要什么能量了。比如坚持晨跑最困难的常常是起床去穿上运动衣裤的时候，坚持弹吉他最困难的是去把吉他拿出来调好音的时候，开始写论文最困难的是停止东看西看而去电脑前坐好打开一个 word 文档的时候……所以比较聪明的办法是要把开始一件重要任务所需的启动能量降到最低，比如想晨跑的人前一天晚上穿着跑步的衣服入睡并把跑步所需的各种物品准备好能拿起来就走；想练吉他的人把吉他放在卧室里能拿起来就弹；想写论文的人使用一台能快速启动文件的电脑并把论文文档永远保持在打开状态……别忽视启动能量的作用。相反，想克制自己去做某件事情就增加它的启动能量，比如，把总忍不住看的 APP 藏进一个又套一个的文件夹里而不是触手可及。[具体参见《快乐竞争力》(*The Happiness Advantage*) 一书。]

（16）今天你计划了吗？不仅要理解"不预则废"，还要理解为何"预了也会废"，科学地做计划才能让计划有用。制定计划时要使用 SMART 原则 (specific, measurable, attainable, realistic, time-bound)，计划定得太宽、太高、太抽象、太不现实都不会起到计划的作用。计划是需要逐渐调整的东西，调整之后就坚持日行二十里原则，风雨无阻，觉得困难就当是刻意练习坚持力。

（17）关于压力：《自控力：和压力做朋友》(*The Upside of Stress*) 一书说压力是好东西，研究发现人在某个阶段的压力大小和生活有意义的程度成正比，也就是说回想自己最有意义的人生阶段，往往都是压力最大的时候。作者的研究发现压力本身并不会让人出现心血管疾病等健康问题，但相信"压力会对身体健康不好"的人则确实会在心理压力下出现身体问题。相信压力能调动自己的最佳状态的人则不会受到负面的影响。

（18）"自我同情"(self-compassion) 是一种需要习得的能力，面对困难时自我苛责往往会加重拖延。自我同情的能力在个人遇见挫折、逆境、灾难时尤其重要。有研究显示，一个对离过婚的人在多久之后能走出伤痛状态的调查发现，最有助于帮人重新回到正常生活的能力不是乐观、毅力等品质，而是自我同情。[可参见《另一种选择》(*Option B*)。] 如果你一直惯用自我苛责来鞭策自己，试试看能不能换一种激励自己的方法，理解了自己面对的困境你才有能力冲过困境。

以上 18 条与诸位学术人共勉。

4.3　每天写 15 分钟真的能写完一篇论文吗？

不知道大家写论文通常一次写多久，我自己经历过无计划写作、刻意留时间写作和零散时间写作这三种写作体验，不得不说，只要做学术是你的长期目标，什么时候写论文、每次写多久就是一个必须要好好思考一下的话题。

我刚读博士时的写论文方式跟小学生完成家庭作业有点类似，有了闲散时间就去写，状态好就多写，状态不好就不开张，deadline 之前常常疯狂赶稿，却也通常能完成任务。接下来我发现我的老师们都会把每周某个固定时间段截留下来专门给自己写作用，比如我之前的导师从来不在周五上午安排跟学生或者同事的会议，那是她雷打不动的写论文时间。我还发现有效率的写作状态往往出现在开始写论文半个小时以后，所以我也学着职业学者们把写作时间分块地计划到自己每周的日程表里，常常整个下午或晚上只做写论文这一件事，以减少干扰。这种方法显然比无计划写作更让我心里踏实，但一段时间后我又发现我潜意识里开始些许畏惧写作这件事，因为知道自己接下来四个小时都要被钉在电脑桌前。

到底每次写论文多久才合适？大部分学者大概都有安排整块时间来写论文的习惯，比如很多美国教授会在周末、春假、寒暑假集中写作，用大块时间写作。然而如果你有兴趣读几本介绍和总结学术写作方法的书，你会惊讶地发现几乎所有研究过学术写作的人都无一例外地提出利用小块时间写作的重要性，比如以下这几本著名的学术写作书籍：

- 《教授如何写作》，罗伯特·博伊斯著（*Professors as Writers*, by Robert Boice）：提出学者应该抛弃只能在大块时间写作的想法，而建立利用小块时间的规律性写作，避免让长期从事写作的人把写作看成负担。
- 《学术期刊论文写作必修课》，温迪·劳拉·贝尔彻著：说每天坚持写 15~30 分钟论文的学者被证明可以每年都发表数篇论文，而不需要总是找大块时间才能高产。
- 《文思泉涌》，保罗·席尔瓦著：书里反复强调持续产出论文的关键不是写多长时间，而是要有计划、有规律、雷打不动地进行写作。
- 《每天 15 分钟写完你的博士论文》，琼·博尔克著：干脆把一天写 15 分钟这件事作为了书名，倡导用每天小块写作的方法攻克博士论文这个让很多人头疼的大任务。

这么多学者不约而同地倡导使用小块时间而不是依赖大块时间进行论文写作，自然不会只是个巧合。事实上，多个研究反复发现，采用"少量多次"的规律性写作方法要比集中在大块时间写作的方法更有效，更能促进论文完成。比如，《学术期刊论文写作必修课》的作者说：

> 一个又一个研究发现，你不需要大块的时间来写作。事实上，那些每天都写一点点的作者们比几周或几个月不写却忽然在某个时间段集中写作的作者产出更多的手稿。一天只需要写 30 分钟就能让你成为为数不多的每年都能发

表几篇期刊文章的学者中的一员。

一天只写 15 分钟真的够吗？以下我帮大家归纳总结一下这几本书的主要观点。

4.3.1 为什么要每天都写 15 分钟？

"每日 15 分钟写作"有以下明显的好处：

（1）再忙的人每天也可以抽出 15 分钟来进行写作，即便有再多的任务、作业、教学、生活需要打理，任何人也一定能挤出一天 15 分钟的时间来，这让写作成为一个易于操作的任务。

（2）由于每天都思考和回顾自己的论文，因此你举起笔来的时候不需要花太长的时间去回忆自己此前想法和思考，能够保证思维的连贯程度，减少"进入状态"的时间。

（3）因为知道每天 15 分钟的目标很容易达成，因此不需要太多的心理建设就可以开始动笔，心理学的研究发现更高的目标更容易让人难以开启行动而导致拖延。比如，越是知道我们有个大任务要攻克我们可能就越会玩手机很久才开始干正事；但是如果知道只需要写 15 分钟就能完成今天的定额，你可能就没那么大的抵抗情绪。同样的道理适用于督促自己运动，小目标好启动，大目标难启动，特大目标不启动。

（4）每天都写 15 分钟能够减少由于找不到时间写作而引起的长期焦虑和愧疚情绪，而这种负面情绪常常会加剧慢性拖延症——你看我过去半年都没写论文，我肯定是很差，那我现在就更不想写论文了。每天都动手可以让你一点点通过行动建立自我效能。

（5）15分钟的时间短而有边界，利于制造出一种心理紧迫感——今天只能写15分钟，那我就撸起袖子赶紧进入状态，即便痛苦也就15分钟而已。

（6）有利于建立在"感到疲倦之前就停止写作"的习惯——还没写到烦就停笔了，慢慢写作在心里成了件轻松的事。

仔细想一想，这个方法里其实有很多东西都跟"预期设定"有关——我们对自己工作产出的预期如果过高或过于严苛（比如每天一定要写4个小时论文），对于常年有写作任务的人来说可能养成负面感受的条件反射，一想到写论文就头大，由此而逐渐发展成拖延症的习惯，又容易进一步导致内疚感、压力感和低自我效能。

每天写15分钟的方法从很大程度上能帮助我们强行降低预期——15分钟能写多少东西呢？反正也写不太多，能写多少是多少吧。这种放松的心情反倒更容易帮助我们进入创作的状态，回到写作的本质。

每天15分钟还能终结以"忙碌"为借口的写作拖延，让自己再也没法用"我太忙"作为不写作的借口。《学术期刊论文写作必修课》里有一句话说，"不写作的人不是因为忙碌而不写作，而是因为不写作而忙碌"。躲避写作，躲避要用大块时间写作，以至于总把自己的生活填满——听上去仿佛很荒谬，但我们很容易陷入这个看似很忙实则瞎忙的怪圈。

4.3.2 如何具体操作"每日15分钟写作"？

"每日15分钟写作"的方法在操作上其实非常简单：Just do it。我个人的建议是在训练初期（至少1~2周），严格遵照每天只写 15 分钟的原则，到 15 分钟就停笔。这样你知道你可以用来写作的时间有限，你可以去观察在这一周里你自己写作状态和对写作这件事心态的变化。在这段时间里要求自己不做除了写作之外的任何事情（比如看手机，上网，聊天，回邮件……），到了 15 分钟，立刻停笔。这种训练自己在短时间内集中专注力的方法可以参考番茄时间法。

经过了第一轮练习，接下来你可以把每天至少写 15 分钟论文当作一个必须完成的目标，但是允许自己在想多写的时候超过 15 分钟这个时间限制（2 周左右）。制作一个周一到周日的日程表格，每天记录写了多久和是否完成了 15 分钟的计划，一旦当天写满了 15 分钟就在那一日"完成任务"一栏打勾，每天都要坚持，给自己一种成就感。由于你的任务是每天都必须要写，这会帮助你体会连贯写作所带来的好处；又由于你在这一阶段允许自己写作超过 15 分钟，你会有机会找到自己比较舒适的写作时常、写作时段，去体会什么情况下写作的效率会比较高。记录跟踪自己写作习惯的具体方法可参见本书 4.5 "如何在写作上保持持续产出？——读《文思泉涌》"里对写作记录表的讨论。

一旦以上两个步骤做完之后，你就可以更加自如地运用这种写作方式的精髓。事实上，"每日 15 分钟写作"的核心其实是强调利用小块时间进行每日规律性的写作，但 15 分钟本身并不需要一成不变。比如，你可以给自己规定每天必须写半个小时、一个小时，甚至两个小时。很多学者都建议循序渐进，从 15 分钟开始慢慢提高自己能够保证每日写作的时间，这其中的关键，是在感到厌烦之前停止写作，并且能每天都不断地坚持，既保持写作思路的长期连贯性，又不让自己因为恐惧写作而养成拖延症。比如,你试了一段时间发现自己每天如果坚持写 40 分钟会感到意犹未尽,但写一个小时就会开始注意力不集中,那么对你来说可能"每日 40 分钟写作"就是最好的方式。但这里要注意,如果在前两个阶段的练习中就快马加鞭地逼自己进入长时间写作模式,那么就体会不到这个方法中强调的零散时间写作的轻松感了,所以到底什么时候逐渐加长写作时间、加到多少是最合适的,还真不能人云亦云、盲目跟风。探索写作方法这件事跟很多其他事一样,适合自己的才是最好的。

4.3.3 "每日 15 分钟写作"的效果

我自己当年初用这种方法的最大效果是能够动起手来开始写博士论文,我那时忙着帮导师做项目、忙着教课、忙着找职位、发文章,经常有一两周都不碰博士论文。在开始尝试这种方法之后我发现哪怕每天再累再忙,写 15 分钟也比没写好。当时经常出现的情况是,第一天及第二天的 15 分钟可能都在构思和列提纲,到了第三天才有真正实质性的文字写出来。但即便如此,你会感觉到多亏了前两天都在连续思考博士论文的主题的铺垫,才能保证第三天的文字顺利出现在文档里。另外,我当时还明显感觉到,因为每天都会有一段时间想毕业论文的事,白天的时候脑中也会在背景音里时常构思和琢磨一些论文的事情,这也加快了论文的进展。

在《学术期刊论文写作必修课》这本书里,作者描述了她让自己的研究生试验这种方法后的效果——虽然大部分学生初次听到这个方法都颇为存疑,但在实验了一周以后大部分学生都反馈"每日 15 分钟写作"的方法带来了意想不到的效果:有人发现写作原来不需要必须在固定时间、固定地点、固定情绪里面完成，有人发现在排队等待办理驾照的时候就写了2000字，有人学会了把大任务分解成小任务而缓慢但稳定地向任务终点进发，还有人把这种方法推广到生活里的其他方面，开始践行每日"15分钟做饭""15分钟修整花园""15分钟阅读"，等等。但作者说无论学生有没有最终坚持使用这种方法，几乎所有人都表示在进行了这项练习后发现原来15分钟内可以做的事情超过了自己的想象，而且这种方法的一大好处是让每次动笔写作不再那么困难。

所以好消息是，我们可能真的不需要一定利用大块的时间才能保证写作的高产。这种每天利用小块时间进行规律性写作的方法推荐给大家，不妨一试。

集腋成裘，聚沙成塔，小块时间带来的威力留给你亲自体会。

4.4　那些高产的学者都是怎样工作的？

2019年去参加ARNOVA一年一度的学者大会，得以跟一些志趣相投的新老朋友交流。期间得空参加了中国学者组织的一个名为"如何成为高产出的学者"(how to be a productive scholar)的主题讨论，听完之后也颇多感慨：一个学者的修炼之路也是个人成长和个人进化之路，期间注定颇多曲折、反复、试错，甚至挣扎，但作为一种对自我和对世界的探索，也许没有什么比这个过程本身更让人兴奋和有价值了。

于是想把席间听到的一些要点结合自己的思考分享出来。

与其说是分享，不如说是发问。所谓"高产出"本身就不一定是人人希望追求的东西。而一个人的方法论，严格来讲只属于他自己，别人难以复制。但这期间真正重要的，大概是对自己如何管理时间、如何持续成长、如何完成个人目标的持续性思考。在此方面别人走过的路、做过的努力、展现的意志都有借鉴意义。于是我在这里总结席间几位学者的发言精华，结合我自己的思考和观察，与大家共勉和反思。

4.4.1 坚持阅读

分享会上的几位学者都不约而同地提到了坚持阅读文献的重要性。此处"坚持"二字尤为重要。我们作为年轻学者，尤其是刚刚开始读博士的时候，往往有一种误区，以为在多年以后，等到某一天某一时刻，我们终究会达到"一览众山小"的状态，再也不需要大量阅读了。而多跟优秀的学者交流你会发现，读文献、持续读文献、读最新的文献是他们一辈子持续在做的事情。事实上，保持大量的、高质量的阅读是写出好文章的必备条件，没有人能绕道而行。

研究这件事本质上就是一个依托于持续学习、持续输入新知识、持续跟进新方法才能达到不断高产出的过程。让自己坚持阅读的具体方法有很多，比如每周制定计划必须读几篇新的文献，比如加入本学科最重要的几个期刊的新发表文章自动提示，比如跟自己的同学组成共同阅读小组，比如借阅知名大学某领域博士课程的课程大纲（syllabus）并按其日程列表完成每周的阅读等。路径万变而不离其宗，总之一句话：永远不要停止阅读（never stop reading）。

4.4.2　保护你的做研究时间

接触的优秀学者越多，就越发现要事优先和给自己做规划的重要性。几位学者在席间都讲到要学会有意识、有目的、雷打不动地去保护好自己每周的写作时间和做研究的时间，否则你的时间注定会被各种杂事填满。所谓"预则立不预则废"，你自己不去计划如何使用时间，你的时间就注定会被其他人和其他事带跑。

而大部分学者除了研究任务还有教学任务，以及系里、院里、学校里的各种服务性工作和常务工作，做研究的时间被各种杂事挤压简直是家常便饭。比如有时候你会发现明明打算坐下写两个小时论文，却不知道什么时候开始回复起了没完没了的学生邮件；明明打算个下午花 5 小时读文献却全部花在了备课上面。回头一望，两手空空，重要的事情一件都没有做。

分享者还谈到年轻学者最容易出现的问题是常常花过多的、不必要的时间在准备一堂课或者其他琐碎的事情上，并不是因为这样做一定是有必要的，而往往是因为做这些事情比做研究"更容易"，更能给我们完成任务的成就感。于是所有容易的事情都被一件件地做完了，重要的事情却一拖再拖。更可怕的是，我们可能自己都没意识到自己在通过完成一件件不重要的事来躲避做重要的事。

所以时间管理里优先级的概念就再次显得尤为重要（比如，各种时间管理书籍中建议的每天早晨要列出今天一定要做的三件事情）。另外《精要主义》（*Essentialism*）一书中倡导的给工作和生活做减法而不是做加法以保证最重要的事情能被有效完成也是这个道理。所以年轻学者要有意识地提醒自己不要急着教太多新课，不要追求一口吃个胖子，不要只做容易的任务，要精心地保护好自己做研究的时间。比如早上几个小时什么都不干就是写论文，或者可以每一周有某一天专门写作，雷打不动，等等。但核心原则是要事优先。

4.4.3 "深耕"还是"兼顾"？

对于年轻学者来说，是应该多花时间在某一个专门的小领域深耕，还是在相关的一些领域都应该有所涉及？席间的几位学者的综合意见是，**作为年轻学者最好能更多地在一个领域深耕，要尽量让自己成为某个领域的专家**。相对而言，涉猎不同的领域会分散人的很多精力和时间，因此要学会有选择地对开始新的项目和有一些机会说"不"。你的论文成果可能横跨几个大题目，但是如果没有一个集中的方向，就会给人没有专长的感觉。但这并不是说完全不能涉猎其他题目，总体来说 70%～80% 的精力应该首先放在某一个专门的领域，其他的时间和精力可以做一些自己感兴趣的其他研究。当你在某个方面的成果越来越多的时候，相对而言去做其他感兴趣的话题的机会和条件也会越来越成熟。

4.4.4 如何选择合作者？

每个学者的习惯不同，比如有的学者喜欢独立做研究，所以较少跟其他人合作；而有的学者的大部分成果都是通过与其他学者合作完成的。学术合作可以互通有无，更高效地利用资源和相互支持，但合作也是有成本的，跟合作者的磨合、在时间和意见上的分歧可能都会使其比一个人独立完成某个项目更困难。

但总体而言比较理想的状态是一个学者既有独立完成的论文也有与别人合作的成果。独立的论文展现的是一个学者独立承担科研任务的能力，而合作的文章展现的当然是跟领域内的其他人共同完成事情的意愿和能力。好的合作者应该和你有类似的工作节奏，但又可以在能力上互补。如果你的合作者中有一个"完成者"（finisher），一个非常有动力去完成这个项目的人，这通常会帮你更高效地把这篇论文完成。但找到一个合适的合作者也非常不易，有时候可遇而不可求。因此合作与否是一个因人而异、因项目而异的选项。

4.4.5　在写作中遇见瓶颈怎么办？

分享者各有妙招。一个分享者说，她每次遇见写作瓶颈的时候就会放下手里的东西，然后回想最初设计研究时候的初心，问自己，写这篇文章我最想传达的是什么？为什么我一定要写这篇文章？我想做什么贡献和提供什么价值？然后顺着这个思路往下想，慢慢地就有了进行下去的思路。这个做法在我看来有点像埃隆·马斯克（Elon Musk）的"第一性原理"，是追本溯源的很智慧的方法。

另一个分享者提到自己每一次都非常重视文章的结构，比如研究问题、文献部分、研究方法部分、数据分析部分等，搭建文章的时候首先搭建好这几个核心结构和自己的核心观点，然后顺着这些结构一部分一部分地行进下去。写不下去的时候，就反复回到这几个大结构。这其实在我看来也是使用了"第一性原理",跳脱出纷繁的细节,从大视角来重观一篇论文的本质。

4.4.6 投稿的时候注意些什么?

写稿的时候对稿子的阅读人群心里有数。每个期刊的读者群、关注点、语言都是不同的,有些时候审稿人一看某一篇投稿就知道这篇文章是不是为某个期刊的读者群而写的,适不适合投这个期刊。有些好文章如果投错了期刊就等于明珠投暗,哪哪都不对。所以,从这方面来讲,多去读文献、熟悉自己领域的期刊、了解不同期刊的特点和要求就显得尤其重要。

对于好的期刊,一篇文章只有一次机会,所以不成熟的稿子不要着急去投,否则等于浪费机会。

文章的格式一定要按期刊的规范进行设置,很多时候一些投稿因为格式不符合规范而被拒,非常可惜。

4.4.7 始终保持有文章在被审阅中

如何激励自己多发文章呢?有一个学者说,她跟自己做了一个约定,就是要尽量做到始终有稿子是在"under review"的状态(也就是投稿出去还没有收到最后审阅结果,这个过程一般会持续2~3个月)。这样自己总是能有所盼望,一篇得到答复,另一篇还在审阅,下一篇在努力撰写,源源不断地行进下去,像在跟自己赛跑,其乐无穷。

愿我们都能在追求更好的自己的路上逐渐总结出卓有成效

的办法。

4.5 如何在写作上保持持续产出？
——读《文思泉涌》

著作等身似乎是每个学者难以抗拒的美梦，理想状态下我们会幻想自己在每一个早晨或午后文思泉涌、头脑清晰、愉快而又不知疲倦地在电脑前打下一页又一页文字……然而现实情况是——我们中的很多人都遇见过写作中的瓶颈，都了解琐事缠身是生活中的常态，也多半有过力不从心、写作效率低下的感受。

碰到此类情况怎么破？美国北卡大学格林斯博罗分校（University of North Carolina at Greensboro）心理学教授保罗·席尔瓦会告诉你说，学术写作中遇见各种困难是再正常不过的，事实上，他说"学术写作本来就应该是一件非常困难的事情"。但同时，席尔瓦教授又说，一个人的状态、生活中琐事的多少、忙碌的程度都不应该成为不写论文或少些论文的理由。那些高产的学者之所以高产，并不是因为他们比别人有更多的空闲时间可以写作，而是因为他们知道如何在忙碌中制定计划、如何用自律的方法保持写作节奏、如何奖励自己以及如何建立良好的工作习惯。

近期翻阅了保罗·席尔瓦教授写的《文思泉涌》这本小册子，整本书语言幽默灵动，读起来感觉像是坐在一个有点嬉皮的朋友面前听他侃大山。然而作者在书中透露出的坦诚、谦卑、自律和勤奋的品质，又会让读者从内心里对这位年轻的学者钦佩不已。本书自始至终反复强调，论文写得多、发表得多并不是靠某些特别的天赋，而是靠通过不断总结和努力而建立正确的自我管理过程，靠人人都能操作的习惯和方法。书中不仅鼓励大家要相信自己能够通过正确的方法增加产出，还提出了具体的建议和方法。从这个角度看，这本书真算得上是学术写作方法类书籍里正能量的化身。

以下把这本书的精髓和一些感想分享给大家，让我们看一看其他学者是如何管理和保护自己的写作时间，同时借机反思和总结自己在写作上的时间管理方法的。

4.5.1 永远不要等有了"时间"再去写论文

《文思泉涌》这本书最重要的一个观点就是——永远不要"找时间"去写论文，而要去主动安排时间、指定时间、就像某个时间必须赶去讲课、必须赶去开会一样自律地去写论文，把写作看成是一件不容商量、板上钉钉、不能更改也不能错过的日程。如果你一直在等待有时间才去写论文，那么对不起，你永远都不会有时间。

作者说，那些期盼着等到某个长周末才去写作的人往往从会一个周末拖到另一个周末，一个假期拖到下一个假期，然后会发现总有各种杂事干扰，永远不可能找到全身心写作的完美时机。"你会等有时间了才去教课吗？你不会，因为你已经有了既定的教学安排，你不能爽约。"席尔瓦教授认为，我们对待写论文也应该像对待教课一样，要让它成为一个不可以随便更改的跟自己的约定。席尔瓦教授自己的写作时间是每天早上 8 点到 10 点。他说：

我每天早上起床，煮咖啡，然后就坐在我的桌子前面。为了避免干扰，我不查邮件，不洗澡，不换衣服——我真的就是一起来就跑去写作。有的日子里我写作的开始和结束时间会稍有变化，但是我会在每个工作日上午都保持两个小时的写作。我不是一个早晨头脑清醒的人，但是早晨更方便去专心写作。每天早上完成一些写作后我就可以去查邮件、开会和安心忙其他事情了。

在席尔瓦教授看来，写作高产的秘密并不在于我们每周有多少小时、多少天可以用于写作，而在于我们是否能坚持写作的"规律性"——这一点在我看来是很有一些新意的。把写作时间固定成每一周有规律性的安排是件非常重要的事情，比如你可以根据自己的工作日程在每周二和周四的上午写作，也可以选择在每周三和周五的下午写作，甚至每个周六的全天用来写作——具体安排可以因人而异。但无论你的写作时间是什么，最关键的是一定要把这个时间固定下来，让它日程化、规律化、固定化，让它成为你每周计划中板上钉钉的一部分安排——每次到了这个时间你就去写作，雷打不动，每当有人想跟你安排周二上午开会，你需要说，对不起，我那会已经有安排了。

保持"规律性写作"的好处是，它可以大大减少我们对于没时间写作的焦虑。作者在书中说："我从不担忧没时间写这本书；我知道我会明早 8 点准时开始动笔。"另外，当你保持规律性写作后你通常不需要每一次动笔前都花很长时间去回忆上一次的写作思路，而是可以立刻进入继续写作的状态，这一点在《学术期刊论文写作必修课》中有详细的论述。当写作成为日常的习惯，你的大脑还会在平日你并没有写作的时候经常为你提供关于写作的小灵感。

4.5.2 永远不要等有了"灵感"再去写作

你有没有经历过想要开始写论文却因为觉得自己没有灵感或没有状态而迟迟没有动笔？如果你困扰于如何靠灵感来写作，那么以下这个研究尤其能够帮助到你。

在 1990 年，一群研究者通过实验的方法，去研究了大学教师在什么情况下更有写作效率（详见《教授如何写作》一书）。为了验证"灵感"对学者的产出到底有多大影响，研究者找来了一群大学教师，并把他们随机分成了三组进行实验对比：

- 被随机分到第一组的教师被称为"限制写作组"（abstinent），研究者告诉他们被在接下来的几个月只能在有紧急需求的情况下（比如有具体的截止日期要求）才可以写作，没有这种紧急的外界需求就不要动笔。
- 被随机分到第二组的教师被称为"顺其自然组"（spontaneous），研究者告诉他们要在 50 个已经安排好的写作时段去写作，但是他们在这些时间里只需要在感觉到"有灵感"的时候去写作，否则不要动笔。
- 被随机分到第三组的教师被称为"附加干预组"（contingency management），他们同样被安排了 50 个写作的时段，但是跟第二组的区别是，研究者要求他们在这些固定时段里无论想不想、有没有灵感都必须写作，否则就要罚款。

这个研究中使用了随机分配（random assignment）的机制，也就是说可以假定这三组教师的写作水平、个人自我激励的能力以及个人性格等因素都是没有显著区别的。

针对这三组教师使用不同方式进行写作的结果，实验数据如下图：

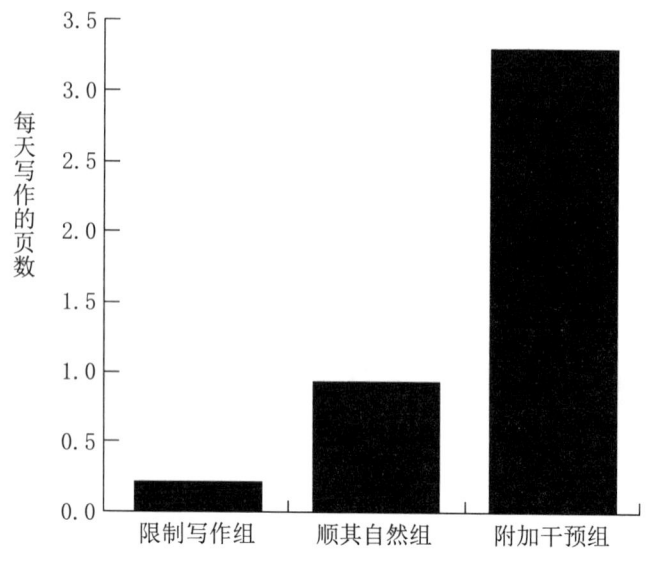

图 4-1　三组不同风格写作教师的产出比较

（引自《教授如何写作》。）

研究结果惊人地显示出，第三组（被强制要求在固定时间写作的老师）每天的写作产出是第二组（只在感到有灵感才写作）的 3.5 倍，是第一组（在紧急需要下才写作）的 16 倍！更有趣的是，这个研究还发现，强迫人们去写作居然会让人更有可能产生有创意的想法。也就是说，我们常常认为"有灵感了才能写出东西来"这个想法对于学术写作来说可能是个彻头彻尾的迷思;而真实的情况是,我们要强迫自己坐下来开始写作,然后灵感才更有可能一个接一个冒出来。换句话说,不要等"想写了"才"开始写",而要通过"开始写"去创造出"想写"的感觉。

4.5.3 如何制定属于自己的写作目标

《文思泉涌》这本书里具体讲述了如何科学地制定自己写作上的目标,从而更好地保证产出。总结来说,作者提出了以下观点:

(1)制定的写作目标一定要具体(比如写5页,或写完一个章节,或写200字,或写3个小时等,而不应该是"多写点""努力写""写个大概"等非常模糊的愿望)。

(2)制定的写作目标一定要可操作(切忌不切实际,比如"一小时要写10页""3天内把100页的论文写完"等)。

(3)制定的写作目标要考虑写作项目的主次(比如你是先写需要修改后重递的手稿、要申请的项目书、还是那两篇还没开始写的论文手稿)。

(4)制定的写作目标要靠跟踪自己的写作进展和给与自己及时的奖励来维系其作用。

如何制定有效的目标对于个人和组织的发展都是非常值得花时间去研究的话题,管理学的大量研究已经帮我们找到了制定目标的行之有效的方法,有兴趣的同学请查找 SMART 原则,在很多管理学和自我帮助类的书籍中都有详细介绍。

4.5.4 如何通过记录和跟踪写作进度来督促写作

本书的作者非常善于记录自己的写作进展,他会把自己每天写作的时间、产出的字数、是否达成了当日目标等情况记录在一个 Excel 或 SPSS 表格里。他说，大部分写作者并不知道自己的写作进展如何，这非常不利于达成长期写作目标。他认为认真记录和跟踪自己的每日写作进展至少有三个大好处：

（1）可以激励自己坐下来开始写作。

（2）可以不断提醒自己有没有偏离既定的写作目标。

（3）能不断帮助我们学会制定现实有效的目标。

席尔瓦教授还会每过一段时间就把自己前一阶段的写作时间拿出来做个整理，仔细分析一下哪些天写得多、哪些天写得少，那些没达成目标的日子是出于什么原因，那些效率高的日子都有什么共性，从而不断总结自己在论文写作中的喜好和特点，用于改进接下来的写作方案。这种方法很明显地体现出了一个社会科学学者基于实证数据去得出趋势和应对方法的思维方式。

以下是书中提供的作者记录自己写作进展的表格：

TABLE 7.1 Writing Chart

Chapter	Pages	Words	First draft	Revised draft	Chapter title
1	10	2,770	Done	Done	Introduction
2	23	5,830	Done	Done	Interest as an Emotion
3	41	10,952	Done	Done	What Is Interesting?
4	24	6,596	Done	Done	Interest and Learning
5	32	8,583	Done	Done	Interest, Personality, and Individual Differences
6	23	6,301	Done	Done	Interests and Motivational Development
7	29	7,838	Done	Done	How Do Interests Develop? Bridging Emotion and Personality
8	33	8,892	Done	Done	Interests and Vocations
9	21	5,609	Done	Done	Comparing Models of Interest
10	11	3,003	Done	Done	Conclusion: Looking Back, Looking Ahead
References	63	14,269	Done	Done	References
TOTAL	310	80,643			

Note. The writing chart that I used to monitor my book about interest (Silvia, 2006).

（引自《文思泉涌》。）

作者说，有时候他自己写作的成就感和乐趣甚至不来自写作本身，而来自在自己的记录表格上写上"今日已完成目标"的荣耀感。通过不断记录和跟踪自己的写作进展，他惊讶地发现自己居然完成了这么多的写作任务，这也让他更有动力去执行接下来的写作。

4.5.5　通过及时奖励激励持续写作

学术写作有一个奇怪的特点，就是不像很多其他工作那样能够迅速地得到反馈和奖励，这导致很多学者都很少对自己坚持写作和完成写作任务的行为进行奖励；而行为心理学的研究早就告诉我们，缺乏正向激励的行为是很难坚持下去的。

作为一个心理学的教授，席尔瓦教授非常注重利用心理学原理来激励自己，他会在每个写作目标达成后有意识地对自己给出及时的奖励，奖励的方式多种多样、可大可小，但一定要提前计划。比如你给自己买一杯爱喝的咖啡、去吃一顿一直舍不得吃的美食、买一件一直想要的礼物，或者去向往已久的旅游胜地度假等。席尔瓦教授认为，虽然论文发表是一种积极的正向奖励，但由于学者写完论文投出去后通常要好几个月才知道投稿的结果，这就导致大部分学术写作者的自我奖励来得非常晚，非常不及时，常常没办法直接跟写作中的艰辛和努力联系起来，导致学者对自己付出努力的正向奖励永远都处于余额不足的状态。因此，学者们应该学会奖励自己、设计奖励内容、及时给自己正向反馈，只有这样才能保持源源不断如活水般的写作动力。

如何正确而有效地奖励自己？其他一些自助书籍也有建议，

比如平时把自己想买的小东西、想做却没时间做的事情列在一起，按照其成本大小分级，然后在小目标达成之后就给自己一个小奖励，大目标达成之后给自己大奖励，以此来不断激励自己。保持自我奖励能够帮助我们把写作的原动力从"害怕赶不上 deadline"转为"我喜欢主动写作"，因此不失为一个好办法。

除了以上几点作者还在书中谈到了如何利用建立写作小组的方法坚持写作、如何具体动笔写一篇学术论文、如何写一本书等内容。感兴趣的同学可以找来翻阅，就不在这里赘述了。

4.5.6　读后的感想

这本书的观点跟《学术期刊论文写作必修课》这本书有很多重合，比如，写作想要多产最重要的是保持一个自己的写作节奏，制定有效的计划，然后自律、严格、不间断地执行下去。写得多没什么神秘的，就是要严格地执行自己的写作日程表。

天下事，了犹未了。选择了学者这条路我们就注定将面临一座又一座爬不完的高峰，一篇又一篇写不完论文，永远未完成，永远未到达；但也因此，我们更应该多重视总结自己做了什么、已经完成了多少任务、更多地记录自己的写作进展、更好的奖励自己，也更注重享受其中。正像《练习的心态》(*The Practicing Mind*)的作者托马斯·斯特纳（Thomas Sterner）所说：

> 我意识到，无论达到多高的音乐成就，只要我执念于"我需要变得更好"，我就无法满足和释怀。在那一刻，我明白，不存在一个真正的"完成"，而我已然足够优秀了，不需要无止境地改进下去，因为我已经达到了我的目标。

你会发现那些比较厉害的人无论做什么，无论从事哪一行的工作，总是体现出一些共同的品质：比如自律，比如坚持，比如有耐心，比如知道困难在所难免而面对的过程是一种成长，比如为了自己而思考的能力，可以制定自己的计划，不轻易受外界的干扰……这些品质一旦建立以后，你就可以把它们带到任何你想做的事情上面。条条大道通罗马，某个岗位或职业只是通往大方向的一个路径而已，但都是属于我们自己打开这世界、实现个人成长的路径。写出来多少东西、能发几篇文章固然重要，但这成长和磨练的过程本身也许更充满意义。更何况，如果你看过《当幸福来敲门》这部电影，你可能还记得，幸福只存在于追逐幸福的过程中。

祝愿大家都成为多产而幸福的学者。

4.6 美国大学如何培养社科类博士：亲历和反思

最近时常被网友私信问要不要到美国读博的问题，以及如果无法出国读博士，怎样可以借鉴国外的一些培养方式。坦白讲，出不出国和如何做人生选择，这是一个非常"个人化"的问题，谁都无法帮你做决定（以及有人如果蹦出来说有充分信心帮你做决定，请慎重提防）。但作为一个亲历者，我想我能做的最有用的事，可能就是从我个人所经历到的、感受到的来做一些趋近于客观的信息分享，然后希望这样信息可以帮你做出更理性也更接近你内心真实想法的抉择。

所以我想通过这节来试图回答这样一个问题：从一个亲历

者的角度来讲，读博期间的哪些经历、哪些美国大学的培养方式和教学手段，对自己走上科研道路以及此后从事大学教师这份工作最有用？

我试图拿自己做"参与者观察"（participant observation）和"自我试验"（self-experiment），通过反思自己的观察和体会来思考美国大学博士培养中一些让人印象深刻的特点。既然是基于个人经验，自然缺乏"可推广性"（generalizability），仅能代表我个人的经历和体会，里面想必有很多偶然和主观因素，不应该被当成结论。但希望能增加大家对美国大学培养社科类研究型人才方式的一些了解，能对大家提升自己科研能力有所裨益。

4.6.1　博士项目培养的目标明确性：打造大学教授和科研人员

美国社科类大部分博士项目的目标就是培养科研人员，所以你从进入博士项目的第一天起，对你培养的目标就是如何能全方位、立体式地让你顺利走上做学术的道路、成为优秀的大学教师和科研型人才。这种明确的目的性，意味着课程的设置是非常理论化、学术化、专业化、技能化的，所谓技能化是指科研人员和大学教师应有的专业技能。这同时也意味着，这种培养的重心不是把你培养成"从业者/实践者"（practitioner），比如不是要把管理学的博士培养成公司或整个部门的高级管理人员，而是要把他们培养成研究管理这个领域的专业研究人员，培养成社会科学家（social scientist）。所以如果你的理想是在一个组织中做真正的管理者，那么你应该修的课程是 MPA 或

MBA，而不是博士。很多人对博士有一些误解，以为博士学位就是对本科和硕士的更高的延伸而已，其实博士学位更多的是为打造专门的学术研究能力而量身定做的学位，你如果不想搞学术也不想做科研，也不想做咨询或政策分析师等需要研究型能力的工作，那么你大概读到硕士就足够了。

我当年刚到美国读书的时候发现了一个有趣的现象，我跟一个朋友都学的是公共管理，唯一的区别是她是读硕士我是读博士，但你猜怎么着，我们读了大半年之后发现，我们彼此学的东西、读的文章、老师留的作业类型几乎完全不一样，就感觉像在学两个不同的专业。从这一点也许可以进一步看出来美国博士学位对培养科研能力的极大突出。而我自己当年刚入学的时候想选两门硕士生的课程，也被导师立即阻止了，说因为硕士课程的培养目标不是"研究者"，所以过多地去上硕士级别的课程对培养学术性的视角和思维没裨益还有负面作用。

这种要"打造研究者"的目标明确性可以说是体现在博士课程的各个方面，比如博士课程所读的文章都是本领域近期最前沿的、最高质量的期刊文章，从而培养学生大量接触学术文章的词汇、文章行文方式、结构和内容、主流的话题，等等。你读这些文章，不是让你立刻拿里面的研究结果去管理哪个组织，而是让你学会怎么做研究、怎么写文章、怎么从这在学术领域创造价值。再比如，几乎所有博士生都有过给某个老师做助研的经历、跟老师一起做项目和一起发文章的经历，这些经历都是为了帮学生以后走上独立研究之旅预热，让学生知道自己亲手做研究的时候可能遇见哪些困难以及如何解决、如何寻求帮助，等等。

为了打造大学教授，我自己博士项目的课程设置里还有一门专门讨论职业发展的课程，主题是帮你了解以后如何应聘大学教师的工作，以及做了大学教师之后会经历哪些心路历程、面对哪些挑战，去了解高校教授是如何被评估和晋升的、教授的工作状态大概是什么样子的，等等。在这门课程中我读到了不同教授反思什么是一份好的学术简历，如何培养自己成为一个好教授、如何找教职、如何面对高校教授评估的压力，以及如何做时间管理、如何能让工作与生活平衡（work-life balance）等。该门课有一个作业是让我们每个人去采访一位系里的老师，从而更深入地了解他们个人的心路历程，比如他们更喜欢教学还是科研，他们工作中最大的乐趣来自哪里、最大的糟心事来自哪里、当年是如何找工作的，等等。这个作业当年确实让我第一次真正近距离接触到一个美国大学老师的日常生活状态和心理活动。另一个作业，是要求我们每个人必须在该学期内去旁听一次我们系教授们每月的例会，去感受真正的教授在系里开会的时候都讨论什么、气氛是怎样的、以什么方式做各个层面的决策。那一次经历真的蛮好玩的，我印象最深的是几乎每个系里重要的决定都是通过老师们举手投票表决出来的。这种培养和亲身的观察对于一个对美国文化和高校设置缺乏了解的外国学生来说相当重要。

4.6.2 博士课程的实用性：用得上的才是好的

这里的"实用性"不是说"学了管理就去组织里进行管理"的这种实用，而是指在读博期间的学习几乎处处都指向做研究的时候要怎么使用、哪些工具可以在什么情形下使用、怎样帮你成为一个更好的科研工作者。美国的教育，至少在博士生的教育阶段是非常强调你学的东西到底能怎么用上，而很小一部分将重点放在考试上面。这使得博士生都很少是为了考试而学习，平时下的功夫要比考试要求的多得多。

感触最深的是我开始读博士的时候上的第一堂统计学课，老师在讲授统计学的基本原理和推导一些数学公式时，讲台下的学生听完了就一个劲儿地问老师这个东西怎么用、什么时候用、为什么要学，讨论持续了二三十分钟。我当时坐在那里一顿纳闷儿：老师讲你就听着呗，考试要考呗。后来慢慢发现这些美国学生根本没把考试作为一个大目标，他们不是不在乎考试成绩，但是都知道自己一大把年龄坐在课堂里绝不只是为了得到个好成绩，而是为了学一些自己将来在教职上需要用的知识、技能、工具，博士的教育是在成为教授之前武装自己最好的途径了。

博士教学所体现出来的实用性几乎贯穿在我经历的博士教育的所有环节，我甚至自己反思，我所上过的课上的任何一个作业，几乎都是有用的，都是有它非常明确的要锻炼的能力和非常清晰的用途的。比如，有一门课程的作业要求学生们分工把我们领域排名前20名的所有期刊的近三年的文章分类总结出来，并且总结每个期刊的主要关注方向，偏好的文章的类型、是偏理论的还是偏实证型文章，期刊文章的研究方法是多用定量还是定性的，该期刊投稿后多久收到投稿结果，等等；各自分工总结完毕之后，让学生们把自己的表格分享给彼此，然后再由教授在课堂上带着大家一起过一遍每个核心期刊。这个在我当时并没有理解其意图的作业，实际上非常有效地让我们对本领域的核心期刊有了一个总体的了解，而且这个表格也成了我多年之后为论文选刊都一直在用的一个期刊数据库的基础。

再比如，我经历的博士中期考试（comprehensive exam）中"组织理论"这门课的考试题，直接给了我们一个给佐治亚州政府的官员发放的调查问卷，问我们如果现在手中有这份调查问卷所收集到的数据，我们能够设计出怎样的一个论文题目，应用到怎样的组织理论去回答这个问题，并要求我们把研究问题、使用的理论，以及你如何连接理论与数据的表述写下来。这其实完全是在锻炼一个学者在面对二手数据的时候，如何有效利用它回答某个研究问题，将具体理论和数据有效地连接起来，并在论文中展现出来的重要能力。

4.6.3 学生为中心式教学（Learner-Centered Teaching）

在几十年前，全世界的教育方式主流还是以"教师为中心"的课堂，我们从小受教育可能都有这样的感受，大部分时间在上课的时候都是老师一个人在讲，虽然也会提问题，但是那是很小的一部分时间。另一个感受是，等我们多年以后回忆某个课程的时候，备考时候抱佛脚所学的东西和死记硬背的东西可能早都忘了，但是当时课堂上如果做过个人或小组的项目展示，或是做过哪些社会实践课，这些印象可能蛮深刻的。近几十年，已经有越来越多的教育专家提出课堂上应该多设置以"学生为中心"的教学活动，比如让学生做报告、学生做活动、学生做应用、学生做讨论，而不是老师单方面讲授。学生为中心式教学方法（或称"主动学习式教学方法"，active learning），是指在教学当中你要想办法让学生去动手、去参与、去实践、去主动介入，而不是被动地坐在那里接受知识、被动听讲、被动记笔记。老师应该把自己的中心角色淡化，营造一个学生可以成为教室里中心角色的氛围，让他们更多地去讲、去讨论、去实践和互相学习，而老师更多的是做一个学习活动中的引导者和协助者。

我来说一下我经历过的教授们当年使用的学生为中心式教学的方法：

● 研究方法课在介绍了某个工具后，在作业里要求学生用数据软件来实际解决一个研究问题。

● 博士的理论课程都是以学生讨论为主，每次课由不同学生提前准备做该课程的讨论组长（discussion leader），引导大家做该周的阅读讨论，这部分占时大概达到70%。而讨论组长所锻炼的技能其实就是以后做教授时在课程上引导学生做讨论的能力。

● 几乎每个课都有结课研究论文（final research project），要求学生要把在这门课上学到的研究方法、看的文献、分析数据的技巧等应用进去写出一篇论文；大部分这样的博士课程作业是需要学生去收集数据、向学校申报IRB（institutional review board）、自己分析数据才能完成的，这就相当于帮助学生在实证研究方面入了门。

● 此外课堂活动中的配对分享（pair & share）、课堂辩论（class debate）、分组讨论（group discussion）等形式几乎在所有课程中都贯穿始终。

相较而言，我读博期间所经历的以"教师为中心"的课堂几乎少之又少,大部分时间都是学生和学生、学生和老师之间的互动、应用、实践。

4.6.4 批判性思考能力的培养

美国的教育很重视培养具有批判性思维(critical think)的学生,即现有观点的"挑战者",卓尔不群的、有个性的人,有的时候我甚至觉得这一点可能有点矫枉过正,以至于学生在回答问题的时候总是想提出反方向的声音,有点"为了不同而不同"之嫌。但对于培养科研人才而言,这种对批判性思考能力的培养真的至关重要。

比如,在具体的博士教学当中,课程的教授总是在问你,你觉得这篇文章哪里不够好?你喜不喜欢,为什么呢?你个人的感受是什么?哪里可以改进得更好?这篇文章对研究结果的解读有没有漏洞和不合理的地方?你对数据结果有没有更好的解读?哪些你读过的文章给出了不同的讨论?这些研究为什么出现了不同的结果?你觉得如何解决这些不一致的结果?……

这些都不是有标准答案的问题,你会发现每个学生因为自己的经历不同、受过的教育路径不同、思考问题的角度不同而会给出各式各样的答案。但最关键的是,老师问的时候就没打算听到哪个标准答案,老师更在乎的是,你是否有自己的独立思考和判断的能力,你能否将自己的知识系统应用到具体的问题当中,你的论述是否有创新性,是否有足够的逻辑支撑,是否有理有据、论述完整。

而大家想象一下当你的所有老师都在课堂上反复训练你的这种能力,几年之后你自然而然就会自己形成一种思考问题的多样化、深入化、复杂化的能力，不再是停留在问题的表面，而是向更深处思考的一种习惯；你自然而然会对一些过于简单、未经思考的结论难以轻信，自然会逐渐建立自己的思考判断体系，自然会重视自己的创新性、独立分析能力，以及破除掉对所谓权威、经典的过分膜拜和距离感——你会默认一切理论都可能有漏洞，世间没有神，一切研究都有可改进的空间，而我们思考问题的方式可以再深入一些。

4.6.5 边做边学——绝知此事要躬行

另一个我觉得非常有效的教育模式是美国的社科类博士生在每周上课之外，几乎都会做每周至少20小时的助研或助教任务。换句话说，美国的博士生常常被认为是一份"工作"，而不是单纯的"学业"。博士生已经开始上手做研究、做教学了。

其实刚开始读博的时候我对于这个每周要在上课之外做20个小时助研的设置相当抵触，我当时认为它大量占用了我的"学习时间"，而我当时对"学习时间"的理解仅限于自己看书、写作业或者在课上听老师讲课的时间。我觉得自己每周光忙要上的几门课还忙不过来，但因为学校对奖学金的要求也只好硬着头皮去做了。

结果这一开始做助研就把自己以前对学习的认知彻底打翻了。博士第一个学期第一次参加我导师项目的组会，听着各位老师和学生高谈阔论，各种专有名词从身边人的嘴里吐出来，像冷冷的冰雨在脸上胡乱地拍，一时间信息量太大恨不得给自己脑子装10个纳米技术的处理器。慢慢地导师会给我安排一些任务，从简单的到有一定难度的，靠时间的力量去一点一点适应。不会做的时候我就跑去找书来看,还是不行就硬着头皮一次次跑去问老师。这种学习的方式打乱了我此前的习惯,学习的过程貌似不再是线性的、系统的、有据可循的、章回体的,而变成了遍地开花、由需求牵引的、为了做成事情而随之发生的。

几年以后我才逐渐发现,这些助研的工作不仅不是在耽误有效学习时间,它们恰恰是让我读教科书、听讲、上课这些活动能转化为真正学习效果的锻炼。比如说,如果我当时没有机会跟着导师去做访谈、看她制作问卷反复修改、跟她一起经历收集问卷的问题和清理数据的困难,我就不会真正理解在研究方法课上讲发放问卷、数据收集、数据清理那一部分为什么要花那么多篇章。如果没有处理过自己亲手收集来的数据,就不会明白为什么研究设计的每一个环节都要紧紧相扣。如果没有看导师和组里其他博士生分析数据和用一起收来的数据写出论文,我就不会有那么大热情去听研究方法课上的众多数据分析方法介绍。对系统化、复杂性知识的学习,很大一部分要基于自己亲身实践或看见身边人实践,知识才变得鲜活起来,才有可能串联成有意义的一个圆。

所以这里我想再次强调博士期间跟着一个好导师、一个好团队去亲手做几年的完整项目的意义。我觉得对于培养优秀科研者来说,上课和做助研两方面是缺一不可的。不上课就没有办法系统学到各门派的知识,不亲手做研究就没有办法让脑中这些知识"活"起来。有时候,我们觉得一个概念听上去很好理解,听起来一切在理,可是只有去真正实践了,才知道这是非常复杂的事情;这个时候你再去上课和看书,才能真正学到有用的东西，看山不只是山，看水也不只是水。所以有一句话叫"从实践中学"（learning by doing），说的就是这个意思。

这种上课和助研结合的方式还有一个好处，就是能让你提前适应当教授的日常：当了老师后基本每天的时间就是在科研（research）、教学（teaching）和服务（service）之间撕扯，你要学会如何分配备课、教学、做研究、做其他行政性工作的时间，而这种工作的节奏几乎就跟读博士的状态一样，只不过可能有了更多的行政性工作。所以这种多任务下的挑战其实是对将来职业的提前适应，也是逐渐摸索时间管理模式、如何平衡生活和工作的难得机会。

4.6.6 高效学习的重要一环——来自教授的及时反馈

我还想专门说说"反馈"这个东西。我个人从小受教育的经验是，考试和课程的大论文一般主要是老师为了评估学生的学习效果的工具，所以我们会尽量去考好，尽量得高分，得到分数就万事大吉，恨不得再也不看这门课相关的任何东西。但是在我读博士期间，在我同学的影响下，更多的是把每一次考试、交作业、做课上报告当作学会某样工具、求职演练和将来做教授的预演，所以非常注重老师的反馈。教授们也会在每一个大小作业后提供很详细的意见，告诉你他们觉得你哪些方面很好，哪些方面还有进步的空间。

比如第一学期一门把我折磨得够呛的博士课上，我就屡次看见我的同学们急切地问老师什么时候能拿到他们的各种作业反馈，我当时对自己同学的崇敬之情油然而生，我记得自己那时的心态更多是只要分数通过了就万事大吉。而博士课程的教授们也确实很重视提供非常详细的批示和反馈,从行文结构到语法用词,都有哪里需要改进和哪里比较好的点评。慢慢的我发现凡是课程上留了大作业,一般教授都会给比较详尽的反馈,几年里我也就逐渐适应这种节奏了,学生和老师都这么注重对提交作业的反馈,其实是一种"成长性思维"的体现(可参见本书4.7"研究者的必备心法:成长性思维"),学生和老师达成共识,分数是其次,而从中学到了什么,能不能持续地提升自己,才是关键。

而现在回想起来,各门课老师对作业的反馈意见其实对学者的成长非常重要。在《异类》(*Outliers*)一书中,著名畅销书作家马尔科姆·格拉德威尔(Malcolm Gladwell)总结了高手学习某个功夫的方法,浓缩成本质,他认为就是"刻意练习—收取反馈—进一步刻意练习"这三步。从学习技能的角度讲,我们都可以想象如果只是一个人整天把自己关在小黑屋里练武艺有多难提升,只能凭着自己的感觉走而无法发现其实可能早都偏离正确的路线很远了。所以这个时候老师的作用就是为你提出有针对性的、具体的、及时的反馈,"及时"这一点也很重要,如果一篇论文写完了一年才得到反馈,那么成长的周期和速度当然也会放缓。这跟我们学习弹琴、打球、滑冰、画画等其他技术中及时反馈的重要性同理。

我记得我们同届的几个博士生刚开始写毕业论文的时候,我的一个同学跟我说,做博士毕业论文几乎是一个学者最后一次有机会在别人的细心呵护下去完成一篇论文,而从此之后你都要准备有独立承担起一个完整项目的能力,再也不会有人有义务去帮你解答你做研究中遇见的每一个问题,指导你做研究中的细节，手把手帮你改写你的文章。我那会听了他的话才第一次意识到"完成博士论文"这个东西的真正价值，意识到更好地看待它的方式是把它当成宝贵的、有人指导和给出反馈的成长机会，而不只是为了拿到学位不得不翻过的一座高山。

另外，美国学生寻求反馈的主动性也非常打动我，我总是看见他们主动跟自己欣赏的老师约谈、主动跟教授约开会时间、甚至抢着争夺导师的时间去得到反馈。有的教授自己的科研项目非常忙而带的博士生又多，不去抢着跟老师开会就真的永远排不上日程，排不上日程就永远得不到反馈，得不到反馈就永远写不完毕业论文。所以我当时觉得自己经历了一种从"被动心态"被迫变成"主动心态"的过程，从不想被老师找转变成主动去找老师的过程。然后到了我们都比较成熟的时候，坦白讲，我们都必须承认，能够拿到老师反馈的数量和质量几乎直接关系到了我们的成长速度。

总结来说，我想每一个想做好科研的同学都应该勤找老师、多见面、多提问题、多争取及时的反馈，有长期想不明白的问题不要总在自己脑中来回绕，不要怕问错，有错误就改进（虽然经常会遇见自己的非舒适区域)，但唯有如此，我们才能更接近那个理想中的自己，才能在漫漫学者路上不断前行。

希望本节能帮助正在攻读博士的同学少走弯路，多做思考。祝愿大家道路长远，把握住每一次成长的机会。

4.7 研究者的必备心法：成长性思维

本书中介绍了不少在培养科研能力方面的战术和工具。最后，我想跟大家聊一聊我在美国读书期间反复被身边学者所震撼到的一种重要的"心法"：成长性思维。工具上的方法能帮我们提升效率，但心法上的修炼才是持续解决新困难、持续推动我们进步的稳定力量；它的价值不仅仅在做好学术工作上，更能被推广至生活中新技能习得、个人成长和个人认知升级的方方面面。希望我个人刚读博士的经历和体会，能帮助更多正在面临困难、挑战、不确定、自我怀疑的同学找到信心和希望。

一

刚来美国读博士的时候，觉得自己什么都不会，组里面全是无所不能的青年才俊，于是经常做事情时战战兢兢、蹑手蹑脚的。怕犯错、小心翼翼、不确定感，这些都曾是我的日常心态。那时候的我大概像极了一只受了惊吓的兔子。

刚到导师的课题组时有这么几个观察让我震惊。第一次开组会，进到一个有八九个人的会议室，会议前大家很随意地闲聊，我迷惑地发现自己完全分不清谁是老师、谁是学生，年龄都很接近是一个原因（美国读公共管理博士的一般都有多年工作经验），但另一方面是气质和气氛——怎么每个人都这么自信，话这么多，人和人之间的沟通那么流动而自然？而开会过程中展现出来的氛围就更是让我迷惑。我已经习惯了听老师的话、给老师办事这种节奏，开会嘛，难道不就是老师在前面交代任务，底下的学生坐着接受指示吗？能听懂话和顺利完成交给我的任务，不就是一个好学生的核心技能吗？

然而事实是现场的所有人都像把项目当成自己负责的事情一样在讨论、参与，所有的学生看起来都好像也是项目设计者一样在提供着自己的建议和想法，时不时问个问题或者指出哪里需要改进，在老师面前全无露怯的神色。这明明是我导师的项目啊？我心里纳闷儿。而她在带着大家讨论的过程中也完全没有要发布指示的意思，开会的过程就是一直在每个事项上跟大家沟通、问大家意见、听大家正在进行中的工作的反馈，回答或者提出问题，然后一起解决问题，一起做接下来的任务安排。

这种每个人都参与其中的开会氛围让我震惊了，这种教授和学生之间平等、尊重的关系和氛围也让我震惊了。

后来发现这当然跟教授的个人风格、学科特点、学生素质甚至学校文化都有关系，但我也慢慢意识到，当你进入一个教授的课题组时，教授已经不再把你当成一个单纯的学生看待了，而是把你当成同事、当成一个合作者、当成一个独立的学者。教授会想要你来组里工作，是因为相信你作为一个研究者的视角、技能、背景、想法能够增加该课题组的价值。

学这种"参与其中"的心态和习惯，我用了好多年。以前觉得老师讲话学生都乖乖听着就好了，我自己不说话也不会显得突兀。这回可好，每次开会多数学生都在积极地发表自己的意见，而屋子里如果只有一个人全程呆若木鸡，你就可想而知这只木鸡有多尴尬了。我又不是来参观的，又不是来看热闹的，每次都傻傻坐在那里，总不是个事儿吧？最怕导师发现我全程静默，忽然转过头来问，那么你有什么想法呢？

我有什么想法？我也想知道我有什么想法。内心无比悲伤。

二

第二件当时感到奇怪的是我导师在给我分配任何工作时总给我解释好多在我看来没必要介绍的事。比如，有一个项目当时导师让我负责一份问卷在网上的编辑，编辑好了之后就可以用邮件群发给问卷参与者了。这件事我觉得不难，问卷也不需要我设计，我只要学会使用该软件然后把题目都拷贝过去按格式编辑好就完事大吉了。然而我导师每次跟我开会的时候都会花百分之九十的时间讲为什么这个问卷问题是这样设计的，为什么另一个格式不行，我们问这个问题是想知道什么，我们想要的是什么结构的数据，为什么问卷答案部分要留足空间，为什么某个答案的格式应该锁定为数字而不是文本字符……

我那时还不懂老师的良苦用心，每次都一边听一边偷偷地想，有这功夫我已经把这个活干完了啊老师……

后来在组里时间久了也就习惯了，再做事情如果没有人给我介绍个前因后果就感觉哪里怪怪的。工作以后，我现在意识到当时我导师是以一种很尊重我的心态在教我做事情，她把我看成合作者，也看成正在成长中的学者，而不是为她完成某一个任务的工具。她也相信我是对整个项目感兴趣才来加入该项目的，相信我想要了解整个研究项目的前因后果以借此学习，相信只有让我明白了做事情的原因才能真的把事情做好。时间和结果当然是衡量一个任务完成的指标,然而过程中学生学到了多少东西,学生的认知进步有多大,学生对科研的热情有没有提高,对这些的关注使得她这样一个寸秒寸金的人不惜安排大块时间为我耐心讲解每一个问卷细节。

三

我的导师是个很严格的人,虽然经常开玩笑,但做起事情来,她绝对是一丝不苟的超级典范。我刚读博士时最害怕的事情就是没做好她安排的工作,或者在她面前出了差错。因为自己是组里唯一的中国学生,我是有偶像包袱的(是不是很奇怪?),总怕做错了什么事给中国学生丢人,更害怕被她批评。

一次组会中,我的同学丽萨负责向大家预展示她即将代表项目组去学术会议上做的报告,展示的 PPT 上面放了几张我们出去调研时候照的当地照片,导师忽然打断她说,这个照片是哪里拿来的?丽萨说,是组里共用的某个文件夹里找到的。导师说,你要注意,我们在 IRB 里说了不能把该被调研地方是哪里暴露出来,而你展示的照片会让人认出这个地方。我听着老师严厉的语气,立刻替丽萨犯起了尴尬症。然而丽萨非常大方地说,那既然这样的话,我们需要把那个文件夹的名字改一下,标注上这些照片是不能在报告或者论文中使用的,否则组里的其他人也可能会犯类似的错误。导师说,是的,我们需要做一下这件事情,你来改一下吧丽萨。然后大家就满意地去讨论下一个事情了。

我事后反思了很多。我从丽萨那里完全没有看到在被指出问题后出现难堪、尴尬或忸怩之类的反应,在老师指出她的错误时，她立刻关注到的是这个错误怎么解决和弥补，接下来怎么避免犯类似的错误，以及从全组的角度考虑怎么避免出现类似问题。她似乎完全没有觉得被老师在众人面前指出问题是件丢人的、不好意思的、尴尬的事情，也没有让这件事定义她自己——"哦，我怎么连这件事都做不好，我可真不适合搞科研"。而其实在场的老师和学生也确实不觉得这是丽萨个人的问题，当系统层面的问题被指出了、给出了接下来的预防方案，讨论就很自然地流动到了其他话题。我想如果我是丽萨，我回到家肯定多少有些责怪自己，内心编出很多个小故事，但其实既不利于自己好好做事，又对团队的工作进展没什么帮助。

美国人常在工作中说一句"Don't take it personally"——"别以为这是针对你个人的"。为了完成某个工作，为了达到团队的目标，总会有人犯错，总需要指出问题，这出现问题、指出问题、解决问题的周期是循环往复的、不针对某个人的、以项目进展为目的的。而真正做事的人要关注的是事情结果、解决方案，而不是个人对错或一次两次的成败。

四

有一次可不得了了，我们组的共用文件夹里的一个重要文件不见了，不知道被谁不小心删掉了。这个文件是我们用于跟踪电话访谈进展的文件，因为一个项目同时有多个人在做访谈和收集数据，每个人做完访谈都会在这份文件里建立一个条目，标明采访对象、采访时间、采访者、数据存放位置等事项，以让其他项目组里的人清晰可见。

但是这个文件不见了，就意味着我们对于已收访谈的记录乱了头绪。于是我导师立刻群发了一封邮件到组里面，问大家是谁删了这个文件。我以为她要大发雷霆了，然而她并没有，还在邮件里特意说，我不是想责怪谁，我只是想了解问题发生的具体原因，以避免类似事情再发生。她同时立刻求助于学校 IT 部门来解决问题，IT 说文件是可以被重新修复的并很快帮我们找到了被误删的数据表。我导师随后在组里的一次例会上花了一些时间跟大家讲解了这次问题产生的前因后果，并提出了接下来如何改进工作流程的建议。

另一个项目就更愁人，我们当时连续两次犯了同样的错误，在输入数据的时候因为有太多份问卷，输着输着就串行了，这一下可好，后面的数据都错了，一两周的工作都白做了。好在我们每一天的工作都有备份，于是立刻找到两周之前的数据库开始重新输入。我导师先跟我们组里主要负责的学生了解了情况，问了我们输入数据的程序是怎样的，然后在组会上跟大家说，同学们，我们今天要花一些时间来了解到底为什么同一个错误犯了两次。然后她开着玩笑说，"你们知道，犯同样一个错误哪里有趣呢，我们总得犯些新的错误才好……"于是那一天我们一起讨论了到底怎么避免这个问题，后来规定所有输入数据的工作都一定要由两个人共同完成，一个人输数据、一个人监督，而且完成之后要由另外两个学生做筛选和检查，检查之后才可以存档。

后来我想了想，发现我的导师在每次组里发现错误后的反应方式是这样的：

（1）先解决问题。

（2）问题解决之后，开始寻找原因。

(3) 搞清楚出问题的原因后，跟大家一起分享经验教训。

(4) 讨论出一个避免日后犯同样错误的具体步骤和方法。

(5) 作为项目负责人和老师，她面对团队中错误的整体态度是：把错误当成是自己和团队每个人学习的机会。

无处不在的"成长性思维模式"

斯坦福大学的心理学教授卡罗尔·德韦克（Carol Dweck）写了一本精彩绝伦的书——《终身成长》。几年前我看了这本书才忽然意识到，在自己跟美国导师做项目的那些年，我一次又一次被震撼到的，其实正是身边这些人非常突出的，而自己当时又非常欠缺的，成长性思维（growth mindset）。

德韦克教授在书里说，这世界上的人可以依据他们的思维模式（mindset）分为两类，第一类人是固定性思维（fixed mindset），其特点是相信人的天赋、智商和能力基本上是固定的，认为成功就是要展现自己的非凡和杰出从而证明自己就是有天赋、有能力的，认为挫败和失败是非常可怕的，因为那说明自己并不是天赋和能力俱佳的人。因为带着这种底层的世界观，固定性思维的人经常追求完美主义、受不了自己犯错误、总想在各个方面和各种场合证明自己、追求更多地听到别人承认和夸赞自己的能力——因为只有这样才能证明自己是"有天赋的"。而相比之下，成长性思维的人可是轻松得多，他们骨子里相信人的能力、智商、禀赋都是需要不断努力培养和锻炼才会成长的，而且这种成长和变化永无止境，因此一次的成功失败、某种场合的被人认可或批评都没有那么重要，就像一列火车在持续飞奔，路上的风景好或坏都不能完全定义整个沿途风景的质量。

所谓成功，对于拥有成长性思维的人来说，就是能够不断拉伸自己的能力，不断看到现在跟过去的变化。世界上没有完美，只有持续不断向完美进发的过程。因为有这样的底层思维方式，拥有成长性思维的人更关注自己长进了多少、学到了什么、努力了多少以及是否以充足的勇气去面对困难和挑战。因为关注"成长的程度"而不是"绝对的成败"，面对失败或者别人的批评时他们会认为那是学习的机会，他们坦然面对自己的不足，因为相信一切都是暂时性的。

在德韦克教授的研究中，她问人们在什么时候觉得自己最聪明（大家可以先自己回答一下），固定性思维的人的答案是"当我不犯错的时候""当我迅速完成一件事，并且做得很完美的时候""当我觉得一件事很容易，而别人却做不到的时候"；而成长性思维的人给出的答案往往则是"当某件事真的很难，而我非常努力，最后做到了自己以前做不到的事情的时候"，或者"当我致力于解决某件事很久，而终于开始有头绪的时候"。

德韦克教授说，对于拥有成长性思维的人来说，这世界上并没有什么能立即获得的完美。完美就是不断地学习——迎难而上，不断进步。

德韦克教授还举了下面这个生动的例子来展现两种思维模式的人在同样处境下带来的不同反应：

> 现在想象一下，你决定学习一门新的语言，你已经报名参加了一个课程。在课程开始的几节课上，老师把你叫到教室前面，开始一个接一个地向你抛出问题。先把你自己设定为一个拥有固定性思维的人。你知道自己的能力有

限。你是否感觉到大家都在盯着你?你能看到正对你置评的老师的脸了吗?感受一下那种紧张感,感受到你的小我的戒备和内心的动摇,以及其他的一些感受。然后,再把自己设定为一个成长性思维的人。虽然你是个新手,但那也是你来这里的目的。你是来学习的,老师是学习的资源。感受一下,感受紧张的情绪正在离开你,感受你的思想变得开放。这个训练本身就可以说明:你完全可以改变你的心态和思维方式。

这个例子说的不就是我当时在组会上的心态吗?因为带着固定性思维,我忘记了自己是个新手,忘记了我来这里的目的就是来学习的,忘记了现在的表现不代表日后的表现,忘记了犯错和尴尬只是暂时的,而并不能定义一个人将来、下一阶段甚至是下一周或者明天。

从小到大,有多少次类似的情况,我们因为带着固定性思维而备受其苦、自我设限?当自己成为众人的焦点,当别人投向你期待的目光,尤其是在你心里底气不足的时候,那种焦灼和紧张简直深入骨髓。我曾很多次地思考,为什么我的同学能在别人尖锐地指出他们的问题时如此坦然地面对?为什么他们能对老师的提问那么自如地说出"我不知道"?为什么他们能在犯错之后大方从容地说出"非常抱歉,是我的错,感谢你指出我的错误"?且不说成长不成长,单从内心的煎熬程度来讲,这种状态难道不值得每个人拥有么?

我刚读博士的时候也曾很多次地想过,为什么老师那么不照顾学生面子?课上课下老师们的某些反馈在我看来都太严厉了，经常非常直接地指出学生的不足，也不顺便表扬两句，让学生在众人之下面子往哪里放？可是了解了成长性思维，你会知道，如果最大的成功是你的进步和成长，那么太多的表扬又有什么用处呢？你可能已经很优秀了，就像太容易玩的游戏总是被卸载一样，好老师要能挑战你，让你见不足，让你思成长，让你不要停留在自己已获得的胜利果实上踟蹰不前，而是在了解了自己的优劣势之后有勇气也有方向去奔向一个更好的自己。

所以现在想来，组会上毫不畏惧发言的同学，花大力气跟我讲任务细节的老师，不在乎在众人面前被老师指出问题的丽萨，以及发现错误后充分把它作为团队学习机会的我的导师——这些学者身上所展现给我的成长性思维可圈可点，让人敬佩。

于是以此来致敬那些拥有成长性思维、努力培养自己成长性思维，或是正在学习成长性思维的学者——是你们让这世界少了一份压力，多了一份坦然；是你们让这世界少了一份慌张，而多了一份永远向前、永不停歇的动力和希望。

就让我们带着这份让人类群星闪耀的执着和笃定，坚定而充满盼望地走向下一个、下一个、再下一个新的挑战和收获。

Extra Chapter

彩蛋　学术以外的学者日常
——那些年学术会议中让我大开眼界的故事

参加国际学术的收获常常不止于见牛人、听报告、长技能、学武功，很多时候我觉得它给了我们一个"学者"的身份，来观察不同的文化、不同的人群，甚至观察我们自己。此篇纯属番外，聊聊我自己关于学术会上一些印象深刻的事。

- **学术小圈内的奥斯卡**

我第一次在美国参加会议的时候印象最深的其实不是学者们精彩纷呈的学术报告，也不是浩如烟海的文献，而是一顿特别的午餐。会议第二天的中午，我跟着老师和几个同学一道按照会议安排在酒店的一个宴会厅里面坐下，十人一桌的圆桌，里面大概几十桌。参会的学者们稀稀拉拉地坐满了大厅，服务人员也逐渐走进来给大家上饮料和食物。这时候几位会议的组织者开始在前面对着麦克风讲话，会场安静下来。主持人先是感谢所有学者参会，其次感谢赞助了这次会议的学校以及积极参与组织的几位学者。接着开始宣读和介绍奖项——我这才知道这顿午饭是颁奖午餐（award luncheon）。每一年依照该会议的惯例，评选委员会都会选出当年的最佳论文、最佳报告、最佳学生论文、最佳毕业论文、杰出学者等大概有十几个不同的奖项，在一顿全体参会者的午宴上进行表彰。

其实颁奖典礼咱是见过不少的，可是这么隆重而认真地给学者们颁奖，我还是第一次见。每一个奖项在颁奖之前会先有一名作为介绍人的学者上台介绍该奖项得奖人的履历，并宣读评选委员会对得奖人作品的评价，比如论文做出了怎样的贡献，有什么样的创新，实验了哪种新型的方法，提升了哪种组织管理的办法和认知，是什么让评委会成员们赞不绝口。在全场的掌声和注视之下，获奖的学者慢慢走到台前，感谢大家，发表感言，领奖，合影，有时还开个小玩笑。又在全场的掌声和喝彩声中走下台，人群里还会看见有人不停地跟他说"congratulations"。这种仪式感——特别认真地介绍并表彰学者，用集体的掌声和目光来承认他的价值，感谢他的贡献，丝毫不违和、不做作，让我很是震撼。

颁奖午餐随着沙拉、主菜、甜点三轮一道一道上完，颁奖也一轮一轮有板有眼地持续进行了两个多小时。此时学者们已用餐完毕，颁奖典礼也终于轮到了最后一个奖项，也是全场最重要的奖项——杰出学者奖。最后一个奖还没开始颁时我旁边的老师就悄悄跟我说，这个奖是颁给这个领域里最有贡献的学者的，类似于终身成就奖。一个学者即便再优秀，一辈子也只能得一次，是莫大的荣誉。这时看见主持人走上台首先开始引荐介绍，接着介绍人上台开始对得奖人做起长长的介绍：出生在哪里，哪年博士毕业，先后受雇于哪里，哪一年发表了什么重要文章，哪一年又出了哪本重要的书，哪一年又提出了某个重要理论。光是对得奖人的介绍就持续了将近十分钟，可以说是吊足了人的胃口，即便不了解这是个什么奖项也能感觉到这肯定是本场颁奖典礼最浓墨重彩的时刻。接下来，介绍人终于做完了长长的介绍，放下讲稿对全场说，下面让我们有请XX上场。忽然间就看见全场的几百位学者呼啦啦全都自发站了起来，全场掌声雷动，满屋子学者就这样站着给这位获奖人足足热烈地鼓了一分多钟掌，看着得奖人走上台，向台下致意，鞠躬感谢，最后示意大家坐下，好半天这几百名学者才又呼啦啦地坐下，会场重新安静下来，得奖人开始发表感言。

不得不说在那一刻我这个学术小白真是惊呆了，在我有限的经历里，见过最接近于如此隆重的颁奖典礼的场面，大概就是电视里播放的奥斯卡颁奖典礼。没错，请想象最后一个最佳影片奖颁出来的时候，奥斯卡颁奖典礼现场全场起立向获奖人鼓掌致敬的场面。我当时感觉到的大概是完全一样的气氛，只不过大家在为其鼓掌的是一位研究者，大家在致敬的是他杰出的学术成就。那掌声和致敬如此真诚，以至于你不能不被感染和带动，你忽然会觉得，原来研究者是一个如此受人尊重的职业，做好学术是这么让人崇拜的事情。而这大概才是所谓颁奖典礼的真正意义，在表彰为数不多的几个获奖人的时候，激励的是台下几百位学者，让人觉得做出好科研来真好，当个有贡献的学者真好。

- **与学术会议有关的那些吃喝玩乐**

俗话说不会吃喝玩乐的学术人不是好水手。不得不说我就不是个好水手。然而向往好水手的精神还是要有的。

> **吃：正式场合怎样进餐**

如果你还不太清楚华人在美国都吃什么，我可以很负责任地告诉你，还是吃中餐。虽然人和人对西餐的接受程度有异，但我身边的大部分华人不会常常吃西餐。于是回想自己关于西餐的经历，好像多半都是在参加学术会议的那几天在会场内外吃的。

在学术会议期间用餐的时候你会忽然发现正式场合和非正式场合的西餐文化有很大不同。比如正式场合的西餐都是分三道菜来上，比如美国人在吃饭前都把餐巾有板有眼地摆在腿上（我本以为只有电影里和小孩子才需要这么做），比如正式用餐的场合当然有不同尺寸的刀叉和讲究的摆放，还比如汉堡包这种食物就很少在正式用餐的情境下提供。

西餐进食是个很体现个人修养的时候，仔细观察，美国人吃饭可以称得上优雅。有的时候我的美国同学在跟我说话的时候把自己盘子里的食物弄乱了还会说一句"sorry"，好像自己影响了市容市貌。更不要讲把水杯弄倒、食物弄掉地上、拿咖啡壶撞到别人这种事了，发生了的话大概会让他们羞死在当场。这种吃饭时候保持优雅的能力在面试高校教职工作的时候还是用得上的，校园访问（campus visit，教职面试的一个环节）的时候学校总会招待你至少吃一顿饭，时常在吃饭的时候还会不断问你问题，吃相太差会影响你的讨巧程度（likability），这可不是开玩笑。

会场之外跟美国老师和同学们的聚餐也常常很有趣。我们去温哥华的那一次老师们希望找一个当地的餐馆，使我逐渐意识到美国人对私厨钟爱有加，想想他们这里有多少连锁餐厅就能理解为什么了。后来我们去了离海边不远的一家掩映在树木丛中的饭店，十几个人围坐在一个美丽的小屋子里，我在饭前喝服务生端上来的水的时候第一次明白了为什么有人喜欢喝苏打水。我记得整个一顿饭所有人都聊得不亦乐乎,我的老师和她老公合点了一份海鲜什锦拼盘,上来之后看见龙虾和阿拉斯加蟹腿之后就大叫过瘾。吃饭中间他们还问我这个唯一的外国人为什么没有 middle name,我说我倒是可以要一个,他们说你想叫什么,我说"prince"怎么样……我的老师笑得合不拢嘴说,你最好把后面的两个 s 加上吧……

另一次,在一个会议的奖学金项目(fellowship program)里面和一群并不认识的年轻学者一起做了一天培训,晚餐的时候我身边坐着一位牛津大学的博士,温文尔雅,聊起天来知古通今,我记得听他聊到多年坚持瑜伽的感悟,去中美洲和非洲游玩的见闻,读过哪些研究亚洲文化的书,以及讲到不同语言的哑语的区别时还秀了一段英文版哑语,而他本人并不是聋哑人,完全因为兴趣去学的。我几乎要拜倒在他面前,吃的什么完全不记得了。

每次开会的时候我们学校的老师们还会组织一次自己学校学生和老师的聚会,平时大家各自为战也并不总见面,换了一个城市反倒有了集体感要聚一聚。我于是跟着他们学吃了披萨、牛排、意大利面以及各式三明治,然而回想起来记忆里只有吵得很的餐厅和等很久的位子。美国餐厅里多人围坐的桌子永远是长方形的而不是圆形的,以至于你在吃饭之时顶多能跟你左右和对面的三四个人说话,而桌子另一边的几个人像在另一个国度吃饭。据说方桌和圆桌还总被拿来作为东西方文化对比的例子,想想这区别也是挺有趣。

其实真的讲到吃,会场里提供的饭菜从来乏善可陈,然而会场酒店附近如果有好餐厅总是不能放过。一次在芝加哥的一个早上我记得跟一位中国老师溜达着去吃了一顿至今觉得最好吃的煎饼，仿佛此后一周心里都是甜的。又一次，从华盛顿往城外开了快一个小时车程就为了吃一家正宗的中餐饺子，不吃到好像会议就不够圆满，忠诚的中国胃总是无比感人。在温哥华的唐人街我带着两个美国同学穿城去吃包子和烤串，整顿饭努力试图使用筷子的两个美国人满脸慌乱，每次听他们说中餐好吃时我都搞不清是真好吃还是假好吃。最喜悦的时候，还是做完了学术报告的晚上约几个同学找家不用开车就能到的小店吃饭。感恩节前夕，满城都是节日的气息，我的同学在饭桌上谈论自己家的圣诞树已经开始装点，假期不远，课程将完，会议收尾，"happy holidays"的祝福到处飘散，点一碗蛤蜊浓汤面包杯，此刻足矣。

> 喝：Reception 上的那杯酒

我每次开会有一个很难过的瞬间就是在晚宴上面点酒。美国人酒量大这件事情我至今不能理解。如果你跟美国人一起去过酒吧你会发现他们是这么喝酒的：工作之后，晚饭之前，开车到一个小酒馆，什么都不吃就坐下点一大杯啤酒，不论冬天还是夏天，肯定是冷的，喝下去又点一杯，喝下去又点一杯，直到五六大杯酒下肚，好像终于有肚子吃饭了，才开上车回家。这种时候，我每次都是被嘲笑的那个，最开始还装模作样地点过几次啤酒，每次都是只喝一两口，后来索性点可乐，可是可乐里全是冰块，喝下去就冷冷地看着几个同学高谈阔论，自己在旁边恨不得哆嗦到椅子下面去，完全不能享受这个其他人最幸福的时刻。几个美国同学于是养成了拿我酒量开涮的习惯，每次服务员拿小杯过来让我们试喝,他们就指着我说,嗯,她喝这些足够喝醉了,谢谢。

第一次跟导师和几个同学去会议宴会,进门后大家都去排队买酒。导师说,今天我买单,你们都喝什么?几个美国同学一一要了酒,我说我不喝(I can't drink alcohol…)我导师忽然睁大了眼睛看着我说:"You can't drink alcohol or you don't drink alcohol?"我说,"I don't drink alcohol…"她于是疑惑地给我买了杯可乐。我心里想,这大概可以拿到国内的英语课堂当语法案例吧。然而对她来说,大概是不能理解为什么在这种场合不喝酒,仿佛在会议宴会上只有小孩子才不碰酒。酒,在这个场合,似乎更多地成了一种装饰,或一个人某种状态的符号。

然而宴会上面绝对不是让你多喝或喝醉,而是拿着酒杯展示随和一面的自己。找工作的那年,我的美国同学对我说,你即便不能喝酒,也要去宴会,也要拿着一个酒杯,去跟别人攀谈。真奇怪,我那时一直想,这酒杯,你端着这酒杯的手,你看似准备喝的状态,大概是跟宴会搭配好的设计一样,你不可以挪动。比如,你不能拿出做学术报告那么严肃死板的姿态出现在宴会上,也不能拿着酒杯到报告现场,同样的一个你,会议给你安排了不同情境,你要配合演出自己不同的侧面。剧本已经写好,你最好不要用可乐替代酒精。这种感悟大概只有一个初次参会的外国人才有,所谓跳脱者视角,别人看你觉得怪兮兮的,你有点无助地觉得这世界好好笑,笑完了又重新穿上戏装返回演出队伍。

> ➢玩:"贼不走空"+"假装在纽约"

开会游玩常是一种"贼不走空"的心情——既然出来了就

应该转悠转悠吧。然而一般来说学术会议来去匆忙，很少有机会能在当地尽兴地转一转，顶多走两三个地方。如果你的报告没有准备好或者有很多会场想要去听，那么可能根本没时间考虑溜达的事。即便某一天你准备放下一切去玩耍，还是很可能没有办法像专程出去度假一样放松和尽兴，仿佛是你已做好准备在那几天全然进入某种为学术而订制的"人设"，戏服都裹得严严实实，这种不能全然游玩的状态放在记忆里像是玩了又像是没玩，还像是哄着自己假装玩过了。

当然这跟学术会在哪里举办关系很大。比如，如果在大城市，像当年在阿纳海姆（Anaheim，加州西南部城市）参加的会议，每场除了报告者以外平均看见三个听众到场，宾馆开车出去十分钟之内就是迪士尼乐园，天气又好得不像话，怎么能怪大家呢。而如果在一个小城市举办，场面就明显不一样。有一次在康涅狄格州的哈特福德（Harford）举办当然我初次听到的时候以为是要去哈佛开会还兴奋了半天，那里除了是马克·吐温的故乡以外给我留下的唯一印象就是寒冷的街道和穿得不够厚的大衣。

我和我的美国同学玛丽是开会游玩的好搭档，我们对参会中的游玩项目有着相似的热情度———一种可有可无的向往。开会之前我们嘟囔着到时候要玩这个玩那个，到了开会现场则是另一番景象，几乎都忙碌在各个会场或宴会上，而且下一次开会前又开始了同样热情不减的憧憬，乐此不疲。

然而最著名的风景我们是绝不会错过的。这几年印象比较深的会间游玩是在温哥华的山上坐缆车，芝加哥参观美术馆和西尔斯大厦（Sears Tower），逛丹佛的独立书店，以及在查尔斯顿河上乘船游览（cruise）。回想起来好像参观和游玩本身都比不上在路上的心情。芝加哥去美术馆的那一次，满街忽然飘起鹅毛大雪，我看见边界开始模糊的城市建筑，夹杂在街上川流的人群中，忽然觉得此时此刻面前就是一座大大的美术馆。而温哥华的游览美好到我们整个组的人都认认真真地在考虑要举家移居至此，我从未见过山和海结合得如此完美的城市，八月份的天气温润如玉，有开阔的海景和细腻的植被，每天醒来都觉得全世界在冲你微笑。

此外，印象最深的开会游玩还有陪玛丽在每个城市里逛儿童玩具店，给她儿子买礼物。玛丽有个 5 岁大的儿子，每次开会因为要离家四五天，于是每天早上和晚上都能听见她在跟儿子 facetime。有一天早上我还没睁眼，就听她儿子在电话另一端说，"Mom, I'm your little monkey…"玛丽开心得嘎嘎乐，夸儿子"so sweet"。我迷迷糊糊地琢磨，孩子，你是说你妈妈长得像大猴子吗……每次玛丽去开会前她儿子都会特别认真地向她要一样非常具体的玩具，华盛顿开会要的是消防车，丹佛开会要的是汽艇，温哥华开会要的是"something orange"……于是我们几个人经常到处搜寻玩具，据说每次结果都还不错，客户满意度甚高，reliability 接近 1。"something orange"那一次真是让我走火入魔了，此后半个多月里每看到商店里有橙色的东西就想给玛丽打电话让她赶紧来看。

> 乐：对不起，我笑场了

说到"乐"这件事我实在不能不提一位让我笑了半年的老爷爷——I mean, senior scholar。初次参会，招待晚宴当晚，我正与老师同学聊天吃东西，忽然听见一个高亢的声音在会场里响起,声如洪钟,反复在唱会议名字,唱得这个认真啊。晚宴上正在聊天的学者们面面相觑,我身边的艾尼还被吓了一大跳,我当下笑得眼泪都快出来了,怎么也停不下来。我实在搞不懂他为什么自发地站在那里一直歌唱会议名字,而底下学者们一张张不知如何是好的尴尬表情更是令人忍俊不禁。

学术会议上还会发生一些概率不大但偶尔出现的事。某年十一月份,我们团队集体去芝加哥参加会议,兴致满满。期间第三天在宾馆能容纳几百人的大厅里午宴时,忽然从房顶掉下来一只大蟑螂在我同学丽萨她们几个人的桌子上。要知道美国的蟑螂经常硕大无比,还有一些会飞。据说当时,坐满西装革履学术咖的饭桌上一片慌乱,起先是有几声尖叫,紧接着有人说快逮住它,然后就出现了几只忙乱的手,最后这只被惊吓坏了的蟑螂被倒扣在了一个玻璃杯里。英勇的丽萨率众人叫来服务员对峙,又跑去宾馆经理那里,生生地为桌上每一个人要来了当晚住宿免费的赔偿。此事她颇为得意地整整说了一整年。

学术会的宴会上有时也会碰见奇葩。一次参加我同学的学术报告,席间一个在观众席上的学者站起来说,你这些说的都不对,对我们南非就完全不适用,我们那还有很多人吃不上饭你知道吗?我们那还有很多人住不上房子你知道吗?越说越激动,站起来大声嚷嚷,几个做报告的人简单回应了他几句后仍继续发表意见,观众里也有人说我们不是在讨论南非而是美国问题,但他也像没听见。最后报告者里面一个有社会工作(social work)背景的女生望着他的脸很认真地说,你知道吗,我觉得你说得真的很对。你听着,我能感觉到你特别忧心你家乡的人们,我跟你一样,真的,我觉得他们需要更多研究者去关注。几句话后,我居然非常戏剧性地看见那个南非小哥平静了下来,在那里站了几秒,然后坐下了说了声"谢谢"。

现在想起来,他一身鲜红的长袍真是够耀眼。他其实是需要知道大家是理解他的感受的。那天晚上会议晚宴上,我看见他依旧穿着红袍铿锵有力地在船舱里穿梭。我一直不敢正眼看他,特别怕他走过来把今天讲的东西再跟我说一遍……

Acknowledgement

致 谢

这本书的成型印证了一句英文谚语:"It takes a village to raise a child"(养大一个孩子需举全村之力)。写出这本书也"举"了我的全"村"之力,依赖于我的诸多亲友、老师、同学、学长、前辈、同事以及网友的支持和鼓励。

2016 年,我在知乎上开设"做学术是有趣的"写作专栏,把自己那些年读博士、在美留学、跟教授做项目、观察美国人做社会科学的体会记录下来,并摊给这个世界。很多时候,我写出来是想减少后来人的痛苦和困惑;很多时候,我写出来也是在安抚当年无知却迷茫的自己。

我把这本书看作是我到美国读博士和工作这十年以来给自己交出的一个阶段性大作业。前五年读书、迷茫、自我挣扎,后五年总结、反思、持续探索。从一名学术小白到一名青年教师,我跨越了或明或暗的很多沟渠,我接收到四面八方的诸多善意,我体会到任何一个人的成长和收获都依托于无可计数的来自他人的贡献和帮助。因此,这本书的成型离不开每一位曾经指导过我的老师、点拨过我的前辈、鼓励过我的亲友的大力支持。我把从你们那里收集来的力量细细放到这本书里,希望把这些力量传递给更多的人。

写这本书并不是一件易事。一方面，从学生到教师转变的道路上总有诸多学术任务在焦急等待，一本并不算在"绩效指标"内的作品总不得不被其他任务挤压；另一方面，研究方法和学术方法大多语言艰涩，故把它们用简单平实的方式讲清并不是一件易事。这期间，我确实花了不少心力去挤时间和挤意志力，也曾写写停停，也曾完美主义泛起，也曾反反复复修改、重启、推敲、打磨，直到呈现出眼前这一版让自己满意的书稿。

感谢大宝。10年，8年，5年。每个里程碑都值得纪念。大宝是个写书好伴侣。从2016年在洛杉矶劝我把曾经的迷茫和挣扎变"废"为宝，到以非学术视角指出这样一本书的意义，再到不断提醒我能帮助到年轻学者少走弯路是多么了不起的事情……能有这样持续的信任、支持、鼓励是莫大的幸运。而好戏才刚刚开场。

感谢爸妈。从选择出国留学到留在国外工作，我自忖有诸多任性和失职。父母一向的理解、支持、信任给了我最稳定的向前的力量。这本书献给你们。

感谢曾在我学生时代给我指点和鼓励的各位师长。本书大部分经验并不是由我独创的，而是从这些优秀的老师、前辈、同学、同事身上学习和观察到的，是从我有幸与之一起共事、一起学习、一起参加学术活动的学者那里领会和吸取来的。感谢这些优秀的学者用他们的智慧、严谨、热忱让我在职业选择初期看到做学术是一件多么有趣和有意义的事情，并持续的作为我学术道路上学习的榜样。

感谢在我个人支持网络里持续给我力量的每一位亲友。你们比我更有耐心和信心看到这本书的成型，能与你们分享每一步的收获和进展让写这本书又多了一重喜悦和意义。

　　作为一名初阶学者，我深知这本书的完成只不过意味着更多新篇章的开启，学术海洋浩瀚无边，如果我有幸，我的体会和经验将会不断更新和变化，而这本书中的观点和见解自然只能反映我过去十年来作为一名初阶学者的有限体会。因此这本书自然不会完美，书中有未臻完善之处，还请读者和同仁们海涵和赐正。

　　这本书也献给跟我曾经一样困惑、迷茫、挣扎过的年轻人。即便你此刻尚未知晓答案，但只要肯走出自己的小世界，你会发现方法总比问题多，而从人生的视角来看，很多眼下的问题都不是问题。痛苦也可以转化为长远的意义，慢慢走，别着急。

　　最后，感谢中国政法大学出版社的编辑，让这本书的出版和面世成为可能。

2021年6月

于洛杉矶

Reference

参考文献

Achor, S. (2011). *The happiness advantage: The seven principles of positive psychology that fuel success and performance at work.* Random House.

Astley, W. G., & Van de Ven, A. H. (1983). Central perspectives and debates in organization theory. *Administrative science quarterly*, 245-273.

Babbie, E. R. (2016). *The basics of social research.* Cengage Learning.

Bailey, Chris.(2017). *The productivity project: Accomplishing more by managing your time, attention, and energy.* Currency.

Belcher, W. L. (2019). *Writing your journal article in twelve weeks: A guide to academic publishing success.* University of Chicago Press.

Boice, R.(1988). *Professors as writers (a self-help manual).* Center for Faculty Development, California State University.

Bolker, J. (1998). *Writing your dissertation in fifteen minutes a day: A guide to starting, revising, and finishing your doctoral thesis.* Holt Paperbacks.

Brown, T. L., & Potoski, M. (2003). Transaction costs and institutional explanations for government service production decisions. *Journal of public administration research and theory*, 13 (4), 441-468.

Chun, Y. H., & Rainey, H. G. (2005). Goal ambiguity and organizational performance in US federal agencies. *Journal of public administration research and theory*, 15 (4), 529-557.

Clerkin, Richard. (2011) *Class syllabus for foundations of public administration*. North Carolina State University.

Collins, J., & Hansen, M. T. (2011). *Great by choice: uncertainty, chaos and luck-why some thrive despite them all*. Random House.

Dweck, C. S. (2008). *Mindset: The new psychology of success*. Random House Digital, Inc.

Editage Insights. (2013). https://www.editage.com/insights/peer - review - process-and-editorial-decision-making-at-journals

Ferriss, T. (2017). *Tools of titans: The tactics, routines, and habits of billionaires, Lcons, and world-class performers*. Houghton Mifflin.

Gladwell, M. (2008). *Outliers: The story of success*. Little, Brown.

Grissom, J. A., Nicholson-Crotty, J., & Keiser, L. (2012). Does my boss's gender matter? Explaining job satisfaction and employee turnover in the public sector. *Journal of public administration research and theory*, 22 (4), 649–673.

Guo, C., & Acar, M. (2005). Understanding collaboration among nonprofit organizations: Combining resource dependency, institutional, and network perspectives. *Nonprofit and voluntary sector quarterly*, 34 (3), 340–361.

Gyoerkoe, K., & Wiegartz, P. (2011). *The worrier's guide to overcoming procrastination: Breaking free from the anxiety that holds you back*. New Harbinger Publications.

Herbert, A. S. (1941). The proverbs of administration. *Public administration review*, 6 (1), 53–67.

Leedy, P. D., & Ormrod, J. E. (2005). *Practical research* (Vol. 108). Saddle River, NJ: Pearson Custom.

Krishnan, R., Martin, X., & Noorderhaven, N. G. (2006). When does trust matter to alliance performance? *Academy of management journal*, 49 (5), 894–917.

McGonigal, K. (2016). *The upside of stress: Why stress is good for you, and how to get good at it.* Penguin.

McKeown, G. (2020). *Essentialism: The disciplined pursuit of less.* Currency.

Minto, Barbara (2008). *The pyramid principle: Logic in writing and thinking.* Prentice Hall.

Mullainathan, S., & Shafir, E. (2013). *Scarcity: Why having too little means so much.* Macmillan.

Nowell, Branda. (2012) *Class syllabus for public organization theory.* North Carolina State University.

Nowell, B., Steelman, T., Velez, A. L. K., & Yang, Z. (2018). The structure of effective governance of disaster response networks: Insights from the field. *The American review of public administration*, 48 (7), 699-715.

Pollock III, P. H., & Edwards, B. C. (2015). *The essentials of political analysis.* Cq Press.

Tebes, J. K. (2005). Community science, philosophy of science, and the practice of research. *American journal of community psychology*, 35 (3-4), 213-230.

Pitts, D. W., & Fernandez, S. (2009). The state of public management research: An analysis of scope and methodology. *International public management journal*, 12 (4), 399-420.

Provan, K. G., & Milward, H. B. (1995). A preliminary theory of interorganizational network effectiveness: A comparative study of four community mental health systems. *Administrative science quarterly*, 1-33.

Rainey, H. G., & Bozeman, B. (2000). Comparing public and private organizations: Empirical research and the power of the a priori. *Journal of public administration research and theory*, 10 (2), 447-470.

Riccucci, N. M. (2010). *Public administration: Traditions of inquiry and philosophies of knowledge.* Georgetown University Press.

Sandberg, S. , & Grant, A. (2017). *Option B*. Michel Lafon.

Selznick, P. (1948). Foundations of the theory of organization. *American sociological review*, 13 (1), 25-35.

Stephen L. Broskoske, "Making a case for writing research papers, in Keys to Designing Effective Writing and Research Assignments, https://uas.alaska.edu/celt/files/report-keys-to-designing-effective-writing.pdf.

Trochim, William, Levels of measurement, https://conjointly.com/kb/levels-of-measurement/.

Villadsen, A. R. (2011). Structural embeddedness of political top executives as explanation of policy isomorphism. *Journal of public administration research and theory*, 21 (4), 573-599.

Yang, K. , & Pandey, S. K. (2011). Further dissecting the black box of citizen participation: When does citizen involvement lead to good outcomes? *Public administration review*, 71 (6), 880-892.

声　明　1. 版权所有，侵权必究。

　　　　2. 如有缺页、倒装问题，由出版社负责退换。

图书在版编目（CIP）数据

做研究是有趣的：给学术新人的科研入门笔记/刀熊著. —北京：中国政法大学出版社，2022.1（2024.9重印）
　ISBN 978-7-5764-0174-5

　Ⅰ.①做…　Ⅱ.①刀…　Ⅲ.①科学研究－研究方法　Ⅳ.①G312

中国版本图书馆CIP数据核字(2021)第227410号

出 版 者	中国政法大学出版社
地　　址	北京市海淀区西土城路25号
邮寄地址	北京100088 信箱 8034 分箱　邮编100088
网　　址	http://www.cuplpress.com（网络实名：中国政法大学出版社）
电　　话	010-58908289(编辑部) 58908334(邮购部)
承　　印	固安华明印业有限公司
开　　本	880mm×1230mm　1/32
印　　张	11.75
字　　数	265千字
版　　次	2022年1月第1版
印　　次	2024年9月第4次印刷
定　　价	55.00元